建筑工程项目管理

杨海萍　彭海燕　王　勇　主编

哈尔滨工业大学出版社

图书在版编目(CIP)数据

建筑工程项目管理 / 杨海萍,彭海燕,王勇主编
.—哈尔滨 : 哈尔滨工业大学出版社,2021.10
ISBN 978-7-5603-9760-3

Ⅰ.①建… Ⅱ.①杨… ②彭… ③王… Ⅲ.①建筑工
程-工程项目管理 Ⅳ.①TU712.1

中国版本图书馆 CIP 数据核字(2021)第 211452 号

策划编辑　张凤涛
责任编辑　张凤涛　宗　敏
封面设计　宣是设计
出版发行　哈尔滨工业大学出版社
社　　址　哈尔滨市南岗区复华四道街 10 号　邮编 150006
传　　真　0451-86414749
网　　址　http://hitpress.hit.edu.cn
印　　刷　北京荣玉印刷有限公司
开　　本　787mm×1092mm　1/16　印张 14　字数 356 千字
版　　次　2021 年 10 月第 1 版　2021 年 10 月第 1 次印刷
书　　号　ISBN 978-7-5603-9760-3
定　　价　45.00 元

前言

PREFACE

工程建设项目是最普遍、最典型、最重要的项目类型之一，项目管理的手段和方法在工程建设领域有着广阔的应用空间。随着我国建筑市场的稳步发展，建筑工程项目管理的地位越来越重要，并已成为每个项目必须的一项分析内容，为加快我国建筑工程建设管理现代化步伐起着巨大的推动作用。建筑工程项目管理课程是建筑工程类专业的专业基础课程之一，其理论知识是专业学习和从事工程建设领域相关工作必须的内容。通过本书的学习，学生可以对建筑工程项目管理中的施工准备管理、进度管理、成本管理、质量管理、合同管理、风险管理及施工组织设计等内容有基本了解。

本书内容包括建筑工程项目管理基础知识、工程项目的前期策划、建筑工程项目进度控制、建筑工程项目施工成本控制、建筑工程项目组织管理、建筑工程项目质量控制、建筑工程项目招投标与合同管理、建筑工程项目职业健康安全与环境管理、施工项目资源管理。

本书强化实用性，理论知识、实践知识和案例相互渗透，使学生易学、易懂，便于掌握相应的专业技能，既可作为职业技术院校的教学用书，也可作为自学考试、岗位技术培训的教材，还可作为水利水电工程类、土木工程及建筑类管理人员的阅读参考用书。

由于水有限，书中难免有缺点、错误和不足，诚挚希望读者提出宝贵意见，给予批评指正。

编　者
2021 年 5 月

目录 CONTENTS

第一章　建筑工程项目管理基础知识

近年来，项目管理在我国越来越引起人们的重视，项目管理教育在许多工程技术和工程管理领域中得到普及。通过对本章的学习，熟悉项目管理在建筑工程建设中所起到的作用，掌握建筑工程项目管理的基础知识，为后续的学习打下基础。

第一节　项目管理概述

项目管理是一门应用科学，它反映了项目运作和项目管理的客观规律，是在实践的基础上总结研究出来的，同时又用来指导实践活动。项目管理对企业来说非常重要，无论企业经济效益好坏、规模大小，都需要加强项目管理。重视项目管理和加强项目管理是企业走向成功的必经之路。

一、项目的概念及特性

（一）项目的概念

项目是指一系列独特的、复杂的并相互关联的活动，这些活动有着一个明确的目标或目的，必须在特定的时间、预算、资源限定内，依据规范完成。项目参数包括项目范围、质量、成本、时间、资源。

（二）项目的特性

1. 一次性

一次性是项目与其他重复性运行或操作工作最大的区别。项目有明确的起点和终点，没有可以完全照搬的先例，也不会有完全相同的复制。项目的其他属性也是从这一主要的特征衍生出来的。

2. 独特性

每个项目都是独特的：或者其提供的产品或服务有自身的特点；或者其提供的产品或服务与其他项目类似，然而其时间和地点、内部和外部的环境、自然和社会条件有别于其他项目。因此项目总是独一无二的。

3. 目标的确定性

项目必须有确定的目标。

（1）时间性目标，如在规定的时段内或规定的时间之前完成。

（2）成果性目标，如提供某种规定的产品或服务。

（3）约束性目标，如不超过规定的资源限制。

（4）其他需满足的要求，包括必须满足的要求和尽量满足的要求。

目标的确定性允许有一个变动的幅度，也就是可以修改。不过一旦项目目标发生实质性变化，它就不再是原来的项目而成为一个新的项目。

4.活动的整体性

项目中的一切活动都是相关联的，构成一个整体。多余的活动是不必要的，但缺少某些活动必将损害项目目标的实现。

二、项目管理

（一）项目管理的概念

项目管理是将把各种系统、方法和人员结合在一起，在规定的时间、预算和质量目标范围内完成项目的各项工作，即对项目从投资决策开始到项目结束的全过程进行计划、组织、指挥、协调、控制和评价，以实现项目的目标。

按照传统的做法，当企业设定了一个项目后，参与这个项目的会有好几个部门，包括财务、市场、行政等，而不同部门在运作项目过程中不可避免地会产生摩擦，必须进行协调，而这些无疑会增加管理项目的成本，影响项目实施的效率。而项目管理的做法则不同，不同职能部门的成员因为某一个项目而组成团队，项目经理是项目团队的领导者，他们所肩负的责任就是领导他的团队准时、优质地完成全部工作，在不超出预算的情况下实现项目目标。

> **知识拓展**
>
> 项目的管理者不仅仅是项目执行者，他参与项目的需求确定、项目选择、计划直至收尾的全过程，并在时间、成本、质量、风险、采购、人力资源等各个方面对项目进行全方位的管理，因此项目管理可以帮助企业处理需要跨领域解决的复杂问题，并实现更高的运营效率。

（二）项目管理的内容

1.项目范围管理

项目范围管理是为了实现项目的目标，对项目的工作内容进行控制的管理过程。它包括范围的界定、范围的规划、范围的调整等。

2.项目时间管理

项目时间管理是为了确保项目最终按时完成的一系列管理过程。它包括具体活动界定、活动排序、时间估计、进度安排及时间控制等工作。很多人把 GTD（Getting Things Done）时间管理引入其中，大大提高了工作效率。

3.项目成本管理

项目成本管理是为了保证完成项目的实际成本、费用不超过预算成本、费用的管理过程。它包括资源计划的编制，成本、费用的预算以及费用的控制等工作。

4.项目质量管理

项目质量管理是为了确保项目达到客户所规定的质量要求所实施的一系列管理过程。它包括质量规划、质量控制和质量保证等。

5.项目人力资源管理

项目人力资源管理是为了保证所有项目关系人的能力和积极性都得到最有效的发挥和利用所做的一系列管理措施。它包括组织的规划、团队的建设、人员的选聘和项目的班子建设等一系列工作。

6. 项目沟通管理

项目沟通管理是为了确保项目信息的合理收集和传输所需要实施的一系列管理措施，它包括沟通规划、信息传输和进度报告等。

7. 项目风险管理

项目风险管理是指对项目风险从识别到分析乃至采取应对措施等一系列管理过程。它包括风险识别、风险量化、对策制定和风险控制等。

8. 项目采购管理

项目采购管理是为了从项目实施组织之外获得所需资源或服务所采取的一系列管理措施。它包括采购计划、采购与征购、资源的选择以及合同的管理等工作。

9. 项目集成管理

项目集成管理是指为确保项目各项工作能够有机协调和配合所展开的综合性和全局性的项目管理工作和过程。它包括项目集成计划的制订、项目集成计划的实施、项目变动的总体控制等。

（三）项目管理的工作内容

（1）对项目进行前期调查，收集整理相关资料，编制初步的项目可行性研究报告，为决策层提供建议，协同配合编制和申报立项报告材料。

（2）对项目进行分析和需求策划。

（3）对项目的组成部分或模块进行完整的系统设计。

（4）制订项目目标及项目计划、项目进度表。

（5）制订项目执行和控制的基本计划。

（6）建立项目管理的信息系统。

（7）控制项目进程，配合上级管理层对项目进行良好的控制。

（8）跟踪和分析成本。

（9）记录并向上级管理层传达项目信息。

（10）管理项目中的问题、风险和变化。

（11）项目团队建设。

（12）协调各部门、各项目组并组织项目培训工作。

（13）对项目及项目经理进行考核。

（14）理解并贯彻公司长期和短期的方针与政策，用以指导公司所有项目的开展。

（四）项目管理的三要素

项目管理中，最重要的是质量、进度与成本三要素的管理。

1. 质量管理

质量是项目成功的必需与保证，质量管理包括质量规划、质量保证与质量控制等。

2. 进度管理

进度管理是保证项目能够按期完成所需的过程。在一种大的计划指导下，各参与建设的单位编制自己的分解计划，这样才能保证工程的顺利进行。

3. 成本管理

成本管理是保证项目在批准的预算范围内完成项目的过程，包括资源计划的编制、成本预算、费用预算与费用的控制等。

（五）项目管理的形式

1. 设置项目管理的专门机构，对项目进行专门管理

规模庞大、工作复杂、时间紧迫、不确定性因素多的项目可以单独设置专门机构，配备一定的专职人员，对项目进行专门管理。

2. 设置项目专职管理人员，对项目进行专职管理

规模较小、工作简单、不确定因素少、涉及的单位和部门也少的项目可只委派专职人员进行协调管理，协助企业的有关领导人员对各有关部门和单位分管的任务进行联系、督促和检查。

3. 设置项目主管，对项目进行临时授权管理

有些项目的规模、复杂程度、涉及面和协调量介于上述两种情况之间，对于这样的项目，可以指定主管部门和主管人员来负责，并临时授予其相应权力，主管部门或主管人员在充分发挥原有职能作用或岗位职责的同时，全权负责项目的计划、组织与控制。

4. 设置矩阵结构的组织形式，对项目进行综合管理

矩阵结构就是由纵、横两套系统组成的矩形组织结构。一套是纵向的部门职能系统，另一套是横向的项目系统。将横向项目系统在运行中与纵向部门职能系统两者交叉重叠起来，就组成了一个矩阵。

第二节　工程项目与工程项目管理

工程项目管理是建筑市场发展到一定阶段的必然产物。工程项目管理是管理学的一个分支，指在项目活动中运用专门的知识、技能、工具和方法，使项目能够在有限资源的限定条件下实现或超过设定的需求和期望。

一、工程项目

（一）工程项目的概念

工程项目是指投资建设领域中的项目，即为某种特定目的而进行投资建设并含有一定建筑或建筑安装工程的项目。例如，建设一定生产能力的流水线；建设一定制造能力的工厂或车间；建设一定长度和等级的公路；建设一定规模的医院、文化娱乐设施；建设一定规模的住宅小区等。

工程项目是以工程建设为载体的项目，是作为被管理对象的一次性工程建设任务。它以建筑物或构筑物为目标产出物，需要支付一定的费用、按照一定的程序、在一定的时间内完成，并应符合质量要求。

（二）工程项目的特点

1. 工程项目的一般特点

工程项目具有如下一般项目的普通特点。

（1）综合性。

综合性表现为工程项目建设过程中工作关系的广泛性及项目操作的复杂性。工程项目建设经历的环节多，涉及的部门与关系复杂，如规划、设计、施工、供电、供水、卫生、消防、环境和园林等部门。

（2）时序性。

工程项目实施过程具有严格的操作程序。从项目的可行性分析到土地的获取、从资金的融通到项目的实施以及后期的销售、使用管理等，虽然头绪繁多，但先后有序。

（3）唯一性。

尽管会有许多相似的工程项目，但由于工程项目建设的时间、地点、条件等会有若干差别，都涉及某些以前没有做过的事情，所以它总是唯一的。例如，尽管建造了成千上万座住宅楼，但每一座都是唯一的。

（4）一次性。

每个工程项目都有其确定的终点，所有工程项目的实施都将达到其终点，它不是一种持续不断的工作。从这个意义上来讲，它们都是一次性的。当一个工程项目的目标已经实现，或者已经明确知道该工程项目的目标不再需要或不可能实现时，该工程项目即达到了它的终点。一次性并不意味着时间短，实际上许多工程项目要经历若干年。

（5）目标明确性。

工程项目具有明确的目标，用于某种特定的目的。例如，修建一所希望小学以改善当地的教育条件。

（6）约束性。

工程项目都是在一定的约束条件下实施的，如项目工期、项目产品或服务的质量、人财物等资源条件、法律法规、公众习惯等。这些约束条件既是工程项目是否成功的衡量标准，也是工程项目的实施依据。

2. 工程项目的独有特点

工程项目与一般项目相比还有下述特点。

（1）不确定性因素多。

工程项目建设过程涉及面广，不确定性因素较多。随着工程技术复杂化程度的增加和项目规模的日益增大，工程项目中的不确定性因素日益增加，因而复杂程度较高。

（2）整体性强。

一个工程项目往往由多个单项工程和单位工程组成，彼此之间紧密相关，必须结合到一起才能发挥工程项目的整体功能。

（3）建设周期长。

要建成一个工程项目往往需要几年甚至更长时间。

（4）不可逆转性。

工程项目实施完成后，很难推倒重来，否则将会造成巨大的损失，因此工程建设具有不可逆转性。

（5）工程的固定性。

工程项目都含有一定的建筑或建筑安装工程，都必须固定在一定的地点，都必须受项目所在地的资源、气候、地质等条件制约，受到当地政府的干预以及社会文化的影响。工程项目既受其所处环境的影响，同时也会对环境造成不同程度的影响。

（6）生产要素的流动性。

工程的固定性决定了生产要素的流动性。

（7）风险性。

与一般项目相比，工程项目的根本特征是投资额巨大、建设周期长。在市场经济条件下，筹集巨额资金是有风险的。工程项目一旦建成，在相当长的时间里几乎没有重新建造的可能性。因此，工程项目建设是一项高风险的投资行为。

（三）工程项目建设周期及阶段

为了顺利完成工程项目的投资建设，通常要把每一个工程项目划分成若干个阶段，以便更好地进行管理。每一个阶段都以一个或数个可交付成果作为其完成的标志。可交付成果就是指某种有形的、可以核对的工作成果。可交付成果及其对应的各阶段组成了一个逻辑序列，最终形成了工程项目成果。

每一个阶段通常都包括一件事先定义好的工作成果，用来确定希望达到的控制水平。这些工作成果大部分都同主要阶段的可交付成果相联系，而该主要阶段一般也使用该可交付成果的名称命名，作为项目进展的重要标志。

 知识拓展

通常，工程项目建设周期可划分为四个阶段：工程项目策划和决策阶段、工程项目准备阶段、工程项目实施阶段、工程项目竣工验收和项目后评价阶段。大多数工程项目建设周期有共同的人力和费用投入模式，开始时慢，后来快，而当工程项目接近结束时又迅速减缓。

1. 工程项目策划和决策阶段

这一阶段的主要工作包括：投资机会研究、初步可行性研究、可行性研究、项目评估及决策。此阶段的主要目标是对工程项目投资的必要性、可能性、可行性，以及为什么要投资、何时投资、如何实施等重大问题，进行科学论证和多方案比较。本阶段工作量不大，但却十分重要。投资决策是投资者最为重视的，因为它对工程项目的长远经济效益和战略方向起着决定性的作用。为保证工程项目决策的科学性、客观性，可行性研究和项目评估工作应委托高水平的咨询公司独立进行，但应注意可行性研究和项目评估应由不同的咨询公司来完成。

2. 工程项目准备阶段

此阶段的主要工作包括：工程项目的初步设计和施工图设计，工程项目征地及建设条件的准备，设备、工程招标及承包商的选定，签订承包合同。本阶段是战略决策的具体化，它在很大程度上决定了工程项目实施的成败及能否高效率地达到预期目标。

3. 工程项目实施阶段

此阶段的主要任务是将"蓝图"变成工程项目实体，实现投资决策意图。在这一阶段，通过施工，在规定的范围、工期、费用、质量内，按设计要求高效率地实现工程项目目标。本阶段在工程项目建设周期中工作量最大，投入的人力、物力和财力最多，工程项目管理的难度也最大。

4. 工程项目竣工验收和项目后评价阶段

此阶段应完成工程项目的联动试车、试生产、竣工验收和总结评价。工程项目试生产正常并经业主验收后，工程项目建设即告结束。但从工程项目管理的角度看，在保修期间，仍要进行工程项目管理。项目后评价是指对已经完成的项目建设目标、执行过程、效益、作用和影响所进行的系统的、客观的分析。它通过对项目实施过程、结果及其影响进行调查研究和全面系统回顾，与项目决策时确定的目标以及技术、经济、环境、社会指标进行对比，找出差别和变化，分析原因，总结经验，汲取教训，得到启示，提出对策建议，通过信息反馈，改善投资管理和决策，达到提高投资效益的目的。项目后评价也是此阶段的重要工作内容。

二、工程项目管理

（一）工程项目管理的概念

工程项目管理是指通过一定的组织形式，用系统工程的观点、理论和方法对工程项目全寿命周期内的所有工作，包括项目建议书的编制、可行性研究、项目决策、项目设计、设备询价、施工、签证、验收等系统过程进行计划、组织、指挥、协调和控制，以达到保证工程质量、缩短工期、提高投资效益的目的。

（二）工程项目管理的分类

由于工程项目可分为建设项目、设计项目、施工项目和咨询（监理）项目，故工程项目管理亦可据此分类，分为建设项目管理、设计项目管理、施工企业项目管理（简称施工项目管理）和咨询（监理）项目管理，它们的管理者分别是建设单位、设计单位、施工单位和咨询（监理）单位。

1. 建设项目管理

建设项目管理是站在项目法人（建设单位）的立场对项目建设进行的综合性管理工作。建设项目管理是通过一定的组织形式，采取各种措施、方法，对投资建设的一个项目的所有工作的系统过程进行计划、协调、监督、控制和总结评价，以达到保证建设项目质量、缩短工期、提高投资效益的目的。

广义的建设项目管理包括投资决策的有关管理工作；狭义的建设项目管理只包括项目立项以后，对项目建设实施全过程的管理。

2. 设计项目管理

设计项目管理是由设计单位自身对参与的建设项目设计阶段的工作进行自我管理。设计单位通过设计项目管理，同样进行质量控制、进度控制、投资控制，对拟建工程的实施在技术上和经济上进行全面而详尽的安排，引进先进技术和科研成果，形成设计图纸和说明书，并在实施的过程中进行监督和验收。

所以设计项目管理贯穿于以下阶段：设计投标、签订设计合同、设计条件准备、设计计划、设计实施阶段的目标控制、设计文件验收与归档、设计工作总结、建设实施中的设计控制与监督、竣工验收。由此可见，设计项目管理不仅仅局限于设计阶段，而且延伸到了施工阶段和竣工验收阶段。

3. 施工项目管理

施工项目管理有以下特征。

（1）施工项目管理的主体是施工单位。

建设单位和设计单位都不进行施工项目管理。由建设单位或咨询（监理）单位进行的工程项目管理涉及的施工阶段管理仍属建设项目管理，不能算作施工项目管理。

（2）施工项目管理的对象是施工项目。

施工项目管理的周期也就是施工项目的全寿命周期，包括工程投标、签订工程项目施工合同、施工准备、施工、交工验收及用后服务等。施工项目的特点使施工项目管理具有特殊性，主要是：生产活动与市场交易活动同时进行；先有交易活动，后有"产成品"（竣工项目）；买卖双方都投入生产管理，生产活动和交易活动很难分开。所以施工项目管理是对特殊的生产活动、在特殊的市场上进行的特殊的交易活动的管理，其复杂性和艰难性都是一般生产管理难以比拟的。

（3）施工项目管理要求强化组织协调工作。

施工项目生产活动的单件性，使产生的问题难以补救或虽可补救但后果严重；参与项目的施工人员不断在流动，需要采取特殊的流水方式，组织工作量很大；施工在露天进行，工期长，需要的资金多；施工活动涉及复杂的经济关系、技术关系、法律关系、行政关系和人际关系等。以上原因使施工项目管理中的组织协调工作艰难、复杂、多变，必须通过强化组织协调的办法才能保证施工顺利进行。主要强化方法是优选项目经理，建立调度机构，配备称职的调度人员，努力使调度工作科学化、信息化，建立起动态的控制体系。

施工项目管理与建设项目管理在管理主体、管理任务、管理内容和管理范围方面都是不同的。

第一，建设项目管理的主体是建设单位或受其委托的咨询（监理）单位；施工项目管理的主体是施工单位。

第二，建设项目管理的任务是取得符合要求的、能发挥应有效益的固定资产；施工项目管理的任务是把施工项目搞好并取得利润。

第三，建设项目管理的内容是涉及投资周转和建设的全过程的管理；施工项目管理的内容涉及从投标开始到回访保修为止的全部生产组织管理。

第四，建设项目管理的范围是一个建设项目，是由可行性研究报告确定的所有工程；施工项目管理的范围是由工程施工合同规定的承包范围，既可以是对建设项目，也可以是对单项工程或单位工程施工过程的管理。

4．咨询（监理）项目管理

咨询项目是由咨询单位进行中介服务的工程项目。咨询单位是中介组织，它具有相应的专业服务知识与能力，可以受发包人或承包人的委托进行工程项目管理，也就是进行智力服务。咨询单位的智力服务，可以提高工程项目管理水平，并作为政府、市场和企业之间的联系纽带。在市场经济体制中，由咨询单位进行工程项目管理已经成了一种国际惯例。

知识拓展

监理项目是由监理单位进行管理的项目。一般是监理单位受建设单位的委托，签订监理委托合同，为建设单位进行建设项目管理。监理单位也是中介组织，是依法成立的专业化的、高智能型的组织，它具有服务性、科学性与公正性，按照有关监理法规进行项目管理。

工程建设监理项目管理的主要内容是：控制工程建设的投资、建设工期和工程质量；

进行工程建设合同管理、信息管理，协调有关单位间的工作关系。因此监理项目管理的主要内容可以概括为"三控制、二管理和一协调"，即质量控制、投资控制、进度控制、信息管理、合同管理和组织协调。

第三节　建筑工程项目与建筑工程项目管理

建筑工程项目是由施工单位自施工承包投标开始到保修期满为止的全过程中完成的项目。企业项目管理的基本任务是进行施工项目的进度、质量、安全和成本目标控制。而要实现这些目标，就得从项目管理抓起，其项目管理主要服务于工程项目的整体利益。

一、建筑工程项目

（一）建筑工程项目的概念

建筑工程项目亦称建设项目，是指在一个总体设计或初步设计范围内，由一个或几个单项工程所组成、经济上实行统一核算、行政上实行统一管理、严格按基建程序实施的基本建设工程①。一般指符合国家总体建设规划，能独立发挥生产功能或满足生活需要，其项目建议书经批准立项和可行性研究报告经批准的建设任务。一般以一个企业（或联合企业）、事业单位或独立工程作为一个建设项目，如工业建设中的一座工厂、一个矿山，民用建设中的一个居民区、一幢住宅、一所学校等均为一个建设项目。

（二）建筑工程项目的特点

1. 具有明确的建设目标

每个建筑工程项目都具有确定的目标，包括成果性目标和约束性目标。成果性目标是指对项目的功能性要求，也是项目的最终目标；约束性目标是指对项目的约束和限制，如时间、质量、投资等量化的条件。

2. 具有特定的对象

任何建筑工程项目都具有特定的对象，它决定了项目的最基本特性，是项目分类的依据。

3. 一次性

建筑工程项目都是具有特定目标的一次性任务，有明确的起点和终点，任务完成即告结束，所有项目没有重复。

4. 全寿命周期性

建筑工程项目的一次性决定了项目具有明确的起止点，即任何项目都具有诞生、发展和结束的时间，也就是项目的全寿命周期。

5. 有特殊的组织和法律条件

建筑工程项目的参与单位之间主要以合同作为纽带相互联系，并以合同作为分配工作、划分权力和责任关系的依据。项目参与方之间在建设过程中的协调主要通过合同、法律和规范实现。

---

① 本书中建设工程指建筑工程，两词不做严格区分。

6. 涉及面广

一个建筑工程项目涉及建设规划、计划、土地管理、银行、税务、法律、设计、施工、材料供应、设备、交通、城管等诸多部门，因而项目组织者需要做大量的协调工作。

7. 影响作用具有长期性

每个建设项目的建设周期、运行周期、投资回收周期都很长，因此其影响作用时间长。

8. 环境因素制约多

每个建设项目都受建设地点的气候条件、水文地质、地形地貌等多种环境因素的制约。

(三) 建筑工程项目的分类

为了加强建筑工程项目管理，正确反映建设的项目内容及规模，建筑工程项目可按不同的标准分类。

1. 按建设性质分类

建筑工程项目按其建设性质不同，可划分为基本建设项目和更新改造项目两大类。

(1) 基本建设项目。

基本建设项目是指投资建设以扩大生产能力或增加工程效益为主要目的的新建、扩建工程及有关工作。具体包括以下内容。

①新建项目，指以技术、经济和社会发展为目的，从无到有的建设项目。现有企业、事业和行政单位一般不应有新建项目，新增加的固定资产价值超过原有全部固定资产价值（原值）3 倍以上时，才可算新建项目。

②扩建项目，指企业为扩大生产能力或新增效益而增建的生产车间或工程项目，以及事业和行政单位增建业务用房等。

③迁建项目，指现有企、事业单位为改变生产布局或出于环境保护等其他特殊要求，搬迁到其他地点的建设项目。

④恢复项目，指原有固定资产因自然灾害或人为灾害等原因已全部或部分报废，又投资重新建设的项目。

(2) 更新改造项目。

更新改造项目是指建设资金用于对企、事业单位原有设施进行技术改造或固定资产更新，以及相应配套的辅助性生产、生活福利等工程和有关工作。

更新改造项目包括挖潜工程、节能工程、安全工程、环境工程。

更新改造措施应依据"专款专用、少搞土建、不搞外延"的原则进行。

2. 按投资作用分类

建筑工程项目按其投资在国民经济各部门中的作用不同，分为生产性建设项目和非生产性建设项目。

(1) 生产性建设项目。

生产性建设项目是指直接用于物质生产或直接为物质生产服务的建设项目。主要包括以下内容。

①工业建设项目，包括工业、国防和能源建设项目。

②农业建设项目，包括农、林、牧、渔、水利建设项目。

③基础设施项目，包括交通、邮电、通信建设项目，地质普查、勘探建设项目，建筑

业建设项目等。

④商业建设项目，包括商业、饮食、营销、仓储、综合技术服务事业的建设项目。

（2）非生产性建设项目。

非生产性建设项目（消费性建设项目）包括用于满足人民物质和文化需求、福利需要的建设项目和非物质生产部门的建设项目。主要包括以下内容。

①办公用房，包括各级国家党政机关、社会团体、企业管理机关的办公用房。

②居住建筑，包括住宅、公寓、别墅等。

③公共建筑，包括科学、教育、文化艺术、广播电视、卫生、博览、体育、社会福利事业、公用事业、咨询服务、宗教、金融、保险等建设项目。

④其他建设项目，不属于上述各类的其他非生产性建设项目。

3. 按项目规模分类

按照国家规定的标准，基本建设项目分为大型、中型、小型 3 类；更新改造项目分为限额以上和限额以下两类。不同等级标准的建设项目，国家规定的审批机关和报建程序也不尽相同。现行国家的有关规定如下。

（1）按投资额划分的基本建设项目，属于工业生产性项目中的能源、交通、原材料部门的工程项目，投资额达到 5 000 万元以上为大型、中型项目；其他部门和非工业建设项目，投资额达到 3 000 万元以上为大型、中型建设项目。

（2）按生产能力或使用效益划分的建设项目，以国家对各行各业的具体规定作为标准。

（3）更新改造项目只按投资额标准划分为限额以上（能源、交通、原材料工业项目为 5 000 万元，其他项目为 3 000 万元）和限额以下项目。

4. 按项目的投资效益分类

建筑工程项目按其投资效益不同，可分为竞争性项目、基础性项目和公益性项目。

（1）竞争性项目。

竞争性项目主要是指投资效益比较高、竞争性比较强的一般性建设项目。这类建设项目应以企业作为基本投资主体，由企业自主决策、自担投资风险。

（2）基础性项目。

基础性项目主要是指具有自然垄断性、建设周期长、投资额大而收益低的基础设施和需要政府重点扶持的一部分基础工业项目，以及直接增强国力的符合经济规模的支柱产业项目。对于这类项目，主要应由政府集中必要的财力、物力，通过经济实体进行投资。同时，还应广泛吸收地方、企业参与投资，有时还可吸收外商直接投资。

（3）公益性项目。

公益性项目主要包括科技、文教、卫生、体育和环保等设施建设项目，公、检、法等司法机关以及政府机关、社会团体办公设施建设项目，国防建设项目等。公益性项目的投资主要是由政府用财政资金安排的。

（四）建筑工程项目的划分

根据工程设计要求以及编审建设预算、制订计划、统计、会计核算的需要，建筑工程项目一般进一步划分为单项工程、单位工程、分部工程及分项工程。

1. 单项工程

单项工程一般是指有独立设计文件，建成后能独立发挥效益或生产设计规定产品的车间（联合企业的分厂）、生产线或独立工程等。一个项目在全部建成投产以前，往往陆续建成若干个单项工程，所以单项工程也是考核投产计划完成情况和计算新增生产能力的基础。

2. 单位工程

单位工程是单项工程中具有独立施工条件的工程，是单项工程的组成部分。通常按照不同性质的工程内容，根据组织施工和编制工程预算的要求，将一个单项工程划分为若干个单位工程。例如，工业建设中，一个车间是一个单项工程，车间的厂房建筑是一个单位工程，车间的设备安装又是一个单位工程。

3. 分部工程

分部工程是单位工程的组成部分，是按建筑安装工程的结构、部位或工序划分的，如一般房屋建筑可分为土方工程、桩基础工程、砖石工程、混凝土工程、装饰工程等。

4. 分项工程

分项工程是对分部工程的再分解，指在分部工程中能用较简单的施工过程生产出来，并能适当计量和估价的基本构造。一般是按不同的施工方法、不同的材料、不同的规划划分的，如砖石工程就可以分解成砖基础、砖内墙、砖外墙等分项工程。

> **知识拓展**
>
> 分部、分项工程是编制施工预算，制订检查施工作业计划，核算工、料费的依据，也是计算施工产值和投资完成额的基础。

（五）建筑工程项目应满足的要求

（1）技术上：满足一个总体设计或初步设计的技术要求。

（2）构成上：由一个或几个相互关联的单项工程所组成，每一个单项工程可由一个或几个单位工程所组成。

（3）建设过程中：在经济上实行统一核算，在行政上实行统一管理。

二、建筑工程项目管理

（一）建筑工程项目管理的概念

建筑工程项目管理是指在一定约束条件下，以建筑工程项目为对象，以最优实现建筑工程项目目标为目的，以建筑工程项目经理负责制为基础，以建筑工程承包合同为纽带，为实现项目投资、进度、质量目标而进行的全过程、全方位的规划组织、控制和协调的系统管理活动。

建筑工程项目管理的内涵是：自项目开始至项目完成，通过项目策划和项目控制，以使项目的费用目标、进度目标和质量目标得以实现。"自项目开始至项目完成"指的是项目的实施期；"项目策划"指的是目标控制前的一系列筹划和准备工作；"费用目标"对业主而言是投资目标，对施工方而言是成本目标。项目决策期管理工作的主要任务是确定项目的定义，而项目实施期管理的主要任务是通过管理使项目的目标得以实现。

（二）建筑工程项目管理的类型

建设单位完成可行性研究、立项、设计任务和资金筹集以后，一个建筑工程项目即进入实施过程。在建筑工程项目的实施过程中，由于各阶段的任务和实施的主体不同，建筑工程项目管理也分为了不同的类型。同时，由于建筑工程项目承包合同形式的不同，建筑工程项目管理的类型也不同。因此，从系统分析的角度看，建筑工程项目管理大致有如图1-1所示的几种类型。

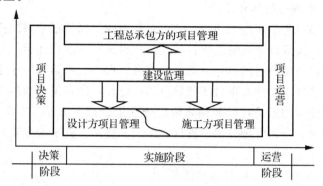

图 1-1 建筑工程项目管理类型示意

1. 发包方（业主）的项目管理（建设监理）

业主的项目管理是全过程的，包括项目决策和实施阶段的各个环节，也即从编制项目建议书开始，经可行性研究、设计和施工，直至项目竣工验收、投产使用的全过程管理。

工程项目的一次性，决定了业主自行进行项目管理往往有很大的局限性。在项目管理方面，缺乏专业化的队伍，即使配备了管理班子，没有连续的工程任务也是不经济的。在计划经济体制下，每个建设单位都要配备专门的项目管理队伍，这不符合资源优化配置和动态管理的原则，而且也不利于工程建设经验的积累和应用。在市场经济体制下，工程业主完全可以从社会化的咨询服务单位获得项目管理方面的服务。如图1-1所示，监理单位可以受工程业主的委托，在工程项目实施阶段为业主提供全过程的监理服务；此外，监理单位还可将其服务范围扩展到工程项目前期决策阶段，为工程业主进行科学决策提供咨询服务。

2. 工程总承包方的项目管理

在设计、施工总承包的情况下，业主在项目决策之后，通过招标择优选定总承包方全面负责工程项目的实施过程，直至最终交付使用功能和质量标准符合合同文件规定的工程项目。由此可见，总承包方的项目管理是贯穿于项目实施全过程的全面管理，既包括工程项目的设计阶段，也包括工程项目的施工安装阶段。总承包方为了实现其经营方针和目标，必须在合同条件的约束下，依靠自身的技术和管理优势或实力，通过优化设计及施工方案，在规定的时间内保质、保量地全面完成工程项目的承建任务。

3. 设计方的项目管理

设计方的项目管理是指设计方受业主委托承担工程项目的设计任务后，根据设计合同所界定的工作目标及责任义务，对建设项目设计阶段的工作所进行的自我管理。设计方通过设计项目管理，对建设项目的实施在技术和经济上进行全面而详尽的安排，引进先进技术和科研成果，形成设计图纸和说明书，以便实施，并在实施过程中进行监督和验收。

4. 施工方的项目管理

施工方通过投标获得工程施工承包合同，并以施工合同所界定的工程范围组织项目管理，简称为施工项目管理。施工项目管理的目标体系包括工程施工质量（Quality）、成本

（Cost）、工期（Delivery）、安全和现场标准化（Safety），简称 QCDS 目标体系。显然，这一目标体系既和整个工程项目目标相联系，又有很强的施工项目管理的自主性特征。

（三）建筑工程项目管理的目标和任务

1. 业主方项目管理的目标和任务

业主方项目管理服务于业主的利益，其项目管理的目标包括项目的投资目标、进度目标和质量目标。其中投资目标指的是项目的总投资目标；进度目标指的是项目动用的时间目标，也即项目交付使用的时间目标，如办公楼可以启用、旅馆可以开业的时间目标等。

业主方的项目管理工作涉及项目实施阶段的全过程，即在设计前的准备阶段、设计阶段、施工阶段、动用前的准备阶段和保修阶段分别进行如下工作：安全管理、投资控制、进度控制、质量控制、合同管理、信息管理、组织和协调。其中安全管理是项目管理中最重要的任务。

2. 工程总承包方项目管理的目标和任务

建设项目工程总承包方作为项目建设的一个重要参与方，其项目管理主要服务于项目的整体利益和建设项目工程总承包方本身的利益，其项目管理的目标应符合合同的要求，包括：工程建设的安全管理目标；项目的总投资目标和建设项目工程总承包方的成本目标（其前者是业主方的总投资目标，后者是建设项目工程总承包方本身的成本目标；建设项目工程总承包方的进度目标；建设项目工程总承包方的质量目标。

建设项目工程总承包方项目管理的主要任务包括：安全管理，项目的总投资控制和建设项目工程总承包方的成本控制、进度控制、质量控制、合同管理、信息管理、与建设项目工程总承包方有关的组织和协调等。

3. 设计方项目管理的目标和任务

设计方作为项目建设的一个重要参与方，其项目管理主要服务于项目的整体利益和设计方本身的利益。设计方的项目管理工作主要在设计阶段进行，但它也涉及设计前的准备阶段、施工阶段、动用前的准备阶段和保修阶段。其项目管理的目标包括设计的成本目标、设计的进度目标和设计的质量目标，以及项目的投资目标。

项目的投资目标能否实现与设计工作密切相关。

知识拓展

设计方项目管理的任务包括：与设计工作有关的安全管理、设计成本控制和与设计工作有关的工程造价控制、设计进度控制、设计质量控制、设计合同管理、设计信息管理、与设计工作有关的组织和协调。

4. 施工方项目管理的目标和任务

施工方作为项目建设的一个重要参与方，其项目管理不仅应服务于施工方本身的利益，也必须服务于项目的整体利益。

施工方项目管理的目标应符合合同的要求，它包括：施工的安全管理目标、施工的成本目标、施工的进度目标和施工的质量目标。

施工方项目管理的任务包括：施工安全管理、施工成本控制、施工进度控制、施工质量控制、施工合同管理、施工信息管理及与施工有关的组织和协调。

第四节 建筑工程项目全寿命周期管理

近年来，我国大力提倡发展循环经济，全寿命周期的项目管理模式对工程建设将发挥越来越重要的作用。项目管理理念、理论和方法的不断创新，项目管理内容、效用和领域的拓展，目标控制的强化，以及项目增值和可持续发展的需要，使全寿命周期的项目管理模式成为新世纪管理模式更新的必然。

一、建筑工程项目全寿命周期管理的定义

所谓建筑工程项目全寿命周期管理，就是从长期效益出发，应用一系列先进的技术手段和管理方法，统筹规划、建设、生产、运行和退役等各环节，在确保规划合理、工程优质、生产安全、运行可靠的前提下，以建筑工程项目全寿命周期的整体最优作为管理目标。

二、建筑工程项目全寿命周期各阶段工作程序

建筑工程项目全寿命周期是指从建设项目构思开始到建设工程报废（或建设项目结束）的全过程。

建筑工程项目全寿命周期包括项目的决策阶段、实施阶段和使用阶段（或称运营阶段、运行阶段）。

项目的决策阶段包括编制项目建议书和可行性研究报告；项目的实施阶段包括设计前的准备阶段、设计阶段、施工阶段、动用前的准备阶段和保修阶段。建筑工程项目的全寿命周期各阶段工作程序如图 1-2 所示。

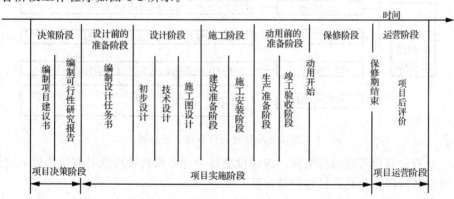

图 1-2 建筑工程项目的全寿命周期各阶段工作程序

（1）根据国民经济和社会发展长远规划，结合行业和地区发展规划的要求，编制项目建议书。

（2）在勘察、试验、调查研究及详细技术经济论证的基础上编制可行性研究报告。

（3）根据项目的咨询评估情况对建设项目进行决策。

（4）根据可行性研究报告编制设计文件。

（5）初步设计批准后，做好施工前的各项准备工作。

（6）组织施工并根据工程进度做好生产准备。

（7）项目按批准的设计内容建成并经竣工验收合格后正式投产，交付生产使用。

（8）生产运营一段时间后（一般为两年）进行项目后评价。

三、建筑工程项目全寿命周期管理的内容和基本特点

（一）全寿命周期管理的内容

全寿命周期管理的内容包括对资产、时间、费用、质量、人力资源、沟通、风险、采购的集成管理。管理的周期由原来的以项目期为主转变为以运营期为主的全寿命周期模式，能更全面地考虑项目所面临的机遇和挑战，有利于提高项目价值。全寿命周期管理具有宏观预测与全面控制两大特征，它考虑了从规划设计到报废的整个寿命周期，避免短期成本行为，并从制度上保证全寿命周期费用方法的应用；打破了部门界限，将规划、基建、运行等不同阶段的成本统筹考虑，以企业总体效益为出发点寻求最佳方案；考虑所有会产生的费用，在合适的可用率和全部费用之间寻求平衡，找出全寿命周期费用最优的方案。

（二）全寿命周期管理的基本特点

全寿命周期管理具有与其他管理理念不同的特点。

（1）全寿命周期管理是一个系统工程，需要系统、科学地管理，才能实现各阶段目标，确保最终目标（投资的经济、社会和环境效益最大化）的实现。

（2）全寿命周期管理贯穿于建设项目全过程，并在不同阶段有不同的特点和目标，各阶段的管理环环相连，如图 1-3 所示。

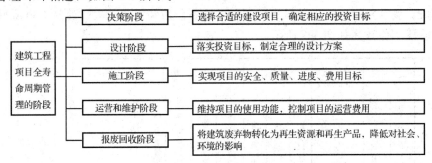

图 1-3　建筑工程项目全寿命周期管理的阶段

（3）全寿命周期管理的持续性，即建设项目全寿命周期管理既具有阶段性，又具有整体性，要求各阶段工作具有良好的持续性。

（4）全寿命周期管理的参与主体多，各主体之间相互联系、相互制约。

（5）全寿命周期管理的复杂性，它由建设项目全寿命周期管理的系统性、阶段性、多主体性决定。

四、建筑工程项目全寿命周期各阶段工作内容

（一）决策阶段

1. 编制项目建议书阶段

项目建议书是业主方向国家提出的要求建设某一项目的建议文件，是对工程项目建设的轮廓设想。项目建议书的主要作用是推荐一个拟建项目，论述其建设的必要性、建设条

件的可行性和获利的可能性，供国家选择并确定是否进行下一步工作。

项目建议书的内容视项目的不同而有繁有简，但一般应包括以下几方面内容。

（1）项目提出的必要性和依据。

（2）产品方案、拟建规模和建设地点的初步设想。

（3）资源情况、建设条件、协作关系等的初步分析。

（4）投资估算和资金筹措设想。

（5）项目的进度安排。

（6）经济效益和社会效益的估计。

项目建议书按要求编制完成后，应根据建设规模和限额划分分别报送有关部门审批。按现行规定，大、中型及限额以上项目的项目建议书首先应报送行业归口主管部门，同时抄送国家发展和改革委员会（以下简称发改委）。行业归口主管部门根据国家中长期规划要求，着重从资金来源、建设布局、资源合理利用、经济合理性、技术政策等方面进行初审。行业归口主管部门初审通过后报国家发改委，由国家发改委从建设总规模、生产力总布局、资源优化配置及资金供应可能、外部协作条件等方面进行综合平衡，还要委托具有相应资质的工程咨询单位评估后审批。凡行业归口主管部门初审未通过的项目，国家发改委不予审批；凡属小型或限额以下项目的项目建议书，按项目隶属关系由部门或地方发改委审批。

项目建议书经批准后，可以进行详细的可行性研究工作，但并不表示项目非上不可，项目建议书不是项目的最终决策。

2．编制可行性研究报告阶段

项目建议书一经批准，即可着手开展项目可行性研究工作。

可行性研究是对工程项目在技术上是否可行和经济上是否合理进行科学的分析和论证。

（1）可行性研究的工作内容。

①进行市场研究，以解决项目建设的必要性问题。

②进行工艺技术方案的研究，以解决项目建设的技术可能性问题。

③进行财务和经济分析，以解决项目建设的合理性问题。

凡经可行性研究未通过的项目，不得进行下一步工作。

（2）可行性研究报告的内容。

可行性研究工作完成后，需要编写出反映其全部工作成果的可行性研究报告。就其内容来看，各类项目的可行性研究报告内容不尽相同，但一般应包括以下基本内容。

①项目提出的背景、投资的必要性和研究工作的依据。

②需求预测及拟建规模，产品方案和发展方向的技术经济比较和分析。

③资源、原材料、燃料及公用设施情况。

④项目设计方案及协作配套工程。

⑤建厂条件与厂址方案。

⑥环境保护、防震、防洪等要求及其相应措施。

⑦企业组织、劳动定员和人员培训。

⑧建设工期和实施进度。

⑨投资估算和资金筹措方式。

⑩经济效益和社会效益。

（3）可行性研究报告的审批。

按照国家现行规定，凡属中央政府投资、中央和地方政府合资的大、中型和限额以上项目的可行性研究报告，都要报送国家发改委审批。国家发改委在审批过程中要征求行业主管部门和国家专业投资公司的意见，同时要委托具有相应资质的工程咨询公司进行评估。总投资在2亿元以上的项目，无论是中央政府投资还是地方政府投资，都要经国家发改委审查后报国务院审批。中央各部门所属小型和限额以下项目的可行性研究报告，由各部门审批。总投资额在2亿元以下的地方政府投资项目，其可行性研究报告由地方发改委审批。

> **知识拓展**
>
> 可行性研究报告经过正式批准后将作为初步设计的依据，不得随意修改和变更。如果在建设规模、产品方案、建设地点、主要协作关系等方面有变动以及突破原定投资控制数时，应报请原审批单位同意，并正式办理变更手续。可行性研究报告经批准，建设项目才算正式"立项"。

（二）设计阶段

设计是对拟建工程的实施在技术上和经济上所进行的全面而详尽的安排，是基本建设计划的具体化，同时也是组织施工的依据。工程项目的设计工作一般分为两部分，即初步设计和施工图设计。重大项目和技术复杂项目，可根据需要增加技术设计。

1. 初步设计

初步设计是根据可行性研究报告的要求所做的具体实施方案，目的是阐明在指定的地点、时间和投资控制数额内，拟建项目在技术上的可能性和经济上的合理性，并通过对工程项目所做出的基本技术经济规定，编制项目总概算。

初步设计不得随意改变被批准的可行性研究报告所确定的建设规模、产品方案、工程标准、建设地址和总投资等控制目标。如果初步设计提出的总概算超过可行性研究报告总投资的10%以上或其他主要指标需要变更时，应说明原因和计算依据，并重新向原审批单位报批可行性研究报告。

2. 技术设计

应根据初步设计和更详细的调查研究资料，进一步解决初步设计中的重大技术问题，如工艺流程、建筑结构、设备选型及数量确定等，使工程建设项目的设计更具体、更完善，技术指标更好。

3. 施工图设计

根据初步设计或技术设计的要求，结合现场实际情况，完整地表现建筑物外形、内部空间分割、结构体系、构造状况以及建筑群的组成和周围环境的配合。它还包括各种运输、通信、管道系统、建筑设备的设计。在工艺方面，应具体确定各种设备的型号、规格及各种非标准设备的制造加工图。

（三）施工阶段

1. 建设准备阶段

项目在开工建设之前要切实做好各项准备工作，包括以下主要内容。

（1）征地、拆迁和场地平整。

（2）完成施工用水、电、路等工作。

（3）组织设备、材料订货。

（4）准备必要的施工图纸。

（5）组织施工招标，择优选定施工单位。

按规定进行了建设准备和具备了开工条件以后，便应组织开工。建设单位申请批准开工要经国家发改委统一审核后，编制年度大、中型和限额以上工程建设项目新开工计划报国务院批准。部门和地方政府无权自行审批大、中型和限额以上工程建设项目开工报告。年度大、中型和限额以上新开工项目经国务院批准，国家发改委下达项目计划。

一般项目在报批开工前，必须由审计机关对项目的有关内容进行审计证明。审计机关主要是对项目的资金来源是否正当及其落实情况，项目开工前的各项支出是否符合国家有关规定，资金是否存入规定的专业银行进行审计。新开工的项目还必须具备按施工顺序需要至少3个月以上的工程施工图纸，否则不能开工建设。

2. 施工安装阶段

施工安装活动应按照工程设计要求、施工合同条款及施工组织设计，在保证工程质量、工期、成本及安全、环保等目标的前提下进行，达到竣工验收标准后，由施工单位移交给建设单位。

（四）动用前的准备阶段

1. 生产准备阶段

对于生产性工程建设项目而言，生产准备是项目投产前由建设单位进行的一项重要工作。它是衔接建设和生产的桥梁，是由项目建设转入生产经营的必要条件。建设单位应适时组成专门班子或机构做好生产准备工作，确保项目建成后能及时投产。

生产准备阶段工作的内容根据项目或企业的不同，其要求也各不相同，但一般应包括以下主要内容。

（1）招收和培训生产人员。

招收项目运营过程中所需要的人员，并采用多种方式进行培训。特别要组织生产人员参加设备的安装、调试和工程验收工作，使其能尽快掌握生产技术和工艺流程。

（2）组织准备。

组织准备主要包括生产管理机构设置、管理制度和有关规定的制定、生产人员配备等。

（3）技术准备。

技术准备主要包括国内装置设计资料的汇总，有关国外技术资料的翻译、编辑，各种生产方案、岗位操作法的编制以及新技术的准备等。

（4）物资准备。

物资准备主要包括落实原材料、协作产品、燃料、水、电、气等的来源和其他需协作配合的条件，并组织工装、器具、备品、备件等的制造或订货。

2. 竣工验收阶段

当工程项目按设计文件的规定内容和施工图纸的要求全部建完后，便可组织验收。竣工验收是工程建设过程的最后一道工序，是投资成果转入生产或使用的标志，也是全面考核基本建设成果、检验设计和工程质量的重要步骤。竣工验收对促进建设项目及时投产、发挥投资效益及总结建设经验，都有重要作用。通过竣工验收，可以检查建设项目实际形成的生产能力或效益，也可避免项目建成后继续消耗建设费用。

（1）竣工验收的范围和标准。

按照国家现行规定，所有基本建设项目和更新改造项目，按批准的设计文件所规定的内容建成，符合验收标准，即工业项目经过投料试车（带负荷运转）合格、形成生产能力的，非工业项目符合设计要求、能够正常使用的，都应及时组织验收，办理固定资产移交手续。工程项目竣工验收、交付使用，应达到下列标准。

①生产性项目和辅助公用设施已按设计要求建完，能满足生产要求。

②主要工艺设备已安装配套，经联动负荷试车合格，形成生产能力，能够生产出设计文件规定的产品。

③职工宿舍和其他必要的生产福利设施，能适应投产初期的需要。

④生产准备工作能适应投产初期的需要。

⑤环境保护设施、劳动安全卫生设施、消防设施已按设计要求与主体工程同时建成使用。

各类工程建设项目除了遵循这些共同标准外，还要结合专业特点确定其竣工应达到的具体条件。

对某些特殊情况，工程施工虽未全部按设计要求完成，也应进行验收，包括以下特殊情况。

①因少数非主要设备或某些特殊材料短期内不能解决，虽然工程内容尚未全部完成，但已可以投产或使用。

②规定的内容已建完，但因外部条件的制约（如流动资金不足、生产所需原材料不能满足等），而使已建成工程不能投入使用。

③有些工程项目或单位工程，已形成部分生产能力，但近期内不能按原设计规模续建，应从实际情况出发经主管部门批准后，可缩小规模对已完成的工程和设备组织竣工验收，移交固定资产。

按国家现行规定，已具备竣工验收条件的工程，3个月内不办理验收投产和移交固定资产手续的，取消企业和主管部门（或地方）的基建试车收入分成，由银行监督全部上缴财政。

如3个月内办理竣工验收确有困难，经验收主管部门批准，可以适当推迟竣工验收时间。

（2）竣工验收的准备工作。

建设单位应认真做好工程竣工验收的准备工作，主要包括以下内容。

①整理技术资料。技术资料主要包括土建施工、设备安装方面及各种有关的文件、合同和试生产情况报告等。

②绘制竣工图。工程建设项目竣工图是真实记录各种地下、地上建筑物等详细情况的技术文件，是对工程进行交工验收、维护、扩建、改建的依据，同时也是使用单位长期保存的技术资料。关于绘制竣工图有如下规定。

a. 凡按图施工没有变动的，由施工承包单位（包括总包单位和分包单位）在原施工图上加盖"竣工图"标志后即作为竣工图。

b. 凡在施工中，虽有一般性设计变更，但能将原施工图加以修改补充作为竣工图的，可不重新绘制，由施工承包单位负责在原施工图上注明修改部分，并附以设计变更通知单和施工说明，加盖"竣工图"标志后即作为竣工图。

c. 凡结构形式改变、工艺改变、平面布置改变、项目改变以及有其他重大改变，不宜再在原施工图上修改补充者，应重新绘制改变后的竣工图。由于设计原因造成的，由设计单位负责重新绘图；由于施工原因造成的，由施工承包单位负责重新绘图；由于其他原因造成的，由业主自行绘图或委托设计单位绘图，施工承包单位负责在新图上加盖"竣工图"标志，并附以有关记录和说明，作为竣工图。

竣工图必须准确、完整，符合归档要求，方能交工验收。

③编制竣工决算。建设单位必须及时清理所有财产、物资和未花完或应收回的资金，编制工程竣工决算，分析概（预）算执行情况，考核投资效益，报请主管部门审查。

（3）竣工验收的程序和组织。

根据国家现行规定，规模较大、较复杂的工程建设项目应先进行初验，然后进行正式验收；规模较小、较简单的工程项目，可以一次进行全部项目的竣工验收。

工程项目全部建完，经过各单位工程的验收，符合设计要求，并具备竣工图、竣工决算、工程总结等必要文件资料，由项目主管部门或建设单位向负责验收的单位提出竣工验收申请报告。

> **知识拓展**
>
> 　大、中型和限额以上项目由国家发改委或由国家发改委委托项目主管部门、地方政府组织验收；小型和限额以下项目，由项目主管部门或地方政府组织验收。竣工验收要根据工程规模及复杂程度组成验收委员会或验收组。验收委员会或验收组负责审查工程建设的各个环节，听取各有关单位的工作汇报，审阅工程档案，实地查验建筑安装工程实体，对工程设计、施工和设备质量等做出全面评价。不合格的工程不予验收。对遗留问题要提出具体解决意见，限期落实完成。

（五）运营阶段

运营阶段应进行项目后评价。项目后评价是工程项目竣工投产、生产运营一段时间后，再对项目的立项决策、设计施工、竣工投产、生产运营等全过程进行系统评价的一种技术经济活动，是固定资产投资管理的一项重要内容，也是固定资产投资管理的最后一个环节。通过项目后评价，可以达到肯定成绩、总结经验、研究问题、吸取教训、提出建议、改进工作、不断提高项目决策水平和投资效果的目的。

项目后评价的内容包括立项决策评价、设计施工评价、生产运营评价和建设效益评价。在实际工作中，可以根据建设项目的特点和工作需要而有所侧重。

项目后评价的基本方法是对比法，就是将工程项目投产后所取得的实际效果、经济效益和社会效益、环境保护等情况与前期决策阶段的预测情况相对比，与项目建设前的预测情况相对比，从中发现问题，总结经验和教训。在实际工作中，往往从以下3个方面进行项目后评价。

1. 影响评价

通过项目竣工投产（营运、使用）后对社会的经济、政治、技术和环境等方面所产生的影响来评价项目决策的正确性。如果项目投产后达到了原来预期的效果，对国民经济发展、产业结构调整、生产力布局、人民生活水平的提高、环境保护等方面都带来有益的影响，说明项目决策是正确的；如果背离了既定的决策目标，就应具体问题具体分析，找出原因，改进工作。

2. 经济效益评价

通过项目竣工投产后所产生的实际经济效益与可行性研究时所预测的经济效益相比较，对项目进行评价。对生产性建设项目要运用投产运营后的实际资料计算财务内部收益率、财务净现值、财务净现值率、投资利润率、投资利税率、贷款偿还期、国民经济内部收益率、经济净现值、经济净现值率等一系列评价指标，与可行性研究阶段所预测的相应指标进行对比，从经济上分析项目投产运营后是否达到了预期效果。没有达到预期效果的，应分析原因，采取措施，提高经济效益。

3. 过程评价

对工程项目的立项决策、设计施工、竣工投产、生产运营等全过程进行系统分析，找出项目后评价与原预期效益之间的差异及其产生的原因，使后评价结论有根有据，同时，针对问题提出解决办法。

以上 3 个方面的评价有着密切的联系，必须全面理解和运用，才能对后评价项目做出客观、公正、科学的结论。

第二章　工程项目的前期策划

本章主要阐述工程项目的前期策划工作过程，包括工程项目的构思、目标设计、定义和总方案策划、可行性研究和评价等内容。

第一节　工程项目的前期策划工作

一、概述

本书中将项目构思到项目批准正式立项定义为工程项目的前期策划阶段（在有些书中称为"概念阶段"），工程项目的前期策划是一个极其复杂，同时又是十分重要的过程。该阶段主要是上层系统（如国家、地方、企业），从全局的和战略的角度出发研究和分析问题，其中包含许多项目管理工作。要取得项目的成功，必须在该阶段就进行严格的项目管理。

谈及项目的前期策划工作，许多人一定会想到那就是项目的可行性研究。这有一定的道理，但不完全，因为尚存在如下问题。

（1）可行性研究的意图是如何产生的，为什么要做，并且对什么做可行性研究。

（2）可行性研究需要很大的花费。在国际工程项目中，常常可行性研究的费用就要花几十万、几百万甚至上千万美元，它本身就是一个很大的项目，所以，在此之前就应该有严格的研究和决策，不能有一个项目构思就做一个可行性研究。

（3）可行性研究的尺度确定。可行性研究是对方案完成目标程度的论证，因此在可行性研究之前就必须确定项目的目标，并以它作为衡量的尺度，同时确定一些总体方案作为研究对象。

> **知识拓展**
>
> 工程项目的前期策划工作的主要任务是寻找项目机会、确立项目目标、定义项目，并对项目进行详细的技术经济论证，使整个项目建立在可靠的、坚实的和优化的基础之上。

二、工程项目前期策划的过程和主要工作

工程项目的前期策划必须按照系统方法分步骤进行，如图2-1所示。

（一）项目构思的产生和选择

任何项目都起源于项目构思。项目的构思是对项目机会的寻求，它产生于为了解决上层系统（如国家、地方、企业）问题的期望，或为了满足上层系统的需要，或为了实现上层组织的战略目标和计划等。

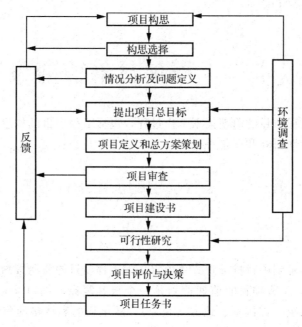

图 2-1 工程项目前期策划的过程

（二）项目目标设计和项目定义

通过对上层系统情况和存在的问题进行进一步研究，提出项目的目标因素，进而构成项目目标系统，通过对目标的书面说明形成项目定义，该阶段包括如下工作。

（1）情况分析及问题定义。对上层系统状况、市场状况、组织状况、自然环境进行调查，对其中的问题进行全面罗列、分析、研究，确定问题的原因，为正确的项目目标设计和决策提供依据。

（2）项目总目标设计。针对上层系统情况和存在的问题、上层组织的战略目标和环境条件提出目标因素；对目标因素进行优化，建立目标系统。这是项目要达到的预期总目标。

（3）项目定义和总方案策划。项目的定义是指划定项目的目标系统范围，对项目各个目标指标做出说明，并根据项目总目标，对项目的总体实施方案进行策划。

（4）项目建议书。项目建议书是对情况分析及问题定义、项目总目标、项目定义和总方案的说明和细化，同时提出在可行性研究中需考虑的各个细节和指标。

（三）可行性研究

可行性研究是对项目总目标和总方案进行全面的技术经济论证，它是项目前期决策阶段最重要的工作。

（四）项目评价与决策

在可行性研究的基础上，对项目进行财务评价、国民经济评价和环境影响评价等。根据可行性研究和评价的结果，由上层系统对项目立项做出最后决策。在我国，可行性研究报告经批准后项目就立项了，并作为工程项目的任务书。

三、工程项目的前期策划工作的重要作用

工程项目的前期策划工作主要是识别项目的需求，确定项目的方向，对项目做出决

策，是项目的孕育阶段。现代医学和遗传学研究结果证明，一个人的寿命和健康状况在很大程度上是由他的遗传因素和孕育期状况决定的，而工程项目与人类有生态方面的相似性。前期策划决定了工程项目的"遗传因素"和"孕育期状况"。它不仅对工程建设过程、运行状况和使用寿命起着决定性作用，而且对工程的整个上层系统都有极其重要的影响。

项目构思和项目总目标是确立项目方向的。方向错误必然会导致整个项目的失败，而且这种失败又常常是无法弥补的。图 2-2 能清楚地说明这个问题。项目的前期费用投入较少，项目的主要投入在施工阶段；但项目前期策划对工程使用寿命的影响最大，稍有失误就会造成无可挽回的损失，甚至会导致项目的失败。

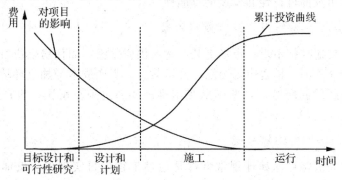

图 2-2　项目累计投资和影响对比

工程项目的前期策划阶段的失误，常常会产生如下后果。

（1）工程建成后无法进行正常的运行，达不到使用效果。

（2）虽然可以正常运行，但其产品或服务没有市场，不能为社会接受。

（3）运行费用高，效益低下，缺乏竞争力。

（4）项目目标在工程建设过程中不断变动，造成超投资、超工期等现象。

项目构思和项目总目标影响全局，工程的建设必须符合上层系统的需要，解决上层系统存在的问题。如果上马一个项目，其结果不能解决上层系统的问题，或不能为上层系统所接受，往往会成为上层系统的"包袱"，给上层系统带来不利的影响。一个工程项目的失败不仅会导致经济损失，而且会带来社会问题，导致环境的破坏。

例如，一个企业决定投资一个项目，开发一个新产品，其资金来源是企业以前许多年的利润积累和借贷。如果该项目失败，如产品开发不成功，或市场已有其他新产品替代，本产品没有市场，未能产生效益，则不仅企业前期多年的积蓄和项目期间人力、物力、财力投入白费，而且企业还背上了一个沉重的包袱——必须在以后许多年中偿还贷款。厂房、生产设备虽都有账面价值，但不产生任何效用。因此，企业竞争力会下降，甚至会一蹶不振。

第二节　工程项目的构思

一、工程项目构思的产生

任何工程项目都从构思开始，根据不同的项目和不同的项目参加者，工程项目构思的起因不同，可能有以下几种情况。

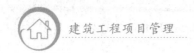

（一）通过市场研究发现新的投资机会、有利的投资地点和投资领域

例如：通过市场调查发现某种产品有庞大的市场容量或潜在市场，应该开拓这个市场；企业要发展，要扩大销售，扩大市场占有份额，必须扩大生产能力；企业要扩大经营范围，增强抗风险能力，搞多种经营、灵活经营，向其他领域、地域投资；由于技术的进步，出现了新技术、新工艺、新的专利产品；市场出现新的需求，即顾客有新的要求；当地某种资源丰富，可以开发利用这些资源。

这些对项目所提供的最终产品或服务的市场需求，都是新的项目机会。工程项目应以市场为导向，具有市场的可行性和发展的可能性。

（二）解决上层系统运行存在的问题或困难

例如：某地方交通拥挤不堪；市场上某些物品供应紧张，如住房供应特别紧张；企业经营存在问题，产品陈旧，销售市场萎缩，技术落后，生产成本增加；环境污染严重；新的法律颁布，带来新的问题等。这些问题和困难需要通过项目解决，也产生了对项目的需求。

（三）实现上层组织的发展战略

上层组织的发展战略目标和计划常常都是通过工程项目实现的。例如：为了解决国家、地方的经济和社会发展问题，促进经济腾飞，必须依托于许多工程项目完成使命，因此，一个国家或地方的发展战略，或发展计划常常包容许多新的工程项目。一个国家、地区或产业部门如果正处于发展时期、上升时期，则必将拥有许多工程项目机会，通过对国民经济计划、产业结构和布局、产业政策以及社会经济发展计划的分析可以预测项目机会。在做项目目标设计和项目评价时必须考虑该项目对上层组织的发展战略的贡献。

（四）通过工程信息寻求项目业务机会

许多企业以工程项目作为基本业务对象，如工程承包公司、成套设备的供应公司、咨询公司、造船企业、国际合作公司和一些跨国公司，则在它们业务范围内的任何工程信息（如工程建设计划、招标公告），都是承接业务的机会，都可能产生项目。

（五）通过生产要素的合理组合，产生项目机会

现在许多投资者和项目策划者常常通过引进外资，引进先进的设备、生产工艺与当地的自然资源、劳动力和原材料组合，生产符合市场需求的产品。在国际经济合作领域，这种"组合"的艺术已越来越为人们重视，通过它能演绎出各式各样的项目。例如：许多承包商通过调查研究，在业主尚无项目意识时就提出项目构思，并帮助业主进行目标设计、可行性研究、技术设计，以获得该项目的总承包权，这样，业主和承包商都能获得很高的经济效益。

（六）其他

如现代企业的资产重组、资本运作、变革、创新都会产生项目机会。

项目构思的产生是十分重要的，它在初期可能仅仅是一个"点子"，但却是一个项目的萌芽，投资者、企业家及项目策划者对它要有敏锐的洞察力，要有远见。

二、工程项目构思的选择

在一个具体的社会环境中，上层系统的问题和需要很多，因此工程项目机会也很多，项目的构思丰富多彩，有时甚至是"异想天开"的。人们可以通过许多途径和方法（即项目或非项目手段）达到目的，所以不可能将每一个构思都付诸更深入的研究，必须淘汰那些明显不现实或没有实用价值的构思。同时，由于资源的限制，即使是有一定可实现性和实用价值的构思，也不可能都转化成项目，一般只能选择少数几个有价值和可能实现的构思进行更深入的研究和优化，因为构思往往产生于对上层系统直观的了解，而且仅仅是比较朦胧的概念，所以对它也很难进行系统的定量的评价和筛选，一般只能从如下几方面来把握。

（1）上层系统问题和需求的现实性，即上层系统的问题和需要是实质性的，而不是表象性的，同时预测通过采用工程项目手段可以顺利地解决这些问题。

（2）考虑环境的制约，应充分利用资源和外部条件。

（3）充分发挥自身既有的长处，运用自己的竞争优势，在项目中实现合作，形成各方竞争优势的最佳组合。

知识拓展

对此综合考虑"构思—环境—能力"之间的平衡，以求达到主观和客观的和谐统一，经过认真研究后，判断某个工程项目是可行的、有利的，经过相关部门的认可，项目的构思就转化为目标设计，可做进一步更深入的研究。

第三节　工程项目的目标设计

一、目标管理方法

目标是对预期结果的描述。工程项目不同于一般的研究和革新项目。研究（如科研）和革新项目的目标在项目初期常常是不太明确的，它们往往通过分析在项目进行过程中遇到的新问题和新情况，对项目中间成果进行分析、判断、审查，探索新的解决办法，做出决策，从而逐渐明确并不断修改目标，最终获得一个结果，这个结果可能是成功的、一般的或不成功的，甚至可能是新的成果或意外的收获，对这类项目必须加强变更管理，做好阶段决策和阶段计划工作。而工程项目必须采用严格的目标管理方法，这主要体现在如下几方面。

（1）在项目实施前就必须确定明确的目标，精心优化和论证，经过批准，将它贯彻在整个实施过程中，作为可行性研究、设计和计划、施工、竣工验收和项目后评价的依据，通常不允许在项目实施中仍存在目标的不确定性和对目标做过多的修改，当然在实际工程中，有时也会出现调整、修改、放弃原定目标的现象，但那常常预示着项目的失败。

（2）项目目标设计必须按系统工作方法有步骤地进行，通常在项目前期进行项目总目标设计，建立项目目标系统的总体框架，再采用系统方法将总目标分解成子目标和可执行目标。更具体的、详细的、完整的目标设计在可行性研究阶段以及在设计和计划阶段中进行。项目的目标设计是一个连续、反复循环的过程。

（3）目标系统必须包括项目实施和运行的所有主要方面，并能够分解落实到各阶段和项目组织的各个层次上，将目标管理同职能管理高度地结合起来，使目标与组织任务、组织结构相联系，建立自上面下、由整体到部分的目标控制体系，并加强对项目组织各层次目标的完成情况的考核和业绩评价，鼓励人们竭尽全力地圆满地实现目标。所以，采用目标管理方法能使项目目标顺利实现，而良好的管理可以使计划和控制工作十分有效。

（4）将项目目标落实到项目的各阶段。项目目标作为可行性研究的尺度，经过论证和批准后作为项目技术设计和计划、实施控制的依据，最后又作为项目后评价的标准。

> **知识拓展**
>
> 在现代工程项目中人们强调全寿命周期集成化管理，必须以工程全寿命周期作为对象建立目标系统，进而保证在工程全寿命周期中目标、组织、过程、责任体系的连续性和整体性。

（5）在工程项目管理中推行目标管理存在一些问题，主要表现在以下几方面。

①在项目前期就要求设计完整的、科学的工程项目目标系统是十分困难的。

a. 项目是一次性的，项目目标设计缺乏直接可用的参照系。项目初期人们掌握的信息较少，对问题的认识还不深入、不全面，目标设计的根据不足。

b. 项目前期，设计目标系统的指导原则和政策不够明确，很难做出正确的综合评价和预测。

c. 项目系统环境复杂，边界不清楚，不可预见的干扰多。

d. 影响项目目标实现的因素多，相互之间的关系复杂，容易引起混乱。

②项目批准后，对工程项目目标的执行常常有两种现象。

a. 由于如下原因使得目标的刚性增大，不能随便改动，也很难改动：目标变更的影响大，管理者对变更目标往往犹豫不决；项目已经实施，已有大量资源投入，人们不愿意承担责任；项目决策者因情感或面子问题不愿意否定过去，不愿意否定自己等。这种目标的刚性常常是十分危险的。有时，修改总目标，甚至中断项目，是一个较有利的选择，可以避免更大的损失。

b. 人们过于轻率地修改和放弃已定的目标，如在负责人员更替时，常常会修改已上马的项目的目标，甚至中断项目实施；或由于宏观政策的变化，对许多在建工程"一刀切"，停建或缓建。这些都会造成社会资源和自然资源的损失。

③在目标管理过程中，人们常常注重近期的局部目标，因为这是他的首要责任，是对他考核、评价的依据，例如在建设期人们常常过于注重建设期的成本目标、工期目标，而较少注重运行成本问题；承包商也比较注重自己的经济效益，尽量降低成本、加快施工速度，但这有时会损害项目的总目标。

④影响项目目标实现的因素很多，如项目的风险状况、资源供应条件、项目相关者的冲突、环境条件、上层组织的支持程度等，这些并不是项目管理者能够控制的。

⑤其他问题。例如，人们可能过度使用和注重定量目标，因为定量目标易于评价和考核，但有些重要的和有重大影响的目标很难用数字表示。

这些问题体现了工程项目管理自身的矛盾性，使项目早期目标系统的合理性和科学性受到限制。

二、环境调查

（一）环境调查的作用

环境调查是为工程项目的目标设计、可行性研究、决策、设计和计划、控制服务的，环境调查是在项目构思的基础上对环境系统状况进行调查、分析、评价，以作为目标设计的基础和前导工作。工程实践证明，正确的目标设计和决策需要熟悉环境，并掌握大量的信息。环境调查主要有以下作用。

（1）通过环境调查可以进一步研究和评价项目的构思，使项目的构思更为实用和理性，更符合上层组织的需求。

（2）通过环境调查可以对上层组织的目标和问题进行定义，从而确定项目的目标因素。

（3）通过环境调查可以确定项目的边界条件状况。这些边界条件的制约因素，常常会直接产生项目的目标因素，例如法律规定、资源约束条件和周边组织要求等，如果目标中不包括或忽略了这些因素，则这个项目是极其危险的。

（4）通过环境调查可以为目标设计、项目定义、可行性研究，以及设计和计划提供信息。

（5）通过环境调查可以对项目中的风险因素进行分析，并提出相应的防范措施。

（二）环境调查的内容

工程项目环境调查的内容非常广泛，具体如下。

1. 项目相关者

特别是要对用户、项目所属的企业（业主）、投资者、承包商等的状况进行调查。

（1）项目产品的用户需求、购买力、市场行为等。

（2）项目所属企业状况，包括组织体系、企业文化、企业能力、企业战略、存在的问题、对项目的要求、基本方针和政策等。

（3）合资者的能力、基本状况、对项目的要求、政策等。

（4）工程承包企业和供应商的基本情况、技术能力、组织能力。

（5）主要竞争对手的基本情况。

（6）周边组织（如居民、社团）对项目的需求、态度，对项目的支持或可能的障碍等。

2. 社会政治环境

（1）政治局面的稳定性，有无社会动乱、政权变更、种族矛盾和冲突，有无宗教、文化、社会集团利益的冲突。一个国家政治稳定程度对工程项目的各方面都会造成影响，而这个风险常常是难以预测和控制的，直接关系到工程项目的成败。

（2）政府对本项目提供的服务，办事效率，政府官员的廉洁程度。

（3）与项目有关的政策，特别是对项目有制约的政策，或向项目倾斜的政策。

（4）国际政治环境。对国际工程项目，相应的国际、国家、地区和当地的政治状况。

3. 社会经济环境

（1）社会的发展状况。该国、该地区、该城市所处的发展阶段和发展水平。

（2）国民经济计划安排，国家的工业布局及经济结构，国家重点投资发展的地区等。

（3）国家的财政状况，如赤字和通货膨胀情况。

（4）国家及社会建设的资金来源，银行的货币供应能力和政策。

（5）市场情况：①拟建工程所提供的服务或产品的市场需求，市场容量，现有的和潜在的市场，市场的开发状况等。在项目的目标设计过程中市场研究一直占据十分重要的地位。②当地建筑市场（例如设计、工程承包、采购）情况，如竞争的激烈程度，当地建筑企业的专业配套情况，建材、结构件和设备生产、供应及价格等。③劳动力供应状况以及价格，技术熟练程度、技术水平、工作能力和效率、工程技术教育和职业教育情况等。④城市建设水平，基础设施、能源、交通、通信、生活设施的状况及价格。⑤物价指数。包括全社会的物价指数，部门产品和专门产品的物价指数。

4. 法律环境

工程的建设和运行受工程所在地的法律的制约和保护。

（1）法制是否健全，执法的严肃性，项目相关者能否得到法律的有效保护等。

（2）与项目有关的各项法律和法规的主要内容，如《合同法》《建筑法》《劳动法》《税法》《环境保护法》《外汇管理条例》等。

（3）与本项目有关的税收、土地政策、货币政策等。

5. 自然条件

（1）可以供工程项目使用的各种自然资源的蕴藏情况。

（2）对工程有影响的自然地理状况，如地震设防烈度及工程全寿命周期中地震的可能性；地形地貌状况；地下水位、流速；地质情况，如地基的稳定性，可能的流沙、暗塘、古河道、滑坡、泥石流等。

（3）气候情况，如年平均气温、最高气温、最低气温；高温、严寒持续时间；主导风向及风力，风荷载；雨雪量及持续时间，主要分布季节等。

6. 技术因素

与工程项目相关的技术标准、规范、技术能力和发展水平，解决工程施工和运行问题技术方面的可能性。

7. 项目周围基础设施、场地交通运输、通信状况

（1）场地周围的生活及配套设施，如粮油、副食品供应，文化娱乐，医疗卫生条件。

（2）现场及周围可供使用的临时设施。

（3）现场及周围公用事业状况，如水、电的供应能力、条件及排水条件，后勤保障。

（4）通往现场的运输状况，如公路、铁路、水路、航空条件，承运能力和价格。

（5）各种通信条件、能力及价格。

（6）项目所需要的各种资源的可获得条件和限制。

8. 其他方面

如项目所在地的人口、教育、习惯、风俗和禁忌等。

9. 同类工程的资料

如相似工程的工期、成本、效率和存在问题，经验和教训。

（三）环境调查的方法

工程项目的环境调查可以通过各种途径获得信息。

（1）新闻媒介，如报纸、杂志、专业文章、电视和新闻发布会。

（2）专业渠道，如学会、商会、研究会的资料，或委托咨询公司做专题调查。

（3）派人实地考察、调查。

（4）通过业务代理人调查。

（5）向侨胞、同行、合作者、朋友调查。

（6）专家调查法。采用专家调查法，通过专家小组或专家调查表调查。

（7）直接询问。特别是对市场价格等信息可以直接向供应商、分包商询价。

（四）环境调查的要求

1. 详细程度

通常对环境调查，不能说越详细越好。过于详细会造成信息量大，管理费用增加，时间延长。在批准立项前，承包商在投标阶段，如果环境调查做得太细太广泛，结果项目没被批准，或未中标，则业主损失太大；但如果因调查不细或不全面而造成决策失误或报价失误，同样要承担经济损失。一般在立项前调查比较宏观的和总体的情况，而在立项后设计、计划中所做的环境调查必须具体和详细。

2. 侧重点

不同的管理者所需资料不同，业主、投资者、施工单位、设计单位环境调查的内容、范围和深度都不尽相同，例如，投资者注重项目产品或服务的市场和投资风险，估价师比较注重资源市场价格、通货膨胀，工程师注重自然条件和技术条件。

3. 系统性

环境调查和分析应是全面的、系统的，应按系统工作方法有步骤地进行。

（1）在着手调查前，首先必须对调查的内容进行系统分析，以确定调查的整个体系。大的工程公司和项目管理公司针对不同类型的项目，建立标准的完整的环境调查内容框架，将项目环境系统结构化，使确认调查工作程序化、规范化，不会遗漏应该调查的内容。

（2）委派专人负责具体内容的调查工作，并要求其对调查内容的正确性承担责任。

（3）对调查内容做分析，处理数据，推敲其真实性、可靠性。

（4）登记归档。这些调查内容不仅目前有用，而且在整个项目过程中，甚至在以后承担新的项目时还可能用到。这是企业和项目的信息资源，必须保存。

对调查内容可以做环境调查分析，见表2-1。

表2-1 ××项目环境调查分析表

序号	调查内容编码	调查内容	调查对象	调查负责人	调查日期	调查结果简述	调查结果评价	文档号	备注

4. 客观性

实事求是，尽可能量化，用数据说话，要注意"软信息"的调查。

5. 前瞻性

由于工程的建设和运行是未来的事，因此环境调查不仅着眼于历史资料和观状，应对今后的发展趋向做出预测和初步评价，这是非常重要的，同时，在项目的实施过程中必须一直关注环境的变化，及其对项目的影响。

三、问题的定义

经过环境调查可以从中认识和导出上层系统的问题，以便对问题进行定义和说明。项目构思所提出的主要问题和需求主要表现为上层系统的症状（表象），问题定义是目标设计的诊断阶段，进一步明确问题的原因、背景和界限，从中可以确定项目的目标和任务。

对问题的定义必须从上层系统全局的角度出发，并抓住问题的核心。问题定义有如下步骤。

（1）对上层系统的问题进行罗列、结构化，即确认上层系统有几个大问题，一个大问题又可分为几个小问题。例如，企业存在利润下降的大问题、该大问题又可分为生产成本提高、废品增加、产品销路差等小问题。

（2）采用因果关系分析法对原因进行分析，将症状与背景、起因联系在一起。如产品销路不佳的原因可能是：该产品陈旧老化，市场上已有更好的新产品出现；产品的售后服务不好，用户不满意；产品的销售渠道不畅，用户不了解该产品等。

（3）分析这些问题将来发展的可能性和对上层系统的影响。有些问题会随着时间的推移逐渐减轻或消除，相反有的却会逐渐加重。如产品处于发展期则销路会逐渐好转，但若处于衰退期，则销路会越来越差。由于工程在建成后才有效用，因此，必须分析和预测工程投入运行后的状况。

四、提出目标因素

（一）目标因素的来源

工程项目的目标因素通常由如下几方面决定。

（1）问题的定义，即按问题的结构，解决其中各个问题的程度，即为目标因素。

（2）有些边界条件的限制也形成项目的目标因素，如资源限制、法律制约、工程项目相关者（如投资者、项目周边组织）的要求等。

（3）对于为完成上层组织战略目标和计划的项目，许多目标因素是由上层组织设置的，上层组织战略目标和计划的分解可直接形成项目的目标因素。

由于问题的多样性和复杂性，同时由于项目边界条件的多方面约束，造成了目标因素的多样性和复杂性。

（二）常见的目标因素

通常，工程项目的目标因素一般包括如下几类。

1. 问题解决的程度

这是工程建成后所实现的功能，所达到的运行状态。例如：项目产品的市场占有份额；项目产品的年产量或年增加量；新产品开发达到的销售量、生产量、市场占有份额、产品竞争力；拟解决多少人口的居住问题，或提高当地人均居住面积；增加道路的交通流量，或所达到的行车速度；拟达到的服务标准或产品质量标准等。

2. 与建设项目相关的目标

（1）工程规模，即所能达到的生产能力规模，如建成一定产量的工厂、生产流水线，一定规模、等级、长度的公路，一定吞吐能力的港口，一定建筑面积或居民容量的小区。

（2）经济性目标，主要为项目的投资规模、投资结构、运行成本，项目投产后的产值目标、利润目标，税收和该项目的投资收益率等。

（3）项目时间目标，包括短期（建设期）、中期（投资回收期）、长期（厂房或设施的寿命周期）的目标。

（4）工程的技术标准、技术水平。

3. 其他目标

如由法律或项目相关者要求产生的目标因素，主要包括：生态环境保护，对烟尘、废气、热量、噪声、污水排放的要求；对职业健康保护程度、事故的防止和工程安全性的要求；降低生产成本，或达到新的成本水平；提高劳动生产率，如达到新的人均产量、产值水平、人均产值利润额等；吸引外资数额；提高自动化、机械化水平；增加就业人数；节约能源程度或资源的循环利用水平；对企业或当地其他产业部门的连带影响，对国民经济和地方发展的贡献；对企业发展能力的影响、用户满意程度；对企业形象的影响等。

（三）各目标因素指标的初步确定

目标因素必须定量化，能用时间、成本（费用、利润）、产品数量和特性指标来表示，且尽可能明确，以便能进一步地进行量化分析、对比和评价，在此仅对各目标因素指标进行初步定位。确定目标因素指标应注意如下几点。

（1）应在环境调查和问题定义的基础上，真实反映上层系统的问题和需要。

（2）切合实际，实事求是，既不好大喜功，又不保守，一般经过努力能实现。如果指标定得太高，则难以实现，会将许多较好的可行的项目淘汰；定得太低，则失去优化的可能，失去更好的投资机会。要顾及项目产品或服务的市场状况、自己的能力，以及边界条件的制约，避免出现完全出自主观期望的指标。

（3）目标因素指标的科学性和可行性，并非在项目初期就可以达到。在目标系统优化、可行性研究、设计和计划中，还需要对它们做进一步分析、对比和优化。

（4）目标因素的指标要有一定的可变性和弹性，应考虑环境的不确定性和风险因素、有利的和不利的条件，设定一定的变动范围，如划定最高值、最低值区域，这样在进一步的研究论证（如目标系统分析、可行性研究，设计）中可以按具体情况进行适当的调整。

（5）工程项目的目标因素必须重视时间限定。一般目标因素都有一定的时效，即目标实现的时间要求，该问题往往分为3个层次。

①通常工程的设计是针对项目对象的使用期，如工业厂房一般为30～50年。

②基于市场研究基础上提出的产品方案有其寿命周期。一般在工程建成投产后一段时间，由于产品过时，或有新技术和新工艺，必须进行工程的更新改造，或采用新的产品方案。随着市场竞争日趋激烈，科学技术不断进步，现在产品方案的寿命周期越来越短，一般5～10年，甚至更短。

③工程的建设期，即项目上马到工程建成投产的时间。

这就要求与时间相关的目标因素的指标应有广泛的适用性和足够的可变性，既要防止短期"优化"行为，如建设投资最省，但投产后运行成本极高，项目的优势很快消失；同时又应防止在长时间内仍未达到最优利用的目的（如一次性投资太大，投资回收期过长）。

（6）项目的目标是通过对问题的解决而最佳地满足上层系统和相关者各方对项目的需要，所以许多目标因素都是由项目相关者各方提出来的。只有在目标设计时考虑各方面的利益，项目的实施才有可能使项目各方满意。在该阶段必须向项目相关者各方调查询问，征求他们的意见。由于在项目初期有些相关者（如承包商和用户）尚未确定，则必须向有代表性的或潜在的相关者调查。

（7）目标因素指标还可以采用相似情况（项目）比较法、指标（参数）计算法、费用/效用分析法、头脑风暴法和价值工程法等方法确定，在工程项目的经济性目标因素中，投资收益率常常占据主要地位，该指标对工程项目立项有重大意义。它的确定通常考虑如下因素。

①资金成本，即投入该项目的资金筹集费用和资金占用费用。

②项目所处的领域和部门。在社会经济系统中不同的部门有不同的投资收益率水平，例如，电子、化工部门与建筑部门的投资收益率差别很大。人们可以在该部门社会平均投资利润率基础上进行调整。当然，一个部门中不同的专业方向，投资收益率水平也有差异，如建筑业中装饰工程项目就比土建项目利润率高。

③在项目实施后，其产品在生产、销售中风险的大小。一般风险大的项目期望投资收益率应高，风险小的项目可以低一些。一般以银行存款（或国债）利率作为无风险的收益率，以此参照判断。

④通货膨胀的影响。因为在项目实施过程中资金的投入和回收时间不一致，所以要考虑通货膨胀的影响。一般为了获得项目实际的收益，确定的投资收益率一般不低于通货膨胀率与期望的投资收益率之和。

⑤对于合资项目，投资收益率的确定必须考虑各投资者期望的投资收益率。

⑥其他因素。如投资额的大小，建设期和回收期的长短，项目对全局（如企业经营战略、企业形象）的影响等。

五、目标系统的建立

（一）目标系统的结构

按照目标因素的性质可对其进行分类、归纳、排序和结构化，并对它们的指标进行分析、对比、评价，构成一个协调的目标系统。

工程项目的目标系统必须具有完备性和协调性，要有最佳的结构，通常分为如下3个层次，如图2-3所示。

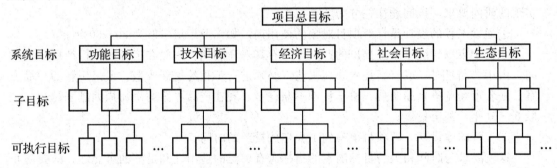

图2-3 工程项目目标系统图

1. 系统目标

系统目标是由项目的上层系统决定的，对整个工程项目具有普遍的适用性和影响。系统目标通常可以分为如下几种。

（1）功能目标，即工程项目建成后所达到的总体功能，功能目标可能是多样性的，例如，通过一个高速公路建设项目使某地段的交通量达到日通行4万辆，通行速度每小时120千米。

（2）技术目标，即对工程总体的技术标准的要求或限定，例如该高速公路符合中国公路建设标准。

（3）经济目标，如总投资、投资回报率等。

（4）社会目标，如对国家或地区发展的影响，对其他产业的影响等。

（5）生态目标，如环境目标、对污染的治理程度等。

2．子目标

系统目标需要由子目标来支持。子目标通常由系统目标导出或分解得到，或是自我成立的目标因素，或是对系统目标的补充，或是边界条件对系统目标的约束。例如，生态目标可以分解为废水、废气、废渣的排放标准，绿化标准，生态保护标准；又如，三峡工程的功能目标可分解为防洪、发电、水运，调水等子目标。子目标仅适用于对某一个方面，或一个工程子系统的要求，可用于确定子项目的范围，例如生态目标常常决定了对"三废"处理装置和配套的环境绿化工程子系统的要求。

3．可执行目标

子目标可再分解为可执行目标。可执行目标以及更细的目标因素，一般在可行性研究以及技术设计和计划中形成、扩展、解释、定量化，逐渐转变为与设计、实施相关的任务。例如，为达到废水排放标准所应具备的废水处理装置规模、标准、处理过程、技术等均属于可执行目标，这些目标因素决定了工程的详细构成，常与工程的技术设计或实施方案相联系。

因此，目标因素的遗漏常常会造成工程系统的缺陷，如缺少一些必需的子系统。

（二）目标因素的分类

1．按性质分类

按性质，目标因素可以分为以下两种。

（1）强制性目标，即必须满足的目标因素，通常包括法律和法规的限制、政府规定和强制性技术规范等。例如，《环境保护法》规定的排放标准，事故的预防措施，技术规范所规定的系统的完备性和安全性等。这些目标因素必须纳入项目系统中，否则项目不能成立。

（2）期望目标，即应尽可能满足的，有一定弹性范围的目标因素。例如，总投资、投资收益率、就业人数等。

2．按表达方式分类

按表达方式，目标因素可以分为以下两种。

（1）定量目标，即能用数字表达的目标因素，它们常常又是可考核的目标，如工程规模、投资回报率、总投资等。

（2）定性目标，即不能用数字表达的目标因素，它们常常又是难以考核的目标，如改善企业或地方形象，改善投资环境，提高用户满意度等。

（三）目标因素之间的争执

诸多目标因素之间存在复杂的关系，最常见的是目标因素之间存在争执。例如，环境保护标准和投资收益率，自动化水平和就业人数，技术标准与总投资等。

目标因素之间的争执通常包括以下几种情况。

（1）强制性目标与期望目标发生争执，例如，当环境保护要求和经济性指标（投资收益率、投资回收期、总投资等）之间产生冲突时，则首先必须满足强制性目标的要求。

（2）强制性目标因素之间存在争执，即若不能保证两个强制性目标均能实现，则说明本项目存在自身的矛盾性，可能有两种处理。

①判定这个项目构思是不可行的，应重新构思，或重新进行环境调查。

②消除某一个强制性目标，或将它降为期望目标。在实际工作中，不同的强制性目标的强制程度常常是不一样的。例如，国家法律是必须满足的强制性目标，但有些地方政府

的规定，如地方税费，尽管也对项目具有强制性，但有时有一定的通融余地，或有一定变化的幅度，则可以通过一些措施将它降为期望目标，或降低该目标因素的水准。

（3）期望目标因素间的争执，可分为以下两种情况。

①如果定量目标因素之间存在争执，则可采用优化的办法，追求技术经济指标最有利（如收益最大、成本最低、投资回收期最短）的解决方案。

②定性目标因素的争执可通过确定优先级（或定义权重），寻求它们之间的妥协和平衡。有时可以通过定义权重将定性目标转化为定量目标并进行优化。

（4）在目标系统中，系统目标优先于子目标，子目标优先于可执行目标。

解决目标因素之间的争执是一个反复的过程，通常在目标系统设计时尚不能完全排除目标之间的争执，有些争执还有待于在可行性研究、技术设计和计划中，通过对各目标因素进行更进一步的分析、对比、修改、增删和调整来解决。

（四）目标系统设计的几个问题

项目的目标系统应注重项目的社会价值、历史价值，体现综合性和系统性，而不能仅顾及经济指标。

由于许多目标因素是项目相关者各方提出的，或为考虑相关者利益设置的，因此很多目标因素之间的争执实质上又是不同群体的利益争执。

（1）项目相关者之间的利益存在很大矛盾，在项目目标系统设计中必须承认和照顾到项目相关不同群体和集团的利益，体现利益的平衡。若不平衡，项目就无法顺利实施。

（2）项目目标中最重要的是满足用户、投资者和其他相关者明确的和隐含的需要。他们的利益（或要求）权重较大，应优先考虑。当项目产品或服务的用户与其他相关者的需求发生矛盾时，应首先考虑满足用户的需求，考虑用户的利益和心理需要。因此，应认真地进行调查研究，界定和评价用户、投资者和其他相关者的需求，以确保目标体系能够满足他们的需求，吸引他们参与项目的决策过程，并认同项目总目标。这对于项目的成功至关紧要。

（3）在实际工作中，有许多项目所属企业的部门人员参与项目的前期策划工作，他们极可能将他们部门的利益和期望带入项目目标中，进而容易造成子目标与总目标相背离，所以应防止部门利益的冲突而导致项目目标因素的冲突。

> **知识拓展**
>
> 　　对于大型项目，应在有广泛代表性的基础上构建一个工作小组负责该项工作，小组成员包括目标系统设计的组织和管理人员、市场分析诊断人员、与项目相关的实施技术和产品开发人员等；同时，吸引上层组织的部门（如法律、财务、经营、后勤、人事和现场管理等部门）人员围绕在它的周围，形成一个外围圈子，广泛咨询、倾听各方面意见。
>
> 　　在确定工程项目的功能目标时，经常还会出现预测的市场需求与经济生产规模相矛盾的情况：对一般的工业生产项目，只有达到一定的生产规模才会有较高的经济效益，但按照市场预测，可能在一定时期内，产品的市场容量较小。

在目标设计阶段尽管没有项目管理小组和项目经理，但它确实是一项复杂的项目管理工作，需要大量的信息和各学科专业知识，应防止盲目性，避免思维僵化和思维的"近亲繁殖"。

对一个有发展前景的同时又是风险型的工程项目，特别是对投资回收期较长的项目，最好分阶段实施。例如，一期先建设一个较小规模的工程，然后通过二期、三期追加投资扩大生产规模。对近期目标进行详细设计、研究，远期目标则通过战略计划（长期计划）来安排。其主要作用体现在以下3个方面。

（1）前期工程投产后可以为后期工程筹集资金，以减少一次性的资金投入，降低项目的财务风险。

（2）逐渐积累建设经验，培养工程项目管理和运行管理人员。

（3）使工程建设进度与逐渐成熟的市场发展过程相协调，降低项目产品的市场风险。

但是，分阶段实施项目会带来管理上的困难和建设成本的增加。因此，对分阶段实施的工程项目，在项目前期就应有一个总体的目标系统的设计，考虑工程扩建、改建及自动化的可能性，注重工程的可扩展性设计，使长期目标与近期目标协调一致。

在项目前期策划中应注意上层系统的问题，目标和项目之间的联系与区别。例如，问题：某两地之间交通拥挤，随着社会和经济的发展越来越严重；目标：解决交通拥挤问题，达到每天4万辆车的通行量，通行速度120千米/时。项目：两地之间高速公路的建设。

第四节　工程项目的定义和总方案策划

一、项目构成界定

上层系统有许多问题，各方面对项目都有许多需求，边界条件又有很多约束，造成目标因素名目繁多，形成非常复杂的目标系统，但并不是所有的目标因素都可以纳入项目范围，因为一个项目不可能解决所有问题，在此必须对项目范围做出决策，通常分析获得的目标因素可以通过以下手段解决。

（1）由本项目解决。

（2）用其他手段解决，如协调上层系统，加强管理，调整价格，加强促销等。

（3）采用其他项目解决，或分阶段通过远期项目安排解决。

（4）目前不予考虑，即尚不能顾及。

所以，对目标因素按照性质可以划分为3个范围。

（1）最大需求范围，即包括前面提出的所有目标因素的集合 U_1。

（2）最低需求范围。这由必需的强制性目标因素构成，是项目必须解决的问题和必须满足的目标因素的集合 U_2。

（3）优化的范围。它是基于目标优化基础上确定的目标因素的集合 U_3。可行性研究和设计都在做这个优化工作，当然，优化的范围必须包括强制性目标因素。

目标因素的3个范围如图2-4所示。通常以 U_3 所确定的项目目标作为项目的目标系统范围。U_3 所包容的目标因素应有重点，数目不能太多，否则目标系统分析、评价和优化工作将十分困难。同时工程建设过多地安排企业富余人员，这样的目标因素会导致图2-4目标因素的3个范围关系混乱，使项目不经济。

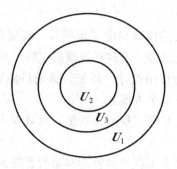

图 2-4　目标因素的 3 个范围关系

二、项目定义

在确定项目构成及系统界定以后即可进行项目定义。项目定义是指以书面的形式描述项目目标系统，并初步提出完成方式的建议。它是将原来以直觉为主的项目构思和期望引导到经过分析、选择、有根据的项目建议，是项目目标设计的里程碑。

项目定义以一个报告的形式提出，其通常包括以下内容。

（1）提出问题，说明问题的范围和问题的定义。

（2）说明解决这些问题对上层系统的影响和意义。

（3）说明项目与上层系统其他方面的界面，确定对项目有重大影响的环境因素。

（4）项目目标构成，包括系统目标和重要的子目标，近期、中期、远期目标。

（5）边界条件分析，如市场、所需资源、必要的辅助措施和风险因素分析。

（6）提出项目的可能的解决方案和实施过程的总体建议，包括方针或总体策略、原则、组织方面安排、实施时间总安排和项目融资的设想等。

（7）经济性说明，如投资总额、财务安排、预期收益、价格水准、运行费用等。

三、提出项目总方案

目标设计的重点是针对工程使用期的状况，即工程建成以后运行阶段的效果，如产品产量、市场占有份额、实现利润率等。而项目的任务是提供达到该状态必要的设施，如要增加产品的市场份额，必须增加产品销售数量，项目的任务是提高生产能力，进行具备该生产能力的工厂或生产设施的建设，在可行性研究之前必须提出实现项目总目标与总体功能要求的总方案或总的实施计划，以作为可行性研究的依据，其中包括以下内容。

（1）项目产品或服务的市场定位。

（2）工程总的功能定位和主要部分的功能分解、总的产品技术方案。

（3）建筑总面积，工程的总布局，总体的建设方案，实施的总的阶段划分。

四、项目的审查和选择

（一）项目审查

对项目定义必须进行评价和审查，主要是进行风险评价，目标决策、目标设计价值评价，以及对目标设计过程的审查，而具体的方案论证和评价在可行性研究中进行。

在审查中应防止自我控制、自我审查，一般由未直接参加目标设计，与项目没有直接利害关系，但又对上层系统有深入了解的人员进行审查。必须提出书面审查报告，并补充审查部门的意见和建议。审查后由权力部门批准是否进行可行性研究。

审查的关键问题是指标体系的建立，这与具体的项目类型有关。对一般常见的工程项目，必须审查如下内容。

（1）问题的定义。

①项目的名称，总目标的介绍。

②和其他项目的界限和联系。

③目标优先级及边界约束条件。

④时间和财务条件。

（2）目标系统和目标因素的价值评价。

①项目的起因和可信度，前提条件、基础和边界条件。

②目标和费用（效用）关系研究。

③目标因素的可实现性和变更的可能性（如由于边界因素变化对目标产生影响），应分析时间推移、市场竞争、技术进步和经济发展等对各个目标的影响。

④目标因素的必要性，能否合并。如果放弃某个目标因素会带来什么问题。

⑤确定在可行性研究中需要研究的各个问题和变量。

⑥对风险的界定，如环境风险出现的概率，提出避免风险的策略。如果预计项目中有高度危险性及不确定性的部分，应提出要求做更为深入的专题分析。

⑦项目目标与企业战略目标的关系，项目系统目标与子目标、短期目标与长期目标之间的协调性。

（3）对项目构思、环境和问题的调查和分析，对目标设计的过程和结果的审查。

（4）项目的初步评价。

①项目问题的现实性和项目产品市场的可行性。

②财务的可能性、融资的可行性。

③项目相关者的影响，设计、实施、运行方面的组织和承担能力。

④可能的最终费用，最终投资。

⑤项目实施的限制条件，如法律、法规、相关者目标和利益的争执。

⑥环境保护和劳动保护措施。

⑦其他影响，如实施中出现疏忽或时间推迟的后果，对其他项目的影响。

（二）项目选择

上层系统（如国家、企业）常常面临许多项目机会的选择（如许多招标工程信息、许多投资方向），但企业资源是有限的，不能四面出击，抓住所有的项目机会，一般只能在其中选择自己的主攻方向。应该确定一些指标，以作为项目的选择依据。

（1）通过项目能够最有效地解决上层系统的问题，满足上层系统的需要。对于提供产品或服务的项目，应着眼于有良好的市场前景，如市场占有份额、投资回报等。

（2）使项目符合上层系统的战略，以项目对战略的贡献作为选择尺度。例如，对竞争优势、长期目标、市场份额、利润规模等的影响，可以详细并全面地评价项目对这些战略的贡献，有时企业可通过项目达到一个新的战略高度。

（3）使企业的现有资源和优势得到最充分的利用。必须考虑自己筹建项目的能力，特别是财务能力。现在人们常常通过合作如合资、合伙、国际融资等建设大型的、特大型的且自身力所难及的项目，这具有重大的战略意义。要考虑各方面优势在项目上的优化组合，取得各方面都有利的成果。

（4）通过风险分析选择成就（如收益）期望值大的项目。

五、提出项目建议书，准备可行性研究

项目建议书是对项目任务、目标系统和项目定义的说明和细化，同时作为后继的可行性研究、技术设计和计划的依据，将项目目标转变成具体的工程建设任务。

（1）提出要求，确定责任者。项目建议书是项目目标设计人员与可行性研究人员，以及设计人员沟通后生成的文件，若选择责任人，则这种要求即成为责任书。

（2）项目建议书必须包括项目可行性研究、技术设计和计划、实施所必需的信息、总体方针和说明，对此应表达清楚，不能有二义性，必须注意以下问题。

①系统目标应转变为项目任务，应进一步分解成子目标，初步决定系统界面，以便今后能验证任务完成程度，同时使可行性研究人员能够明了自己的工作任务和范围。

②应提出最有效地满足项目目标要求的可行的备选方案，有选择的余地和优化的可能。

③提出内部和外部的、项目的和非项目的经济、组织、技术和管理方面的措施，说明完成该项目所必要的人力、物资和其他支持条件，及其来源。

④应清楚说明环境和边界条件，特别是环境以及各种约束条件。

⑤明确区分强制性目标和期望目标，远期目标、近期目标和分阶段目标，并将近期目标具体化、定量化。

⑥对目标的优先级及目标因素之间的争执的解决做出说明。

⑦对可能引起的法律问题、风险做出界定和分析，提出风险应对计划。

⑧初步确定完成系统目标的各种方法，明确它们在技术上、环境上和经济上的可行性和现实性，对项目实施总方案、基本策略、组织、行动计划提出构想。

项目建议书的起草表示项目目标设计结束，已经过上层组织审查批准，提交后可做可行性研究。

第五节　工程项目的可行性研究和评价

一、可行性研究前的工作

可行性研究作为工程项目的一个重要阶段，它不仅起到细化项目目标的承上启下的作用，而且其研究报告是项目决策的重要依据，在项目立项后又作为技术设计和计划的依据，在项目结束后又作为项目后评价的依据。所以它是项目全过程中最关键性的一步。只有有正确的符合实际的可行性研究，才可能有正确的决策。

可行性研究前，除了做好前述的项目目标设计等工作外，还要完成如下工作。

（1）任命负责人。大的工程项目进入可行性研究阶段，相关的项目管理工作很多，必须有专人负责联系工作，做各种计划和安排，协调各部门工作及文件管理等。

（2）成立研究小组或委托研究任务。如果企业自己组织人员做可行性研究则必须有专门的研究专家小组，对于一些大的项目可以委托咨询公司完成这项工作，必须洽谈商签咨询合同。

（3）建立工作圈子。无论是自己组织研究还是委托研究任务，在项目前期常常有许多工作需要上层组织的许多部门配合，如提供信息、资料，提出意见、建议和要求等，需要建立一个工作圈子。

（4）明确研究深度和广度要求，确定可行性研究报告的内容，这是对研究者提出的任务。

（5）确定可行性研究开始和结束时间，安排工作计划。这与项目规模，研究的深度、广度、复杂程度以及项目的紧迫程度等因素有关。

二、工程项目的可行性研究的步骤和可行性研究报告的内容

（一）可行性研究的步骤

可行性研究是从市场、技术、法律、政策、经济、财力、环境等方面对项目进行全面策划和论证，它是一个很大的概念，实质上整个项目前期策划阶段都是围绕着项目的"可行性"研究的。在有些领域，人们将项目前期策划工作按照研究重点和深度的不同分为以下几种。

1. 一般机会研究

在项目的构思形成后进行一般机会研究，目的是在上层系统中寻求合适的项目机会，确定项目的方向和发展领域，以做进一步的研究。其研究重点是上层系统（如国家、地区、部门）的问题和战略，以寻求可行的项目机会。

2. 特定项目机会研究

在确定项目方向和领域后，主要研究项目的市场、外部环境，项目发起者和参加者的状况，提出项目的总方案构想。

3. 初步可行性研究

初步可行性研究是对项目的初步选择、估计和计划，要解决的问题有：工程建设的必要性，工程建设所需要的时间、人力和物力资源，资金和资金的来源，项目财务上的可行性，经济上的合理性。

4. 详细可行性研究

详细可行性研究是对项目的市场、生产能力、地点选择、工程建设的过程和进度的安排、经营的资源投入、投资与成本估算、资金的需求和来源渠道等做更深入的研究。

（二）可行性研究报告的内容

不同的工程项目，可行性研究的侧重点不同，可行性研究报告的结构会有很大的差别，通常工业项目可行性研究报告包括以下基本内容。

（1）总论：项目背景、项目概况、项目启动过程、已完成的调查和研究工作的成果、项目实施要点、问题与建议。

（2）市场研究：产品市场供应预测、产品市场需求预测、产品目标市场分析、价格现状与预测、市场竞争力分析、市场风险。

（3）环境和资源条件研究（指资源开发项目）：资源储存条件、资源可利用量、资源开发价值等。

（4）建设方面的研究：建设规模、产品方案、厂址选择、工程和辅助工程范围、工艺技术方案、设备方案和工程实施方案、项目实施进度。

（5）工程运行方面的研究：主要材料、燃料供应，运行组织机构与人力资源配置，运行费用。

（6）健康、安全和环境保护方面的研究，包括：①环境影响评价：厂址环境条件、工程建设和运行对环境的影响，环境保护措施方案，环境保护投资及环境影响评价。②节能和节水措施。③劳动安全卫生与消防，危害因素和危害程度，安全措施方案、消防设施。

（7）投资估算：投资估算依据，建设投资估算、流动资金估算、投资估算表。

（8）融资方案：资本金筹措、债务资金筹措，融资方案分析。

（9）财务评价：项目财务评价、不确定性分析、财务评价结论。

（10）国民经济评价：影子价格及通用参数选取、效益费用范围调整、效益费用数值调整、国民经济效益费用流量表、国民经济评价指标、国民经济评价结论。

（11）社会评价：项目对社会的影响分析、项目与所在地互适性分析、社会风险分析、社会评价结论。

（12）风险分析：项目主要风险因素识别，风险程度分析，防范和降低风险的对策。

（13）研究结论与建议：推荐方案的总体描述，推荐方案的优缺点描述、主要对比方案，结论与建议。

（14）附图、附表等。

三、工程项目的评价

工程项目评价是对可行性研究报告的全面评价，有时还包括对项目前期策划工作过程的评价，它是项目决策的依据，对立项后筹措资金、技术设计和计划以及防范风险有重要作用。

工程项目评价主要围绕市场需求、工程技术、经济、生态、社会等方面，对拟实施项目在技术上的先进性、可行性，在经济上的合理性和盈利状况以及在实施上的可能性和风险性进行全面科学的综合分析，评价内容通常与可行性研究报告内容相对应。

（1）市场评价，这是核心问题，包括项目产品和服务的市场前景。

（2）项目与企业概况评价，项目承办者和合作者优劣势分析。

（3）产品结构、工艺方案、技术和设备方案、生产规模（或生产能力）的评价。

（4）工程建设的必要性、工程建设规模和工程标准评价。

（5）项目需要资源、原材料，燃料及公用设施条件评价。

（6）项目外部环境，如建厂条件和厂址方案及服务设施评价。

（7）项目实施进度、实施组织与经营管理评价。

（8）人力资源、劳动定员和人员培训计划评价。

（9）投资估算、现金流量及资金筹措评价。

（10）项目的财务效益评价。

（11）国民经济效益评价。

（12）社会效益评价。

（13）环境保护评价。

（14）项目风险评价。

（15）其他。

第三章　建筑工程项目进度控制

工程项目管理中的进度是一个综合的指标，它将项目的工期、成本、资源等有机地结合起来，能全面反映项目各活动（工作）的进展状况。进度控制的目的就是按期完工，建筑工程项目管理有多种类型，代表不同利益方的项目管理（业主方和项目参与各方）都有进度控制的任务，但是其进度控制的任务和时间范畴并不相同。此外，进度控制也是一个动态的管理过程，它包括进度计划的编制、跟踪调查与调整，若有偏差，则视情况采取纠偏措施，并视必要情况调整进度计划。本章将详细介绍建筑工程项目进度控制的目标和任务、进度计划的编制方法。

第一节　建筑工程项目进度控制的目标和任务

一、影响工程项目施工进度的因素

建筑施工是一项错综复杂的生产活动，资源消耗量大，技术复杂、涉及面广。所以，在施工进度计划执行过程中，不可避免地会出现一些影响施工进度的因素。

（一）政府及上级建设主管部门的、建设单位（业主）及业主代表的因素

例如，当业主或业主代表发布开工令后，施工场地还未能完全交给施工单位施工；业主应办而未办的前期工作或手续；房地产商开发售楼，要求先完成小区外围的建筑物；某些特殊工程，要求影响形象部分的建筑物先施工等。

（二）供货单位的因素

施工过程需要的材料、构配件、机具和设备等不能按期运抵施工现场或运抵后发现不符合有关标准的要求，都会影响施工进度。例如，"广州某球场工程"由业主供料的日本进口黑色西班牙屋面瓦，迟迟不能运到现场，就影响了施工进度。

（三）资金因素

工程的顺利施工必须有足够的资金作为保障。通常，资金的影响来自业主，或由于没有及时给足工程预付款，或由于拖欠工程进度款，甚至要求承包商垫资。如某工程，施工单位在签工程承包合同时不得不接受业主（建设单位）在前期工程的结算工程款中扣下100万作为后期工程保修金的要求，这些都将影响承包单位的流动资金周转，从而影响施工进度。

（四）设计单位的因素

例如，由于原设计有问题需要修改，或者业主提出了新的要求，特别是所谓的"三边工程"，即边设计、边施工、边投入使用的工程。

（五）施工条件因素

例如，某工程的建设地点在广州市黄埔开发区，由于施工场地是淤泥冲积层，地下水

位高，承包商根据图纸进入人工挖孔桩施工阶段，施工期间不断地发生塌方、流砂，不但给施工人员带来生命安全问题，还给承包商带来工期和费用损失。再如，"某某广场"进行土石方工程施工时，承包商发现了地下埋藏的文物，经考古学家考证地下原来是"南越王府的后花园"。在施工过程中遇到气候、水文、地质及周围环境等方面的不利因素时，由于处理地下的障碍、隐患和文物，则必然影响施工进度。

（六）各种风险因素

风险因素包括政治、经济、技术及自然等方面的各种可预见或不可预见的因素。政治方面的有拒付债务，制裁等；经济方面的有延迟付款，汇率浮动，换汇控制，分包单位违约等；技术方面的有工程事故，试验失败，标准变化等；自然方面的有地震，洪水等。

（七）承包单位本身管理水平的因素

施工现场的情况千变万化，若承包单位的施工方案不恰当、计划不周详、管理不完善、解决问题不及时等，都会影响工程项目的施工进度。例如，在广州市黄埔开发区的一个工程中，施工单位在编制技术方案时为节省施工措施费用，采用喷粉桩代替防渗墙做止水幕墙，结果止水效果不佳，造成工期延误。

二、进度控制的目标和任务

（一）进度控制的目标

进度控制的目标是通过控制以实现工程的进度目标。如只重视进度计划的编制，而不重视进度计划必要的调整，则进度无法得到控制。为了实现进度目标，进度管理的过程也就是随着项目的进展，不断调整进度计划的过程。

> **知识拓展**
>
> 施工方是工程实施的一个重要参与方，许多工程项目，特别是大型重点工程项目，工期要求十分紧迫，施工方的工程进度压力非常大。数百天的连续施工，一天两班制施工，甚至24小时连续施工时有发生。这不是正常有序地施工，而是盲目赶工，难免会导致施工质量问题和施工安全问题的出现，并且会引起施工成本的增加。因此，施工进度控制并不仅仅关系到施工进度目标能否实现，它还直接关系到工程的质量和成本。在工程施工过程中，必须树立和坚持一个最基本的工程管理原则，即在确保工程质量的前提下，控制工程进度。

（二）进度控制的任务

建筑工程项目管理有多种类型，代表不同利益方的项目管理（业主方和项目参与各方）都有进度控制的任务，但是其控制的任务并不相同。

（1）业主方进度控制的任务是控制整个项目实施阶段的进度，包括控制设计准备阶段的工作进度、设计工作进度、施工进度、物资采购工作进度以及项目动用前准备阶段的工作进度。

（2）设计方进度控制的任务是依据设计任务委托合同对设计工作进度的要求控制设计工作进度，这是设计方履行合同的义务。另外，设计方应尽可能使设计工作的进度与招标、施工和物资采购等工作进度相协调。在国际上，设计进度计划主要是各设计阶段的设计图纸（包括有关的说明）的出图计划，在出图计划中标明每张图纸的名称、图纸规格、负责人和出图日期。出图计划是设计方进度控制的依据，也是业主方控制设计工作进度的依据。

（3）施工方进度控制的任务是依据施工任务委托合同对施工进度的要求控制施工进度，这是施工方履行合同的义务。在进度计划编制方面，施工方应视项目的特点和施工进度控制的需要，编制深度不同的控制性、指导性和实施性施工的进度计划以及按不同计划周期（年度、季度、月度和旬）的施工计划等。施工方进度控制包括以下主要工作环节。

①编制施工进度计划及相关的资源需求计划。

②组织施工进度计划的实施。

③施工进度计划的检查与调整。施工进度计划的检查内容包括：检查工程量的完成情况；检查工作时间的执行情况；检查资源使用及进度保证的情况；前一次进度计划检查提出问题的整改情况。

（4）供货方进度控制的任务是依据供货合同对供货的要求控制供货进度，这是供货方履行合同的义务。供货进度计划应涉及供货的所有环节，如采购、加工制造、运输等。

三、建筑工程项目进度计划系统

建筑工程项目进度计划系统是由多个相互关联的进度计划组成的系统，它是项目进度控制的依据。由于各种进度计划编制所需要的必要资料是在项目进展过程中逐步形成的，因此项目进度计划系统的建立和完善也有一个过程，它是逐步形成的。图 3-1 是某建筑工程项目进度计划系统的示例，该计划系统有 4 个计划层次。

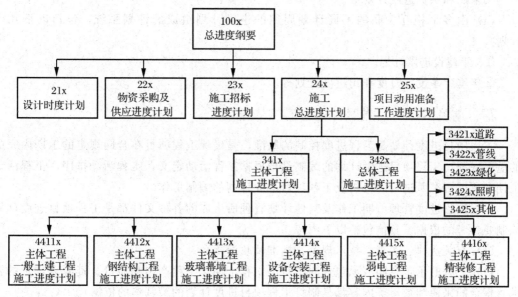

图 3-1　某建筑工程项目进度计划系统

根据项目进度控制的不同需要和不同用途，业主方和项目各参与方可以构建多个不同的建筑工程项目进度计划系统。

（1）由多个相互关联的不同计划深度的进度计划组成的计划系统。

（2）由多个相互关联的不同计划功能的进度计划组成的计划系统。

（3）由多个相互关联的不同项目参与方的进度计划组成的计划系统。

（4）由多个相互关联的不同计划周期的进度计划组成的计划系统等。

图 3-1 的某建筑工程项目进度计划系统的第二个层次是由多个相互关联的不同项目参与方的进度计划组成的计划系统；第三和第四个层次是由多个相互关联的不同计划深度的进度计划组成的计划系统。

（1）由多个相互关联的不同计划深度的进度计划组成的计划系统，包括以下几个计划。

①总进度规划（计划）。

②项目子系统进度规划（计划）。

③项目子系统中的单项工程进度计划等。

（2）由多个相互关联的不同计划功能的进度计划组成的计划系统，包括以下几个计划。

①控制性进度规划（计划）。

②指导性进度规划（计划）。

③实施性（操作性）进度计划等。

（3）由多个相互关联的不同项目参与方的进度计划组成的计划系统，包括以下几个计划。

①业主方编制的整个项目实施的进度计划。

②设计进度计划。

③施工和设备安装进度计划。

④采购和供货进度计划等。

（4）由多个相互关联的不同计划周期的进度计划组成的计划系统，包括以下几个计划。

①5 年建设进度计划。

②年度、季度、月度和旬进度计划等。

四、建筑工程项目进度计划编制的依据

工程项目进度计划是工程进度控制的基准，是确保工程项目在合同规定的工期内完成的重要保证。工程项目进度计划的编制是指根据工程活动定义，工程活动排序，工程活动工期和所需资源所进行的分析及工程项目进度计划的编制工作。

工程项目进度管理前期工作及其他计划管理所生成的各种文件都是工程项目进度计划编制要参考的依据。具体包括以下内容。

（1）有关法律、法规、技术规范、标准及政府指令。

（2）工程的承包合同（承包合同中有关工程工期、工程产出物质量、资源需求量的要求、资金的来源和数量等内容都是制订工程项目进度计划的最基本的依据）。

（3）工程的设计方案和施工组织设计。

（4）工程对工期的要求。

（5）工程的特点。

（6）工程的内部、外部条件。

（7）工程的各项工作、工序的时间估计。

（8）工程的资源供应状况。

（9）建成的同类或相似工程的实际工期。

第二节　建筑工程项目进度计划的编制方法

一、横道图

横道图也称甘特图，是美国人甘特在 20 世纪 20 年代提出的。由于其形象、直观，且易于编制和理解，因而长期以来被广泛应用于建筑工程进度控制。

用横道图表示的建筑工程项目进度计划，一般包括两个基本部分：左侧的工作名称、工作持续时间等基本数据部分和右侧的横道线部分。按照所表示工作的详细程度，时间单位可以为小时、天、周、月等。时间单位经常用日历表示，此时可表示非工作时间，如：停工时间、公共假日等。根据横道图使用者的不同要求，工作可按照时间先后、责任归属、项目对象、同类资源等进行排序。

（一）横道图的优点

（1）能够清楚地表达工程活动的开始时间、结束时间和持续时间，易于理解，并能够为各层次的人员掌握和运用。

（2）使用方便，制作简单。

（3）不仅能够安排工期，而且可以与劳动力计划、材料计划、资金计划相结合。

（二）横道图的缺点

（1）很难表达工程活动之间的逻辑关系，如果一项工程活动提前、推迟、延长持续时间等，很难分析出它会影响哪些后续的活动。

（2）不能表示工程活动的重要性，如哪些活动是关键的，哪些活动有推迟或者拖延的余地。

（3）所表达的信息较少。

（4）不能用计算机处理，即对一项复杂的工程不能进行工期计算，更不能进行工期方案的优化。

二、网络计划

建筑工程项目进度计划用网络图来表示，可以使建筑工程项目进度得到有效的控制。国内外实践证明，网络计划技术是用于控制建筑工程项目进度的最有效工具。

（一）网络计划的种类

网络计划技术自 20 世纪 50 年代诞生以来，已得到迅速发展和广泛应用。网络计划的种类也越来越多，但是总的来说，可以分为确定型网络计划和非确定型网络计划两类。如果网络计划中各项工作及其持续时间和各工作之间的相互关系都是确定的，就是确定型网络计划，否则属于非确定型网络计划。如计划评估和审查技术（PERT）、图形评审技术（GERT）、风险评审技术（VERT）、决策关键线路法（DCPM）等均属于非确定型网络计划。一般情况下，建筑工程项目进度控制主要应用确定型网络计划。

对于确定型网络计划来说，除了普通的双代号网络计划和单代号网络计划以外，还根据工程的实际需要，派生出下列几种网络计划。

1. 时标网络计划

时标网络计划是以时间坐标为尺度表示工作进度安排的网络计划，其主要特点是计划时间直观明了。

2. 搭接网络计划

搭接网络计划是可以表示计划中各项工作之间搭接关系的网络计划，其主要特点是计划图形简单。常用的搭接网络计划是单代号搭接网络计划。

3. 有时限的网络计划

有时限的网络计划是指能够体现由于外界因素的影响而对工作计划时间安排有限制的网络计划。

4. 多级网络计划

多级网络计划是一个由若干个处于不同层次且相互间有关联的网络计划组成的系统，它主要适用于大、中型工程建设项目，用来解决工程进度中的综合平衡问题。

（二）我国常用的工程网络计划类型

我国《工程网络计划技术规程》（JGJ/T 121－2015）推荐的、常用的工程网络计划有以下几种。

（1）双代号网络计划。

（2）单代号网络计划。

（3）双代号时标网络计划。

（4）单代号搭接网络计划。

三、双代号网络计划

（一）基本概念

双代号网络图是以箭线及其两端节点的编号表示工作的网络图，如图 3-2 所示。

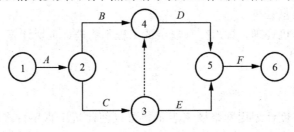

图 3-2 双代号网络图

1. 箭线（工作）

箭线（工作）是泛指一项需要消耗人力、物力和时间的具体活动过程，也称工序、活动、作业。双代号网络图中，每一条箭线表示一项工作。箭线的箭尾节点 i 表示该工作的开始，箭线的箭头节点 j 表示该工作的完成。工作名称可标注在箭线的上方，完成该项工作所需要的持续时间可标注在箭线的下方。由于一项工作需用一条箭线和其箭尾与箭头处两个圆圈中的号码来表示，故称为双代号网络计划。图 3-3 为双代号网络图工作的表示方法。

在双代号网络图中，任意一条实箭线都要占用时间，且多数要消耗资源。在建筑工程

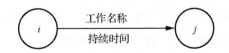

图 3-3 双代号网络图工作的表示方法

中，一条箭线表示项目中的一个施工过程，它可以是一道工序、一个分项工程、一个分部工程或一个单位工程，其粗细程度和工作范围的划分根据计划任务的需要确定。

知识拓展

> 在双代号网络图中，为了正确地表达图中工作之间的逻辑关系，往往需要应用虚箭线。虚箭线是实际工作中并不存在的一项虚设工作，它们既不占用时间，也不消耗资源，一般起着工作之间的联系、区分和断路 3 个作用。

（1）联系作用是指应用虚箭线正确表达工作之间相互依存的关系。

（2）区分作用是指双代号网络图中每一项工作都必须用一条箭线和两个代号表示，若两项工作的代号相同时，应使用虚工作加以区分。

（3）断路作用是用虚箭线断掉多余联系，即在双代号网络图中把无联系的工作连接上时，应用虚工作将其断开。

在无时间坐标的网络图中，箭线的长度原则上可以任意画，其占用的时间以下方标注的时间参数为准。箭线可以为直线、折线或斜线，但其行进方向均应从左向右。在有时间坐标的网络图中，箭线的长度必须根据完成该工作所需时间的长短按比例绘制。

在双代号网络图中，通常将工作以箭线表示。紧排在本工作之前的工作称为紧前工作，紧排在本工作之后的工作称为紧后工作，与之平行进行的工作称为平行工作。

2. 节点（又称结点、事件）

节点是双代号网络图中箭线之间的连接点。在时间上节点表示指向某节点的工作全部完成后该节点后面的工作才能开始的瞬间，它是前后工作的交接点。网络图中有 3 个类型的节点。

（1）起点节点，即双代号网络图的第一个节点，它只有外向箭线（由节点向外指的箭线），一般表示一项任务或一个项目的开始。

（2）终点节点，即双代号网络图的最后一个节点，它只有内向箭线（指向节点的箭线），一般表示一项任务或一个项目的完成。

（3）中间节点，即双代号网络图中既有内向箭线，又有外向箭线的节点。

双代号网络图中，节点应用圆圈表示，并在圆圈内标注编号。一项工作应当只有唯一的一条箭线和相应的一对节点，且要求箭尾节点的编号小于其箭头节点的编号。双代号网络图节点的编号顺序应从小到大，可不连续，但不允许重复。

3. 线路

双代号网络图中从起始节点开始，沿箭头方向顺序通过一系列箭线与节点，最后达到终止节点的通路称为线路。在一个双代号网络图中可能有很多条线路，线路中各项工作持续时间之和就是该线路的长度，即线路所需要的时间。一般双代号网络图有多条线路，可依次用该线路上的节点代号来记述。如图 3-2 中的线路有 3 条：①－②－③－④－⑤－

⑥、①—②—③—⑤—⑥、①—②—④—⑤—⑥。

在各条线路中，有一条或几条线路的总时间最长，称为关键线路，一般用双线或粗线标注。其他线路长度均小于关键线路，称为非关键线路。

4.逻辑关系

双代号网络图中工作之间相互制约或相互依赖的关系称为逻辑关系，它包括工艺关系和组织关系，在网络中均应表现为工作之间的先后顺序。

（1）工艺关系。

生产性工作之间由工艺过程决定的，非生产性工作之间由工作程序决定的先后顺序称为工艺关系。

（2）组织关系。

工作之间由于组织安排需要或资源（人力、材料、机械设备和资金等）调配需要而确定的先后顺序称为组织关系。

双代号网络图必须正确地表达整个工程或任务的工艺流程和各工作开展的先后顺序，以及它们之间相互依赖和相互制约的逻辑关系。因此，绘制双代号网络图时必须遵循一定的规则和要求。

（二）绘图规则

（1）双代号网络图应正确表达工作之间已定的逻辑关系。

（2）双代号网络图中，不得出现回路。所谓回路是指从网络图中的某一个节点出发，顺着箭线方向又回到了原来出发点的线路。

（3）双代号网络图中，不得出现带双向箭头或无箭头的连线。

（4）双代号网络图中，不得出现没有箭头节点或没有箭尾节点的箭线。

（5）当双代号网络图的起点节点有多条外向箭线或终点节点有多条内向箭线时，对起点节点和终点节点可使用母线法绘图（但应满足一项工作用一条箭线和相应的一对节点表示）。

（6）绘制网络图时，箭线不宜交叉；当交叉不可避免时，可用过桥法或指向法等，如图3-4所示。

（7）双代号网络图中应只有一个起点节点；在不分期完成任务的网络图中，应只有一个终点节点；其他所有节点均应是中间节点。

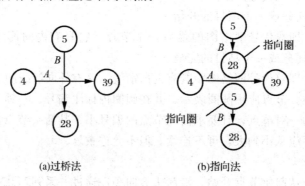

(a)过桥法   (b)指向法

图3-4 箭线交叉的表示方法

四、单代号搭接网络计划

(一) 基本概念

在普通双代号和单代号网络计划中，各项工作必须依次进行，即任何一项工作都必须在它的紧前工作全部完成后才能开始。但在实际工作中，为了缩短工期，许多工作可以采用平行搭接的方式进行，为了简单直接地表达这种搭接关系，使编制网络计划得以简化，于是出现了单代号搭接网络计划，如图3-5所示，其中起点节点 S_t 和终点节点 F_{in} 为虚拟节点。

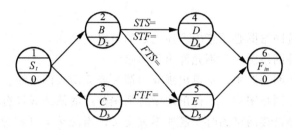

图 3-5　单代号搭接网络计划

(1) 单代号搭接网络图中每一个节点表示一项工作，宜用圆圈或矩形表示。节点所表示的工作名称、持续时间和工作代号等应标注在节点内。节点最基本的表示方法应符合图 3-6所示的规定。

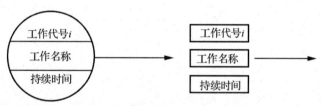

图 3-6　单代号搭接网络图的表示方法

(2) 单代号搭接网络图中，箭线及其上面的时距符号表示相邻工作间的逻辑关系。箭线应画成水平直线、折线或斜线。箭线水平投影的方向应自左向右，表示工作的进行方向。

(3) 单代号搭接网络图中的节点必须编号，编号标注在节点内，其号码可间断，但不允许重复。箭线的箭尾节点编号应小于箭头节点编号。一项工作必须有唯一的一个节点及相应的一个编号。

(4) 工作之间的逻辑关系包括工艺关系和组织关系，在网络图中均表现为工作之间的先后顺序。

(5) 单代号搭接网络图中，各条线路应用该线路上的节点编号自小到大依次表述，也可用工作名称依次表述。

(6) 单代号搭接网络计划中的时间参数的基本内容和形式应按图 3-7 所示方式标注。工作名称和工作持续时间标注在节点圆圈内，工作的时间参数（ES，EF，LS，LF，TF，FF 标注在圆圈的上下。而工作之间的时间参数（如 STS，FTF，STF，FTS 和时间间隔 $LAG_{i,j}$）标注在联系箭线的上下方。

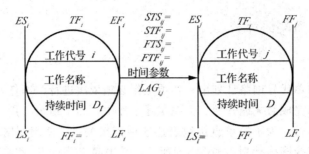

图 3-7 单代号搭接网络计划时间参数标注形式

（二）绘图规则

（1）单代号搭接网络图必须正确表述已定的逻辑关系。

（2）单代号搭接网络图中，不允许出现回路。

（3）单代号搭接网络图中，不得出现双向箭头或无箭头的连线。

（4）单代号搭接网络图中，不得出现没有箭尾节点的箭线或没有箭头节点的箭线。

（5）绘制单代号搭接网络图时，箭线不宜交叉；当交叉不可避免时，可采用过桥法或指向法绘制。

（6）单代号搭接网络图只应有一个起点节点和一个终点节点。当网络图中有多项起点节点或多项终点节点时，应在网络图的相应端分别设置一项虚工作，作为该网络图的起点节点（S_t）和终点节点（F_{in}）。

第四章　建筑工程项目施工成本控制

第一节　施工成本管理

一、施工成本的构成

施工成本是指在建筑工程项目的施工过程中所发生的全部生产费用的总和，包括消耗的原材料、辅助材料、构配件等费用，周转材料的摊销费或租赁费，施工机械的使用费或租赁费，支付给生产工人的工资、奖金、工资性质的津贴等，以及进行施工组织与管理所发生的全部费用支出。建筑工程项目施工成本由直接成本和间接成本组成。

直接成本是指施工过程中耗费的构成工程实体或有助于工程实体形成的各项费用支出，是可以直接计入工程对象的费用，包括人工费、材料费、施工机械使用费和施工措施费等。

间接成本是指为施工准备、组织和管理施工生产的全部费用的支出，是非直接用于也无法直接计入工程对象，但为进行工程施工所必须发生的费用，如管理人员工资、办公费、差旅交通费等。

二、施工成本管理的环节

施工成本管理就是要在保证工期和质量满足要求的情况下，采取相关管理措施，如组织措施、技术措施、经济措施、合同措施把成本控制在计划范围内，并进一步寻求最大程度的成本节约。施工成本管理的环节主要包括：施工成本预测，施工成本计划，施工成本控制，施工成本核算，施工成本分析，施工成本考核。

（1）施工成本预测就是根据成本信息和工程项目的具体情况，运用一定的专门方法，对未来的成本水平及其可能发展趋势做出科学的估计，它是在工程施工以前对成本进行的估算。通过成本预测，可以在满足项目业主和本企业要求的前提下，选择成本低、效益好的最佳成本方案，并能够在工程项目成本形成过程中，针对薄弱环节，加强成本控制，克服盲目性，提高预见性。

> **知识拓展**
>
> 工程项目施工成本预测是工程项目成本决策与计划的依据。施工成本预测，通常是对工程项目计划工期内影响其成本变化的各个因素进行分析，比照近期已完工工程项目或将完工工程项目的成本（单位成本），预测这些因素对工程成本中有关项目（成本项目）的影响程度，预测出工程的单位成本或总成本。

（2）施工成本计划是以货币形式编制工程项目在计划期内的生产费用、成本水平、成本降低率以及为降低成本所采取的主要措施和规划的书面方案，它是建立工程项目成本管理责任制、开展成本控制和核算的基础，是该工程项目降低成本的指导文件，是设立目标成本的依据。

（3）施工成本控制是指在施工过程中，对影响项目施工成本的各种因素加强管理，并采取各种有效措施，将施工中实际发生的各种消耗和支出严格控制在成本计划范围内，随时揭示并及时反馈，严格审查各项费用是否符合标准，计算实际成本和计划成本之间的差异并进行分析，进而采取多种形式消除施工中的损失浪费现象。工程项目施工成本控制应贯穿于工程项目从投标阶段开始直到项目竣工验收的全过程，它是企业全面成本管理的重要环节。施工成本控制可分为事先控制、事中控制（过程控制）和事后控制。在项目的施工过程中，需按动态控制原理对实际施工成本的发生过程进行有效控制。

（4）施工成本核算包括两个基本环节：一是按照规定的成本开支范围对施工费用进行归集和分配，计算出施工费用的实际发生额；二是根据成本核算对象，采用适当的方法，计算出该工程项目的总成本和单位成本。施工成本管理需要正确及时地核算施工过程中发生的各项费用，计算工程项目的实际成本。工程项目施工成本核算所提供的各种成本信息，是成本预测、成本计划、成本控制、成本分析和成本考核等各个环节的依据。施工成本一般以单位工程为成本核算对象。施工成本核算的基本内容主要包括：人工费核算、材料费核算、机械使用费核算、措施费核算、间接费核算、分包工程成本核算、项目月度施工成本报告编制。

知识拓展

施工成本核算的方法：形象进度、产值统计、实际成本归集三同步，即三者的取值范围（工程量）应是一致的，形象进度表达的工程量、统计施工产值的工程量、实际成本归集所依据的工程量应是相同的数值。

对竣工工程的成本核算，应区分为竣工工程现场成本核算和竣工工程完全成本核算，分别由项目经理部和企业财务部门进行核算分析，其目的在于分别考核项目管理绩效和企业经营效益。

（5）施工成本分析是在施工成本核算的基础上，对成本的形成过程和影响成本升降的因素进行分析，以寻求进一步降低成本的途径，包括有利偏差的挖掘和不利偏差的纠正。

施工成本分析贯穿于施工成本管理的全过程，它是在成本的形成过程中，主要利用工程项目的成本核算资料（成本信息），与目标成本、预算成本以及类似的工程项目的实际成本等进行比较，了解成本的变动情况，同时也要分析主要技术经济指标对成本的影响，系统地研究成本变动的因素，检查成本计划的合理性，并通过成本分析，深入揭示成本变动的规律，寻找降低工程项目成本的途径，以便有效地进行成本控制。成本偏差的控制，分析是关键，纠偏是核心，要针对分析得出的偏差发生原因，采取切实措施，加以纠正。

（6）施工成本考核是指在工程项目完成后，对工程项目成本形成中的各责任者，按工程项目成本目标责任制的有关规定，将成本的实际指标与计划、定额、预算进行对比和考核，评定工程项目成本计划的完成情况和各责任者的业绩，并以此给以相应的奖励和处罚。通过施工成本考核，做到有奖有惩，赏罚分明，才能有效地调动每一位员工在各自施工岗位上努力完成目标工作的积极性，为降低工程项目成本和增加企业的积累，做出自己的贡献。施工成本考核是衡量成本降低的实际成果，也是对成本指标完成情况的总结和评价。

施工成本管理的每一个环节都是相互联系和相互作用的。施工成本预测是施工成本决策的前提,施工成本计划是施工成本决策所确定目标的具体化。施工成本计划实施则是对施工成本计划的实施进行控制和监督,保证决策的成本目标的实现,而施工成本核算又是对施工成本计划是否实现的最后检验,它所提供的成本信息又为下一个工程项目施工成本预测和决策提供基础资料。施工成本考核是实现成本目标责任制的保证和实现决策目标的重要手段。

三、施工成本管理的措施

为了取得施工成本管理的理想成效,应当从多方面采取措施实施管理,通常可以将这些措施归纳为 4 个方面:组织措施,技术措施,经济措施,合同措施。

(一)组织措施

组织措施是从施工成本管理的组织方面采取的措施。施工成本控制是全员的活动,如实行项目经理责任制,落实施工成本管理的组织机构和人员,明确各级施工成本管理人员的任务和职能分工、权利和责任。施工成本管理不仅是专业成本管理人员的工作,各级项目管理人员都负有成本控制责任。

组织措施还要编制施工成本控制工作计划、确定合理详细的工作流程。要做好施工采购规划,通过生产要素的优化配置、合理使用、动态管理,有效控制实际成本;加强施工定额管理和施工任务单管理,控制活劳动和物化劳动的消耗;加强施工调度,避免因施工计划不周和盲目调度造成窝工损失、机械利用率降低、物料积压等而使施工成本增加。成本控制工作只有建立在科学管理的基础之上,具备合理的管理体制、完善的规章制度、稳定的作业秩序,完整准确地传递信息,才能取得成效。组织措施是其他各类措施的前提和保障,而且一般不需要增加什么费用,运用得当可以收到良好的效果。

(二)技术措施

技术措施不仅对解决施工成本管理过程中的技术问题是不可缺少的,而且对纠正施工成本管理目标偏差也有相当重要的作用。运用技术措施纠偏的关键,一是要能提出多个不同的技术方案,二是要对不同的技术方案进行技术经济分析。

施工过程中降低成本的技术措施包括:进行技术经济分析,确定最佳的施工方案;结合施工方法,进行材料使用的比选,在满足功能要求的前提下,通过代用、改变配合比、使用添加剂等方法降低材料消耗的费用;确定最合适的施工机械、设备使用方案;结合项目的施工组织设计及自然地理条件,降低材料的库存成本和运输成本;先进的施工技术的应用,新材料的运用,新开发机械设备的使用等。在实践中,也要避免仅从技术角度选定方案而忽视对其经济效果的分析论证。

(三)经济措施

经济措施是最易为人们所接受和采用的措施。管理人员应编制资金使用计划,确定、分解施工成本管理目标;对施工成本管理目标进行风险分析,并制定防范性对策;对各种支出,应认真做好资金的使用计划,并在施工中严格控制各项开支;及时准确地记录、收集、整理、核算实际发生的成本;对各种变更,及时做好增减账;及时落实业主签证;及时结算工程款。通过偏差分析和未完工工程预测,可发现一些潜在的问题将引起未完工程施工成本增加，对这些问题应以主动控制为出发点，及时采取预防措施。由此可见，经济措施的运用绝不仅仅是财务人员的事情。

（四）合同措施

采用合同措施控制施工成本，应贯穿整个合同周期，包括从合同谈判开始到合同终结的全过程。首先，选用合适的合同结构，对各种合同结构模式进行分析、比较，在合同谈判时，要争取选用适合于工程规模、性质和特点的合同结构模式。其次，在合同的条款中应仔细考虑一切影响成本和效益的因素，特别是潜在的风险因素。通过对引起成本变动的风险因素的识别和分析，采取必要的风险对策，如通过合理的方式增加承担风险的个体数量，降低损失发生的比例，并最终使这些策略反映在合同的具体条款中。

第二节　施工成本计划

一、施工成本计划的类型

对于一个工程项目而言，其施工成本计划的编制是一个不断深化的过程。在这一过程的不同阶段形成深度和作用不同的成本计划，按其作用可分为3类。

（一）竞争性成本计划

竞争性成本计划是工程投标及签订合同阶段的施工估算成本计划。这类成本计划是以招标文件为依据，以投标竞争策略与决策为出发点，按照预测分析，采用估算或概算定额编制而成的。虽然这种成本计划也着力考虑降低成本的途径和措施，甚至作为商业机密参与竞争，但总体上都较为粗略。

（二）指导性成本计划

指导性成本计划是选派工程项目经理阶段的施工预算成本计划。这是组织在总结项目投标过程、合同评审、部署项目实施时，以合同标书为依据，以组织经营方针目标为出发点，按照设计预算标准提出的项目经理的责任成本目标，且一般情况下只是确定责任总成本指标。

（三）实施性成本计划

实施性成本计划是指项目施工准备阶段的施工预算成本计划，它是以项目实施方案为依据，以落实项目经理责任目标为出发点，采用组织施工定额并通过施工预算的编制而形成的成本计划。

以上3类施工成本计划互相衔接，不断深化，构成了整个工程施工成本的计划过程。其中，竞争性成本计划带有成本战略的性质，是项目投标阶段商务标书的基础，而有竞争力的商务标书又是以其先进合理的技术标书为支撑的。因此，它奠定了施工成本的基本框架和水平。指导性成本计划和实施性成本计划，都是战略性成本计划的进一步展开和深化，是对战略性成本计划的战术安排。

二、施工预算和施工图预算对比

施工预算和施工图预算虽然只是一字之差，但是内涵区别很大。两者相比较，不同之处有如下 3 点。

（一）编制的依据不同

施工预算的编制以施工定额为主要依据，施工图预算的编制以预算定额为主要依据，而施工定额比预算定额划分得更详细、更具体，并对其中所包括的内容，如质量要求、施工方法以及所需劳动工日、材料品种、规格型号等均有较详细的规定或要求。

（二）适用的范围不同

施工预算是施工企业内部管理用的一种文件，与建设单位无直接关系；而施工图预算既适用于建设单位，又适用于施工单位。

（三）发挥的作用不同

施工预算是施工企业组织生产、编制施工计划、准备现场材料、签发任务书、考核功效、进行经济核算的依据，它也是施工企业改善经营管理、降低生产成本和推行内部经营承包责任制的重要手段；而施工图预算则是投标报价的主要依据。

三、施工成本计划的编制依据

施工成本计划是工程项目施工成本控制的一个重要环节，是实现降低施工成本任务的指导性文件。如果针对工程项目所编制的施工成本计划达不到目标成本要求时，就必须组织工程项目管理班子的有关人员重新研究寻找降低成本的途径，重新进行编制。同时，编制施工成本计划的过程也是动员全体工程项目管理人员的过程，是挖掘降低成本潜力的过程，是检验施工技术质量管理、工期管理、物资消耗和劳动力消耗管理等是否落实的过程。

编制施工成本计划，需要广泛收集相关资料并进行整理，以作为施工成本计划编制的依据。在此基础上，根据有关设计文件、工程承包合同、施工组织设计、施工成本预测资料等，按照工程项目应投入的生产要素，结合各种因素的变化和拟采取的各种措施，估算工程项目生产费用支出的总水平，进而提出工程项目的施工成本计划控制指标，确定目标总成本。目标总成本确定后，应将总目标分解落实到各个机构、班组，及便于进行子项目或工序的控制。最后，通过综合平衡，编制完成施工成本计划。

> **知识拓展**
>
> 施工成本计划的编制依据包括：投标报价文件，企业定额、施工预算，施工组织设计或施工方案，人工、材料、机械台班的市场价，企业颁布的材料指导价、企业内部机械台班价格、劳动力内部挂牌价格，周转设备内部租赁价格、摊销损耗标准，已签订的工程合同、分包合同（或估价书），结构件外加工计划和合同，有关财务成本核算制度和财务历史资料，施工成本预测资料，拟采取的降低施工成本的措施，其他相关资料等 12 个方面。

四、施工成本计划的编制方法

施工成本计划的编制以成本预测为基础，关键是确定目标成本。计划的制订，需结合施工组织设计的编制过程，通过不断地优化施工技术方案和合理配置生产要素，进行工、料、机消耗的分析，制定一系列节约成本和挖潜措施，确定施工成本计划。一般情况下，施工成本计划总额应控制在目标成本的范围内，并使成本计划建立在切实可行的基础上。

施工总成本目标确定之后，还需通过编制详细的实施性施工成本计划把总成本目标层层分解，落实到施工过程的每个环节，有效地进行成本控制。施工成本计划的编制方式有：按施工成本组成编制施工成本计划，按项目组成编制施工成本计划，按工程进度编制施工成本计划。

（一）按施工成本组成编制施工成本计划

施工成本可以按成本组成分解为人工费、材料费、施工机械使用费、措施费和间接费，编制按施工成本组成分解的施工成本计划。

（二）按项目组成编制施工成本计划

大、中型工程项目通常是由若干单项工程构成的，而每个单项工程包括了多个单位工程，每个单位工程又是由若干个分部、分项工程所构成。因此，首先要把项目的施工成本分解到单项工程和单位工程中，再进一步分解为分部工程和分项工程。

在编制成本支出计划时，要在项目总的方面考虑总的预备费，也要在主要的分部、分项工程中安排适当的不可预见费。

（三）按工程进度编制施工成本计划

在绘制网络图时一方面要确定完成各项工作所需花费的时间，另一方面同时要确定完成这一工作的合适的施工成本计划。在实践中，将工程项目分解为既能方便地表示时间，又能方便地表示施工成本计划的工作是不容易的，通常如果项目分解程度对时间控制合适的话，则对施工成本计划可能分解过细，以至于不可能对每项工作确定其施工成本计划。反之亦然。因此在编制网络计划时，应在充分考虑进度控制对项目划分要求的同时，考虑确定施工成本计划对项目划分的要求，做到两者兼顾。其表示的方法有两种：一种是在时标网络图上按月编制的初步计划，另一种是利用成本累计曲线（S形曲线）表示。

第三节 施工成本控制的内容

一、施工成本控制的依据

施工成本控制的主要依据有以下几个方面。

（一）工程承包合同

施工成本控制要以工程承包合同为依据，围绕降低工程成本这个目标，从预算收入和实际成本两方面，努力挖掘增收节支潜力，以求获得最大的经济效益。

（二）施工成本计划

施工成本计划是根据工程项目的具体情况制定的施工成本控制方案，既包括预定的具体成本控制目标，又包括实现控制目标的措施和规划，是施工成本控制的指导文件。

（三）进度报告

进度报告提供了每一时刻的工程实际完成量、工程施工成本实际支付情况等重要信息。施工成本控制工作正是通过实际情况与施工成本计划相比较，找出两者之间的差别，分析偏差产生的原因，从而采取措施改进以后的工作。此外，进度报告还有助于管理者及时发现工程实施中存在的问题，并在事态还未造成重大损失之前采取有效措施，尽量避免损失。

（四）工程变更

在项目的实施过程中，由于各方面的原因，工程变更是很难避免的。工程变更一般包括设计变更、进度计划变更、施工条件变更、技术规范与标准变更、施工次序变更、工程数量变更等。一旦出现变更，工程量、工期、成本都必将发生变化，从而使得施工成本控制工作变得更加复杂和困难。因此，施工成本管理人员就应当通过对变更要求中的各类数据的计算、分析，随时掌握变更情况，包括已发生工程量、将要发生工程量、工期是否拖延、支付情况等重要信息，判断变更以及变更可能带来的索赔额度等。

除了上述几种施工成本控制工作的主要依据以外，有关施工组织设计、分包合同等也都是施工成本控制的依据。

二、施工成本控制的步骤

施工成本控制有如下步骤。

（一）比较

按照某种确定的方式将施工成本的计划值和实际值逐项进行比较，以发现施工成本是否已超支。

（二）分析

在比较的基础上，对比较的结果进行分析，以确定偏差的严重性及偏差产生的原因。这一步是施工成本控制工作的核心，其主要目的在于找出产生偏差的原因，从而采用有针对性的措施，避免或减少相同原因的再次发生或减少由此造成的损失。

（三）预测

根据项目实施情况估算整个项目完成时的施工成本。预测的目的在于为决策提供支持。

（四）纠偏

当项目的实际施工成本出现了偏差，应当根据项目的具体情况、偏差分析和预测的结果，采用适当的措施，以期达到使施工成本偏差尽可能小的目的。纠偏是施工成本控制中最具实质性的一步。只有通过纠偏，才能最终达到有效控制施工成本的目的。

（五）检查

检查是指对工程的进展进行跟踪和检查，及时了解工程进展状况以及纠偏措施的执行情况和效果，为今后的工作积累经验。

三、施工成本控制的方法

（一）施工成本的过程控制方法

施工阶段是控制建筑工程项目成本发生的主要阶段，它通过确定成本目标并按成本计划进行施工、配置资源，对施工现场发生的各种成本费用进行有效控制，其具体有如下几种控制方法。

1. 人工费的控制

人工费的控制实行"量价分离"的方法，将作业用工及零星用工按定额工日的一定比例综合确定用工数量与单价，通过劳务合同进行控制。

2. 材料费的控制

材料费的控制同样按照"量价分离"的方法，控制材料用量和材料价格。材料用量的控制是指通过定额管理、计量管理等手段有效控制材料物资的消耗，具体方法包括定额控制、指标控制、计量控制和包干控制。材料价格的控制是指通过掌握市场信息，应用招标和询价等方式控制材料、设备的采购价格。

3. 施工机械使用费的控制

合理选择施工机械设备及合理使用施工机械设备对成本控制具有十分重要的意义，尤其是高层建筑施工。施工机械使用费主要由台班数量和台班单价两方面决定。

4. 施工分包费用的控制

分包工程价格的高低，必然对项目经理部的工程项目成本产生一定的影响。因此，工程项目施工成本控制的重要工作之一是对分包价格的控制。项目经理部应在确定施工方案的初期就要确定需要分包的工程范围。决定分包范围的因素主要是工程项目的专业性和项目规模。对分包费用的控制，主要是要做好分包工程的询价、订立平等互利的分包合同、建立稳定的分包关系网络、加强施工验收和分包结算等工作。

（二）挣值法

挣值法（EVM）是 20 世纪 70 年代美国开发研究的。它首先在国防工业中应用并获得成功，以后推广到其他工业领域的项目管理。20 世纪 80 年代，世界上主要基建工程公司均已采用挣值法作为项目管理和控制的准则，并做了大量基础性工作，完善了挣值法在项目管理和控制中的应用。

挣值法是通过分析项目实际完成情况与计划完成情况的差异，从而判断项目费用、进度是否存在偏差的一种方法。挣值法主要用 3 个费用值和 4 个评价指标进行分析，它们分别是已完工作预算费用（BCWP）、已完工作实际费用（ACWP）、计划完成工作预算费用（BCWS）和费用偏差（CV）、进度偏差（SV）、费用绩效指数（CPI）、进度绩效指数（SPI）。

1. 挣值法的 3 个费用值

已完工作预算费用（BCWP）＝已完工程量×预算单价

已完工作实际费用（ACWP）＝已完工程量×实际单价

计划完成工作预算费用（BCWS）＝计划工程量×预算单价

2. 挣值法的 4 个评价指标

（1）费用偏差（CV）。

费用偏差（CV）＝已完工作预算费用（BCWP）－已完工作实际费用（ACWP）

当 CV 为正值时，表示节支，项目运行实际费用低于预算费用；当 CV 为负值时，表示实际费用超出预算费用。

（2）进度偏差（SV）。

进度偏差（SV）＝已完工作预算费用（BCWP）－计划完成工作预算费用（BCWS）

当 SV 为正值时，表示进度提前，即实际进度快于计划进度；当 SV 为负值时，表示进度延误，即实际进度落后于计划进度。

（3）费用绩效指数（CPI）。

$$费用绩效指数（CPI）= \frac{已完工作预算费用（BCWP）}{已完工作实际费用（ACWP）}$$

当 CPI＞1 时，表示节支，即实际费用低于预算费用；当 CPI＜1 时，表示超支，即实际费用高于预算费用。

（4）进度绩效指数（SPI）。

$$进度绩效指数（SPI）= \frac{已完工作预算费用（BCWP）}{计划完成工作预算费用（BCWS）}$$

当 SPI＞1 时，表示进度提前，即实际进度快于计划进度；当 SPI＜1 时，表示进度延误，即实际进度比计划进度拖后。

3. 偏差分析的表达方法

偏差分析可以采用不同的表达方法，常用的有横道图法、表格法和曲线法。

（1）横道图法。

用横道图法进行费用偏差分析，是用不同的横道标识已完工作预算费用（BCWP）、计划完成工作预算费用（BCWS）和已完工作实际费用（ACWP），横道的长度与其金额成正比例。横道图法具有形象、直观、一目了然等优点，它能够准确表达出费用的绝对偏差，而且能让人一眼感受到偏差的严重性。但这种方法反映的信息量少，一般在项目的较高管理层应用。

（2）表格法。

表格法是进行偏差分析最常用的一种方法。它将项目编号、名称、各费用参数以及费用偏差数综合归纳入一张表格中，并且直接在表格中进行比较。由于各偏差参数都在表中列出，使得费用管理者能够综合地了解并处理这些数据。用表格法进行偏差分析具有如下优点。

①灵活、适用性强。可根据实际需要设计表格，进行增减项。

②信息量大。可以反映偏差分析所需的资料，从而有利于费用控制人员及时采取针对性措施，加强控制。

③表格处理可借助于计算机，从而节约大量数据处理所需的人力，并大大提高速度。

（3）曲线法。

在项目实施过程中，计划完成工作预算费用（BCWS）、已完工作预算费用（BCWP）、已完工作实际费用（ACWP）3 个参数可以形成三条曲线。费用偏差（CV）＝已完工作预算费用（BCWP）－已完工作实际费用（ACWP），由于两项参数均以已完工作为计算基准，所以两项参数之差反映项目进展的费用偏差。进度偏差（SV）＝已完工作预算费用（BCWP）－计划完成工作预算费用（BCWS），由于两项参数均以预算值（计划值）作为计算基准，所以两者之差反映项目进展的进度偏差。

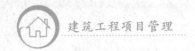

第四节　施工成本分析

一、施工成本分析的依据

施工成本分析，就是根据会计核算、业务核算和统计核算提供的资料，对施工成本的形成过程和影响成本升降的因素进行分析，以寻求进一步降低成本的途径。通过施工成本分析，可从账簿、报表反映的成本现象看清成本的实质，从而增强项目成本的透明度和可控性，为加强成本控制、实现项目成本目标创造条件。

（一）会计核算

会计核算主要是价值核算。会计是对一定单位的经济业务进行计量、记录、分析和检查，做出预测，参与决策，实行监督，旨在实现最优经济效益的一种管理活动。它通过设置账户、复式记账、填制和审核凭证、登记账簿、成本计算、财产清查和编制会计报表等一系列有组织有系统的方法，来记录企业的一切生产经营活动，然后据以提出一些用货币来反映的有关各种综合性经济指标的数据。

> **知识拓展**
>
> 资产、负债、所有者权益、收入、费用、利润等会计六要素指标，主要是通过会计来核算。由于会计记录具有连续性、系统性、综合性等特点，所以它是施工成本分析的重要依据。

（二）业务核算

业务核算是各业务部门根据业务工作的需要而建立的核算制度，它包括原始记录和计算登记表，如单位工程及分部、分项工程进度登记，质量登记，工效、定额计算登记，物资消耗定额记录，测试记录等。业务核算的范围比会计、统计核算要广，会计和统计核算一般是对已经发生的经济活动进行核算，而业务核算，不但可以对已经发生的，而且还可以对尚未发生或正在发生的经济活动进行核算，看是否可以做，是否有经济效果。它的特点是，对个别的经济业务进行单项核算。例如，各种技术措施、新工艺等项目，可以核算已经完成的项目是否达到原定的目的，取得预期的效果；也可以对准备采取措施的项目进行核算和审查，看是否有效果，值不值得采纳。业务核算的目的在于使企业迅速取得资料，在经济活动中及时采取措施进行调整。

（三）统计核算

统计核算是利用会计核算资料和业务核算资料，把企业生产经营活动客观现状的大量数据，按统计方法加以系统整理，表明其规律性。它的计量尺度比会计大，可以用货币计算，也可以用实物或劳动量计量。它通过全面调查和抽样调查等特有的方法，不仅能提供绝对数指标，还能提供相对数和平均数指标，可以计算当前的实际水平，也可以预测发展的趋势。

二、施工成本分析的方法

（一）施工成本分析

施工成本分析的基本方法包括：比较法、因素分析法、差额计算法、比率法等。

1. 比较法

比较法又称"指标对比分析法"，就是通过技术经济指标的对比，检查目标的完成情况，分析产生差异的原因，进而挖掘内部潜力的方法。这种方法，具有通俗易懂、简单易行、便于掌握的特点，因而得到了广泛的应用，但在应用时必须注意各技术经济指标的可比性。比较法的应用，通常有下列形式。

（1）将实际指标与目标指标对比。

以此检查目标完成情况，分析影响目标完成的积极因素和消极因素，以便及时采取措施，保证成本目标的实现。在进行实际指标与目标指标对比时，还应注意目标本身有无问题。如果目标本身出现问题，则应调整目标，重新正确评价实际工作的成绩。

（2）将本期实际指标与上期实际指标对比。

通过这种对比，可以看出各项技术经济指标的变动情况，反映施工管理水平的提高程度。

（3）与本行业平均水平、先进水平对比。

通过这种对比，可以反映本项目的技术管理和经济管理与行业的平均水平和先进水平的差距，进而采取措施赶超先进水平。

2. 因素分析法

因素分析法又称连环置换法，此方法可用来分析各种因素对成本的影响程度。在进行分析时，首先要假定众多因素中的一个因素发生了变化，而其他因素则不变，然后逐个替换，分别比较其计算结果，以确定各个因素的变化对成本的影响程度。因素分析法有如下计算步骤。

（1）确定分析对象，并计算出实际与目标数的差异。

（2）确定该指标是由哪几个因素组成的，并按其相互关系进行排序（排序规则是：先实物量，后价值量；先绝对值，后相对值）。

（3）以目标数为基础，将各因素的目标数相乘，作为分析替代的基数。

（4）将各个因素的实际数按照上面的排列顺序进行替换计算，并将替换后的实际数保留下来。

（5）将每次替换计算所得的结果，与前一次的计算结果相比较，两者的差异即为该因素对成本的影响程度。

（6）各个因素的影响程度之和，应与分析对象的总差异相等。

3. 差额计算法

差额计算法是因素分析法的一种简化形式，它利用各个因素的目标值与实际值的差额来计算其对成本的影响程度。

4. 比率法

比率法是指用两个以上的指标的比例进行分析的方法。它的基本特点是：先把对比分析的数值变成相对数，再观察其相互之间的关系。常用的比率法有以下几种。

（1）相关比率法。

由于项目经济活动的各个方面是相互联系，相互依存，又相互影响的，因此可以将两个性质不同而又相关的指标加以对比，求出比率，并以此来考察经营成果的好坏。例如：产值和工资是两个不同的概念，但它们的关系又是投入与产出的关系。在一般情况下，都希望以最少的工资支出完成最大的产值。因此，用产值工资率指标来考核人工费的支出水平，就很能说明问题。

（2）构成比率法。

构成比率法又称比重分析法或结构对比分析法。通过构成比率，可以考察成本总量的构成情况及各成本项目占成本总量的比重，同时也可看出量、本、利的比例关系（即预算成本、实际成本和降低成本的比例关系），从而为寻求降低成本的途径指明方向。

（3）动态比率法。

动态比率法就是将同类指标不同时期的数值进行对比，求出比率，以分析该项指标的发展方向和发展速度。动态比率的计算，通常采用基期指数和环比指数两种方法。

（二）综合成本分析

所谓综合成本，是指涉及多种生产要素，并受多种因素影响的成本费用，如分部、分项工程成本，月度成本，年度成本等。由于这些成本都是随着项目施工的进展而逐步形成的，与生产经营有着密切的关系。因此，做好上述成本的分析工作无疑将促进项目的生产经营管理，提高项目的经济效益。

1. 分部、分项工程成本分析

分部、分项工程成本分析是工程项目施工成本分析的基础。分部、分项工程成本分析的对象为已完成分部、分项工程。分析的方法是：进行预算成本、目标成本和实际成本的"三算"对比，分别计算实际偏差和目标偏差，分析偏差产生的原因，为今后的分部、分项工程成本寻求节约途径。分部、分项工程成本分析的资料来源是：预算成本来自投标报价成本，目标成本来自施工预算，实际成本来自施工任务单的实际工程量、实耗人工和限额领料单的实耗材料。

2. 月度成本分析

月度成本分析是工程项目定期的、经常性的中间成本分析。对于具有一次性特点的工程项目来说，有着特别重要的意义。因为通过月度成本分析，可以及时发现问题，以便按照成本目标指定的方向进行监督和控制，保证项目成本目标的实现。

知识拓展

月度成本分析的方法通常有以下几个方面：通过实际成本与预算成本的对比，分析当月的成本降低水平；通过实际成本与目标成本的对比，分析目标成本的落实情况；通过对各成本项目的成本分析，可以了解成本总量的构成比例和成本管理的薄弱环节；通过主要技术经济指标的实际与目标对比，分析产量、工期、质量、"三材"节约率、机械利用率等对成本的影响；通过对技术组织措施执行效果的分析，寻求更加有效的节约途径；分析其他有利条件和不利条件对成本的影响。

3. 年度成本分析

企业成本要求一年结算一次，不得将本年成本转入下一年度。而项目成本则以项目的全寿命周期为结算期，要求从开工到竣工到保修期结束连续计算，最后结算出成本总量及其盈亏。年度成本分析的依据是年度成本报表。

4. 竣工成本的综合分析

单位工程竣工成本分析包括三方面内容：竣工成本分析，主要资源节超对比分析，主要技术节约措施及经济效果分析。

第五章　建筑工程项目组织管理

第一节　建筑工程项目组织管理概述

项目组织，是指为了完成某个特定的项目任务而由不同部门、不同专业的人员所组成的一个特别工作组织，它不受现存的职能组织构造的束缚，但也不能代替各种职能组织的职能活动。

> **知识拓展**
>
> 组织是一切管理活动取得成功的基础，项目管理作为一种新型的管理方式，其组织结构与传统的组织结构有相同之处，但是由于项目本身的特性，决定了项目实施过程中其组织管理又有特殊之处。与传统组织管理的最大区别之处在于项目组织管理更强调项目负责人的作用，强调团队的协作精神，其组织形式具有更大的灵活性和柔性。

一、工程项目管理组织的建立

工程项目管理组织的建立，首先要确定工程项目的项目管理模式，然后确定各参与单位自身采用的项目组织形式。工程项目管理组织的建立步骤如下。

（一）确定工程项目的项目管理模式

根据现阶段我国相关法律、法规及工程项目特点，在我国工程项目管理体制的基本框架下，选择工程项目的项目管理模式。现阶段我国工程项目管理体制的基本框架是以工程项目为中心，以经济为纽带，以合同为依据，以项目法人为工程招标发包主体，以设计施工承包商为工程投标承包主体，以建设监理单位为咨询管理主体，相互协作、相互制约的三元主体结构。在此框架下，工程项目的项目管理模式主要有建设-管理（Construction-Management，CM）模式、项目管理承包（Project Management Contracting，PMC）模式等。

（二）建立工程项目组织

1. 明确项目管理目标

工程项目管理目标取决于项目目标，主要是工期、质量、成本、安全四大目标。工程项目各参与方的项目管理目标是不同的，建立项目管理组织时应该明确本组织的项目管理目标。

2. 明确管理工作内容

项目管理工作内容根据管理目标确定，是对项目目标的细化和落实。细化是依据项目的规模、性质、复杂程度以及组织人员的技术业务水平、组织管理水平等因素进行的。

3．选择项目组织结构形式

项目组织结构形式有多种，不同的组织结构形式适应不同的项目管理的需要：根据项目的性质、规模、建设阶段的不同进行选择，选择应考虑有利于项目目标的实现、有利于决策的执行、有利于信息的沟通。

4．确定项目组织结构管理层次和管理跨度

管理层次和管理跨度是影响项目组织工作的主要因素，应根据项目具体情况确定相互统一、协调一致的管理层次和管理跨度。

5．定岗定职定编

项目组织机构设置的一项重要原则是以事设岗、以岗定人。根据工作划分岗位，根据岗位确定职责，根据职责确定权益；按岗位职务的要求和组织原则，选配合适的管理人员。

6．理顺工作流程和信息流程

合理的工作流程和信息流程是保证项目管理工作科学有序进行的基础，是明确工作岗位考核标准的依据，是严肃工作纪律、使工作人员人尽其责的主要手段。

7．制定考核标准，定期进行考核

为保证项目目标的最终实现和项目工作内容的完成，必须对各工作岗位制定考核标准，包括考核内容、考试时间、考核形式等，并按照考核标准，规范开展工作，定期进行考核。

二、工程项目管理组织的特点

工程项目管理组织是为实现工程目标而建立的项目管理工作的组织系统。它包括项目业主、承包商、供应商等管理主体之间的项目管理模式，以及管理主体针对具体工程项目所建立的内部自身的管理模式。不同的工程项目具有不同的管理组织特点，但其都具有以下基本共性。

（一）一次性的项目管理组织

工程项目管理组织是为了实现项目目标而建立的，一般是一次性的，所以，项目完成后，项目管理组织就解散。

（二）目的性的项目管理组织

任何组织都有目的性，这样的目的性既是这种组织产生的原因，也是组织形成后使命的体现。例如，为了完成工程建造而形成的施工项目管理组织，建造标的物就是它的目的。管理组织的目的性还表现在同级组织成员对目的的共享性，即组织成员共同认可同样的组织目的。

（三）复杂的项目管理组织

由于工程项目的参与者多，且在项目中任务不同、目标不同，形成了由不同的组织结构形式组成的复杂的组织结构体系。但因为它们又是为了完成项目的共同目标，所以，这些组织应该相互适应。同时，工程项目管理组织还要与本企业的组织形式相互适应，这也增加了项目管理组织的复杂性。

（四）动态变化性的项目管理组织

项目在不同的实施阶段，工作内容不同、项目的参与者不同；同一参与者，在项目的不同阶段任务也不同。因此，项目管理组织随着项目的进展阶段性动态变化。

（五）专业化分工的项目管理组织

组织是在分工的基础上形成的，组织中不同的职务或职位需要承担不同的组织任务，将组织进行专业化分工，可以处理工作的复杂性，解决人的生理、心理等有限性特征的矛盾，便于积累经验及提高效率。例如，按职能专业划分的项目管理组织有施工员、质量员、预算员、安全员、机械员、资料员等。

（六）等级制度分明的项目管理组织

任何组织都会存在一个上下级关系，下属有责任执行上级的指示，这一般是绝对的，而上级不可以推卸掉组织下属活动的责任。如人们一般将组织划分为高层、中层和基层，高层有指挥中层的职权，而中层有指挥基层的职权。

三、工程项目管理组织的形式

工程项目管理组织的形式主要有直线式、职能式、项目式和矩阵式组织形式。

（一）直线式组织形式

直线式组织形式是最早、最简单的一种组织结构形式。直线式组织形式的优点是结构比较简单，权力集中，责任分明，命令统一，联系简捷。直线式组织形式的缺点是在组织规模较大的情况下，所有的管理职能都由一人集中承担，往往由于个人的知识及能力有限而顾此失彼，可能会发生较多失误。此外，每个部门基本关心的是本部门的工作，因而部门间的协调比较差。一般而言，这种组织形式只适用于那些没有必要按职能实行专业化管理的小型组织，或者是现场的作业管理。直线式组织形式如图 5-1 所示。直线式组织形式比较适合中、小型企业。

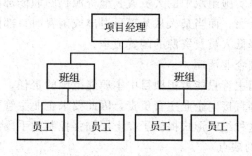

图 5-1 直线式组织形式示意图

（二）职能式组织形式

职能式组织是按职能原则建立的项目管理组织，也称部门控制式项目组织。职能式组织形式是当今世界上最为普遍的组织形式，其形式是社会进步和生产力发展专业化分工的结果。采用职能式组织形式的企业在进行项目工作时，各职能部门根据项目的需要承担本职能范围内的工作，也就是说企业主管根据项目任务需要从各职能部门抽调人员及其他资源组成项目实施组织。

知识拓展

在职能式组织形式中，项目团队内除直线主管外还相应地设立一些组织机构，分担某些职能管理的业务。这些组织机构有权在自己的业务范围内，向下级单位下达命令和指示，因此，下级直线主管除了接受上级直线主管的领导外，还必须接受上级各职能管理组织机构的领导和指示。职能式组织形式示意图如图5-2所示。

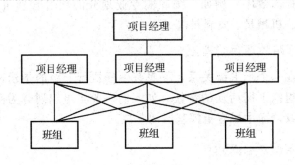

图 5-2　职能式组织形式示意图

1. 职能式组织形式的优点

职能式组织形式的优点有以下几个方面。

(1) 有利于企业的技术水平的提升。

由于职能式组织是以职能的相似性而划分部门的，同一部门人员可以交流经验及共同研究，有利于专业人才专心致志地钻研本专业领域的理论知识，有利于积累经验与提高业务水平。同时这种组织形式为项目实施提供了强大的技术支持，当项目遇到困难之时，问题所属职能部门可以联合攻关。

(2) 体现资源利用的灵活性与低成本。

职能式组织形式项目实施组织中的人员或其他资源仍归职能部门领导，因此职能部门可以根据需要分配所需资源，而当某人从某项目退出或闲置时，部门主管可以安排他到另一个项目去工作，可以降低人员及资源的闲置成本。

(3) 有利于整体协调企业活动。

由于每个部门或部门主管只能承担项目中本职能范围的责任，并不承担最终成果的责任，然而每个部门主管都直接向企业主管负责，因此要求企业主管要从企业全局出发进行协调与控制。有学者说这种组织形式提供了在上层加强控制的手段。

2. 职能式组织形式的缺点

职能式组织形式的缺点主要有以下几个方面。

(1) 从协调上来看，因项目组的成员是从不同的职能部门中选派的，项目经理必须要与职能部门的领导协调一致，当双方对某个特定人员的需要产生冲突时，往往难以协调。

(2) 从项目组织的整体性来看，由于项目组成员的构成具有一定的不稳定性和随机性，这给组织的管理带来一定的困难，而且项目组的成员尚属原来的部门，未必能与项目组织的目标保持高度一致，这样就会影响项目目标的实现。

(3) 从职责上来看，由于项目组成员的双重身份，这种双重身份的性质决定着没有人愿意主动承担责任和风险，且项目组的成员具有一定的流动性，更使责任难以明确，必然使管理陷于混乱状态。

职能式组织形式主要适用于中、小型的，产品品种比较单一，生产技术发展变化较慢，外部环境比较稳定的企业。具备以上特性的企业，其经营管理相对简单，部门较少，横向协调的难度小，对适应性的要求较低，因此职能式组织形式的缺点不突出，而优点却能得到较为充分的发挥。

（三）项目式组织形式

项目式组织形式，是按项目来划归所有资源，既每个项目有完成项目任务所必需的所有资源，每个项目实施组织有明确的项目经理，也就是每个项目的负责人，对上直接接受企业主管或大项目经理领导，对下负责本项目资源的运用以完成项目任务。每个项目组之间相对独立。项目式组织形式示意图如图 5-3 所示。

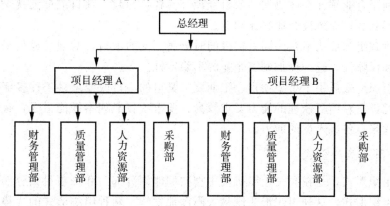

图 5-3 项目式组织形式示意图

1. 项目式组织形式的优点

通常，项目式组织形式具有以下几个方面优点。

（1）权力集中。

项目经理在项目范围内具有绝对的控制权，决策迅速，指挥方便，命令一致，避免多重领导，有利于提高工作效率。权力的集中使项目管理组织能够对业主的需求和高层管理的意图做出更快的响应。

（2）以项目为中心，目标明确。

项目式组织是基于项目而组建的，项目组成员的中心任务是按合同完成工程项目，目标明确单一，团队精神能得以充分发挥。所需资源也是依据项目划分的，便于协调。

（3）办事效率高，有利于培养一专多能的人才。

项目经理从企业抽调或招聘的各种专业技术人员集中在一起，解决问题快，办事效率高，同时在项目管理中可以相互配合、学习、取长补短，有利于培养一专多能的人才并充分发挥其作用。

（4）结构简单，便于沟通。

项目式组织从职能部门分离出来，相互沟通变得更为简洁。从结构上来说，项目式组织简单灵活，易于操作。

另外，从项目角度讲，项目式组织形式有利于项目进度、成本、质量等方面的控制与协调，而不像职能式组织形式或下文中介绍的矩阵式组织形式那样，项目经理要通过职能经理的协调才能达到对项目的控制。

2. 项目式组织形式的缺点

项目式组织形式主要具有以下几方面缺点。

（1）机构重复，资源闲置，浪费人力资源。项目式组织按项目设置机构、分配资源，每个项目都有自己的一套机构，这会造成人力、技术、设备等的重复配置。在工程项目进展同一时期，各类专业技术人员的工作量可能有很大的差别，因此很容易造成忙闲不均，从而导致人才的浪费，而企业难以进行调剂，导致企业的整体工作效率降低。

（2）专业技术人员离开他们所熟悉的工作环境，容易产生临时观念和不满情绪，影响积极性的发挥。同时，由于具有不同的专业背景，缺乏合作经验，难免配合不当。

（3）项目式组织较难给成员提供企业内项目组之间相互交流、相互学习的机会，不利于企业技术水平的提高。

（4）不利于企业领导整体协调。项目经理容易各自为政，项目成员无视企业领导，造成只重视项目利益，而忽视企业整体利益。

（5）项目式组织形式不允许同一资源同时分属不同的项目，对项目成员来说，缺乏工作的连续性和保障性，进一步加剧了企业的不稳定性。

项目式组织形式适用于小型项目、工期要求紧迫的项目或要求多工种多部门密切配合的项目。因此，它对项目经理的能力要求较高，要求项目经理指挥能力强，有快速组织队伍及善于指挥来自各方人员的能力。

（四）矩阵式组织形式

矩阵式组织形式，是在同一组织机构中把按职能划分部门和按项目划分部门相结合而产生的一种组织形式，这种组织形式既最大限度地发挥了两种组织形式的优势，又在一定程度上避免了两者的缺陷。矩阵式组织形式的特点是将按照职能划分的纵向部门与按照项目划分的横向部门结合起来，以构成类似矩阵的管理系统。矩阵式组织形式适应于多品种、结构工艺复杂、品种变换频繁的场合。

知识拓展

当很多项目对有限资源的竞争引起对职能部门的资源的广泛需求时，矩阵式组织形式就是一个有效的组织形式。在矩阵式组织形式中，每个项目经理要直接向最高管理层负责，并由最高管理层授权。而职能部门则从另一方面来控制，对各种资源做出合理的分配和有效的控制调度。职能部门负责人既要对他们的直线上司负责，也要对项目经理负责。图5-4所示为矩阵式组织形式示意图。

1. 矩阵式组织形式的优点

矩阵式组织形式具有以下几个方面的优点。

（1）矩阵式组织具有很大的弹性和适应性，可根据工作需要，集中各种专门的知识和技能，短期内迅速完成任务。

（2）可发挥项目部门的统筹协调及现场密切跟踪作用。

（3）上一级组织的负责人可以运用组合管理技能较为灵活地设置两种机构之间的分工组合。

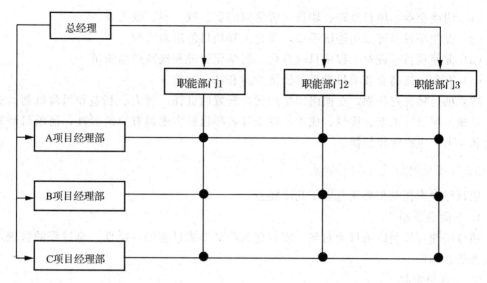

图 5-4 矩阵式组织形式示意图

2.矩阵式组织形式的缺点

矩阵式组织形式主要有以下几个方面缺点。

（1）职能部门与项目部门之间需要进行较大量的协调。

（2）项目部成员根据工作需要临时从各职能部门抽调，其隶属关系不变，可能产生临时观念，影响工作责任心，且接受并不总是保持一致的双重领导，工作中有时会出现无所适从的状况。

（3）项目管理业绩的考核较为困难。

矩阵式组织形式适用于同时承担多个项目的企业。大型、复杂的施工项目，需要多部门、多技术、多工种配合施工，在不同施工阶段，对不同人员有着不同的数量和搭配需求，宜采用矩阵式组织形式。

第二节 建筑工程项目经理

项目经理在现代项目管理中起着关键的作用，是决定项目成败的关键角色。充分认识和理解项目经理这一角色的作用和地位、职责范围及其必须具备的素质和能力，对上级组织而言，是培养和选拔合适的项目经理，确保项目成功的前提；对项目经理本身而言，是加强自身修养、正确行使职责、做一个合格项目经理的基础。

一、项目经理责任制

项目经理责任制是以项目经理为责任主体的工程总承包项目管理目标责任制度。根据我国《建设项目工程总承包管理规范》的要求，建设项目工程总承包要实行项目经理负责制。项目经理责任制作为项目管理的基本制度是评价项目经理绩效的依据，其核心是项目经理承担实现项目管理目标责任书确定的责任。项目经理与项目经理部在工程建设中应严格遵守和实行项目管理责任制度，确保项目目标全面实现。

（一）项目经理责任制的作用

项目经理责任制的作用主要有以下几个方面。

（1）明确企业、项目经理、职员三者之间的责、权、利、效关系。

（2）促使项目经理采用经济手段，强化工程项目的法制管理。

（3）促使项目经理对工程项目规范化、科学化管理和提高产品质量。

（4）有利于提高企业项目管理的经济效益和社会效益。

建立项目经理责任制，全面组织生产优化配置的责任、权力、利益和风险机制。更有利于对施工项目、工期、质量、成本、安全等各项目标实施强有力的管理，使项目经理有动力和压力，也有法律依据。

（二）项目经理责任制的特点

项目经理责任制主要具有以下几个特点。

1. 全面负责制

项目经理责任制以项目为对象，实行建筑产品形成过程的一次性、全过程的管理，体现全面负责制。

2. 经理负责制

实行经理负责、全员管理、指标考核、标价分离、项目核算，强调了项目经理个人的主要责任，即经理负责制。

3. 目标责任制

以保证工程质量、缩短工期、降低成本、保证安全和文明施工等各项目标为内容的全过程，即目标责任制。

4. 风险责任制

项目经理责任制充分体现"指标突出、责任明确、利益直接、考核严格"的基础要求，其最终结果与项目经理、成员等个人利益直接挂钩，经济利益与责任风险同在，体现风险责任制。

（三）项目管理目标责任书

项目管理目标责任书是在项目实施之前，由法定代表人或其授权人依据项目的合同、项目管理制度、项目管理规划大纲、组织的经营方针和目标要求等与项目经理签订的，明确项目经理部应达到的成本、质量、工期、安全和环境等管理目标及其承担的责任，并作为项目完成后考核评价依据的文件。它是只有企业法规性的文件，也是项目经理的任职目标，具有很强的约束性。

1. 项目管理目标责任书的编制依据

项目管理目标责任书的编制依据主要包括：项目合同文件、组织的管理制度、项目管理规划大纲以及组织的经营方针和目标。

2. 项目管理目标责任书的内容

通常，项目管理目标责任书的内容主要包括以下几个方面。

（1）项目管理实施目标。

（2）组织与项目经理之间的责任、权限和利益分配。

（3）项目设计、采购、施工、试运行等管理的内容和要求。

（4）项目需用资源的提供方式和核算方法。

（5）法定代表人向项目经理委托的特殊事项。

（6）项目管理目标评价的原则、内容和方法。

（7）项目经理部应承担的风险。

（8）对项目经理部进行奖惩的依据、标准和办法。

（9）项目经理解职和项目经理部解体的条件和办法。

二、项目经理的作用

项目通常都是在一个比项目组织本身更高一级的组织背景下产生的，所以人们习惯于将项目管理定位为中层管理。由于项目管理及项目环境的特殊性，一方面，项目经理所行使的"中层管理"与职能主管所行使的"中层管理"在管理职能上有所不同，通常项目经理的决策职能有所增强而控制职能有所淡化，且行使控制职能的方式也有所不同；另一方面，在长期稳定的组织背景下，由于项目组织的临时性特点，项目经理通常是"责大权小"。

知识拓展

项目经理在整个项目实施过程中主要起到以下几个方面的作用。

（1）项目经理是企业法人代表在项目上的全权委托代理人，是项目管理的第一责任人。从企业内部看，项目经理是项目实施过程中所有工作的总负责人；从对外方面看，项目经理是履行合同义务、执行合同条款、承担合同责任、处理合同变更、行使合同权利的最高合法人。项目经理是项目目标的全面实现者，既要对建设单位的成果性目标负责，也要对企业的效益性目标负责。

（2）项目经理是协调各方关系，使之相互紧密协作配合的桥梁和纽带。其对项目管理目标的实现承担全部责任，在工程项目实施过程中要组织和协调各方关系，共同承担履行合同的责任。

（3）项目经理对项目实施进行控制，对各种信息进行管理、运用，使项目取得成功。

（4）项目经理是项目实施阶段的责任主体、项目权力的主体、项目利益的主体，也是项目目标的最高责任者。

三、项目经理的能力

对于一个成功的项目，项目经理是不可或缺的主要因素。除了在项目的计划、组织、领导、协调、控制等方面发挥领导作用外，项目经理还应具备一系列技能，来激励员工取得成功，赢得客户的信赖。总体来说，项目经理的能力要求既包括"软"的方面——个性因素，也包括"硬"的方面——技术技能。

（一）个性因素

项目经理个性方面的素质常体现在他与组织中其他人的交往过程中所表现出来的理解力和行为方式上。素质优秀的项目经理能够有效理解项目部其他人的需求和动机并具有良好的沟通能力。个性因素又包括以下几个方面的内容。

1. 号召力

项目经理应具有足够的号召力才能激发各种成员的工作积极性。

2. 交流能力

交流能力也就是有效倾听、劝告和理解他人行为的能力。项目经理只有具备足够的交流能力，才能与下属、上级进行平等的交流，特别是对下级的交流更显重要。

3. 应变能力

项目经理必须具有灵活应变的能力，才能对施工现场出现的各种不利的情况迅速做出反应，并着手解决。

4. 对政策高度敏感

每个项目的管理都与市场的变化和相关政策的变化息息相关的，而每个市场信息和政策的变化都有可能导致项目的某个或全部目标的变化。因此项目经理必须对政策具有高度的敏感，才能适应现代项目管理的发展要求。

5. 处理压力的能力

项目经理必须保持冷静，不能急躁，使项目团队、客户和公司的上层管理者不因惊慌和挫折而陷入困境。在某些情况下，项目经理要在项目团队与客户，或项目团队与上层管理者之间起缓冲作用，甚至有时候要求项目经理要首先承担责任，以免使项目团队受到打击。同时，项目经理应充分运用激励方式，鼓励团队成员迎接挑战。

6. 解决问题的能力

项目经理要及早发现问题甚至是潜在问题，这样对项目的不良影响就会小些。另外项目经理要鼓励项目团队成员及早发现问题并能够独立解决问题，同时项目经理要有洞察全局的能力，形成可行方案后，再将实施方案的权力委派出去。

7. 健康的身体

项目经理还必须具有健康的身体。由于工程繁忙，尤其是对于风险大或进展不顺利的项目，项目经理将肩负沉重压力，因此应具有健康的体魄。

（二）技术技能

技术技能是指理解并能熟练从事某项具体活动，特别是包含了方法、过程、程序或技术的活动。优秀的项目经理应具有该项目所要求的相关技术经验或知识。技术技能包括在具体情况下运用管理工具和技巧的专门知识和分析能力。

1. 使用项目管理工具和技巧的特殊知识

每个项目管理都有其特定的管理程序和管理步骤，现代的建设项目大多是综合工程，项目经理必须掌握现代管理方法和技术手段，综合运用，比如决策技术、网络计划技术、系统工程、价值工程、目标管理和看板管理等，在施工管理过程中实施动态控制，使项目圆满完成，并最终达到既定的项目目标。

2. 相关的专业知识

在项目实施过程中，项目经理只有掌握相关的专业知识后，遇到与相关专业有关的事件时才能得心应手，在处理经济问题时才能立于不败之地。

3. 相关的项目知识

项目经理应了解相关的项目知识，并理解项目的方法、过程和程序。只有具备了这些较为全面的知识后，才能在项目的管理过程中灵活应用各种管理技术。

4. 丰富的实践经验

项目经理是亲临第一线的指挥官，要随时处理项目运行中发生的各种问题，只有具有丰富的项目实践经验，才能对施工现场出现的各种问题迅速做出处理决定。

总之，一个优秀的项目经理不但要自信、奋进、精力充沛和善于沟通，而且还要具备广泛的管理技能和本专业的专业技术与技能。只有全面发展，才能顺利实现本项目的各种既定的目标。

四、项目经理的职责与权力

项目经理岗位是保证工程项目建设质量、安全、工期的重要岗位，在全面实施建造师执业资格制度后仍然要坚持落实项目经理责任制。大、中型工程项目的项目经理必须由取得建造师执业资格的建造师担任，注册建造师资格是项目经理担任大、中型工程项目的必要条件。

（一）项目经理的职责

项目经理的职责，因项目管理目标而异。一般应当包括以下各项内容。

（1）组建项目经理部，确定项目管理组织机构并配备相应人员。

（2）制定岗位责任制等各项规章制度，以有序地组织项目、开展工作。

（3）制订项目管理总目标、阶段性目标及总体控制计划，并实施控制，保证项目管理目标的全面实现。

（4）及时准确地做出项目管理决策，严格管理，保证合同的顺利实施。

（5）协调项目组织内部及外部各方面关系，并代表企业法人在授权范围内进行有关签证。

（6）建立完善的内部和外部信息管理系统，确保信息畅通无阻、工作高效进行。

（二）项目经理的权力

为了确保项目经理完成所担负的任务，必须授予相应的权力。项目经理应当具有的权力主要有以下几个方面。

1. 合同签订权

参与企业进行施工项目投标和签订施工合同。

2. 财务管理权

在企业财政制度规定的范围内，根据企业法定代表人的授权和施工项目管理的需要，决定资金的投入和使用，决定项目经理部的计酬办法。

3. 用人管理权

项目经理应有权决定项目经理部的设置，选择、聘任成员，对任职情况进行考核监督、奖惩，乃至辞退。

4. 物资采购管理权

按照企业物资分类和分工，对采购方案、目标、到货要求，及对供货单位的选择、项目现场存放等进行决策和管理。

5. 进度计划控制权

根据项目进度总目标和阶段性目标的要求，对项目建设的进度进行检查、调整，并在资源上进行调配，从而对进度计划进行有效的控制。

6. 技术质量决策权

根据项目管理实施规划或施工组织设计，有权批准重大技术方案和重大技术措施，必要时召开技术方案论证会，把好技术决策关和质量关，防止技术上决策失误，主持处理重

大质量事故。

7. 现场管理协调权

代表公司协调与施工项目有关的内、外部关系，有权处理现场突发事件，事后及时报公司主管部门。

第三节　建筑工程项目经理部

项目经理部是由一个项目经理（项目法人）与技术、生产、材料、成本等管理人员组成的项目管理班子，是一次性的具有弹性的现场生产组织机构。项目经理部不具备法人资格，而是施工企业根据建设工程施工项目而组建的非常设的下属机构。

一、项目经理部的特征

项目经理部所具有的特征主要有以下几个方面.

1. 项目经理部具有明确的目的性

项目经理部是为实现具体工程项目目标而设立的专门组织，其任务就是实现项目目标。因此，项目经理部具有明确的目的性。

2. 项目经理部是非永久性组织

工程项目是一次性的任务，因而为完成工程项目组建的项目经理部也是一种非永久性的组织。当工程项目完成后，项目经理部的任务就完成了，即可解散。

3. 项目经理部具有团队精神

项目经理部成员之间的相互平等、相互信任、相互合作是高效完成项目目标的前提和基础；项目管理任务的多元性，要求项目经理部具有高度凝聚力和团队精神。

4. 项目经理部是动态的组织

这是指项目经理部成员的人数和人员结构是动态变化的，随着工程项目的进展和任务的展开，成员的人数及其专业结构也会做出相应的调整。

二、项目经理部的部门设置

项目经理部的部门及其人员配置应当满足施工项目管理工作中合同管理、采购管理、进度管理、质量管理、职业健康安全管理、环境管理、成本管理、资源管理、信息管理、风险管理、沟通管理、收尾管理等各项管理内容的需要。

（一）项目经理部的部门

工程项目经理部通常应设置以下几个部门。

1. 经营核算部门

经营核算部门主要负责预算、合同、索赔、资金收支、成本核算、劳动力的配置与分配等工作。

2. 工程技术部门

工程技术部门主要负责生产调度、文明施工、技术管理、施工组织设计、计划统计等工作。

3. 物资设备部门

物资设备部门主要负责材料的询价、采购、计划供应、管理、运输、工具管理、机械设备的租赁配套使用等工作。

4. 监控管理部门

监控管理部门主要负责工程质量、职业健康安全管理、环境保护等工作。

5. 测试计量部门

测试计量部门主要负责计量、测量、试验等工作。

> **知识拓展**
>
> 项目经理部职能部门及管理岗位的设置必须贯彻因事设岗、有岗有责和目标管理的原则，明确各岗位的责、权、利和考核指标，并对管理人员的责任目标进行检查、考核与奖惩。

（二）项目经理部的设置原则

项目经理部的设置主要遵循以下几点原则。

1. 目的性原则

从"一切为了确保建筑工程项目目标实现"这一根本目的出发，因目标而设事，因事而设人、设机构、分层次，因事而定岗定责，因责而授权。如果离开项目目标，或者颠倒了这种客观规律，组织机构设置就会走偏方向。

2. 管理跨度原则

适当的管理跨度，加上适当的层次划分和适当的授权，是建立高效率组织的基本条件。因为领导是以良好的沟通为前提的，只有命令而没有良好的双向沟通便不可能实施有效的领导，而良好的双向沟通只能在有限的范围内运行。因此，对于项目经理部而言，不仅要限制管理跨度，还要适当划分层次，即限制纵向领导深度，这样使每一级领导都保持适当领导幅度，以便集中精力在职责范围内实施有效的领导。

3. 系统化管理原则

这是由项目自身的系统性所决定的。项目是由众多子系统组成的有机整体，这就要求项目经理部也必须是个完整的组织结构系统，否则就会使组织和项目之间不匹配、不协调。因此，项目经理部设置伊始，就应根据项目管理的需要把职责划分、授权范围、人员配备加以统筹考虑。

4. 类型适应原则

项目经理部有多种类型，分别适用于规模、地域、工艺技术等各不相同的工程项目，应当在正确分析工程特点的基础上选择适当的类型，设置相应的项目经理部组织形式。

5. 精简原则

项目经理部在保证履行必要职能的前提下，应尽量简化机构。"不用多余的人，一专多能"是项目经理部人员配备的原则，特别是要从严控制二、三线人员，以便提高效率、降低人工费用。

三、项目经理部的工作要求

项目经理部的工作要求如表5-1所示。

表 5-1　项目经理部的工作要求

项目	工作要求
项目经理部	应在施工前先了解经过施工现场的地下管线，标出位置，并加以保护。施工时发现文物、古迹、爆炸物、电缆等，应当停止施工，保护现场，及时地向有关部门报告，并按照规定进行处理
施工中需要停水、停电、封路而影响环境时	应经有关部门批准，事先告示。在行人、车辆通过的地方施工，应当设置沟、井、坎、洞覆盖物和标志
施工现场的环境因素	项目经理部应对施工现场的环境因素进行分析，对可能产生的污水、废气、噪声、固体废弃物等污染源采取措施，并进行控制
建筑垃圾和渣土	应堆放在指定地点，定期进行清理。装载建筑材料、垃圾或渣土的运输机械，应采取防止尘土飞扬、撒落或流溢等有效措施。施工现场应根据需要设置机动车辆冲洗设施，冲洗的污水应进行处理
施工现场	除有符合规定的装置外，不得在施工现场熔化沥青和焚烧油毡、油漆，亦不得焚烧其他可产生有毒、有害烟尘和恶臭气味的废弃物。项目经理部应按规定有效地处理有毒、有害物质。禁止将有毒、有害废弃物现场回填
施工平面图的规划、设计、布置、使用和管理	项目经理部应依据施工条件，按照施工总平面图、施工方案和施工进度计划的要求，认真进行所负责区域的施工平面图的规划、设计、布置、使用和管理

四、建设高效的项目经理部

在项目经理部的创建中，项目经理部只是个人的集合，这些人因为他们的技能和能力被挑选出来执行即将来临的项目工作。为了建设高效的项目经理部，必须具备 4 个因素：职业激励的工作氛围、优秀的项目领导、称职的人员和稳定的工作环境。通常，建设高效的项目团队，应从以下几点入手。

1. 为团队创造一种氛围

一个项目经理部的成功创建，需要基础结构的计划和系统建造。团队领导者必须确保团队在新的项目环境下感到职业上的舒适，这包括互相信任、尊重，以及感觉到新任务是可操作的、得到了管理层支持的。对于项目和职能组织的忠诚是项目成功需要的，通常也是非常必要的条件。

2. 界定项目组织间的关系

成功创建一个新的项目经理部的关键是要界定和沟通责任以及组织关系。

3. 界定项目关键参数

界定项目的关键参数主要包括：工作、时间安排、资源和责任。这些在开始招募人员之前是必须界定的，它能帮助招募到合适的人员，并确立相应的技术、性能目标，进度和预算责任。

4. 为目标挑选人员和组织团队

挑选项目组织的人员是项目形成阶段的一个主要活动。

五、项目经理部的解体

项目经理部作为一次性组织机构，应随项目的完成而解体，在项目竣工验收后，即应对其职能进行弱化，并经经济审计后予以解体。

（一）项目经理部解体的条件

项目经理部解体应具备以下几个条件。

（1）工程已经竣工验收。

（2）与各分包单位已经结算完毕。

（3）已协助企业管理层与发包人签订了"工程质量保修书"。

（4）"项目管理目标责任书"已经履行完成，经企业管理层审核合格。

（5）已与企业管理层办理有关手续。

（6）现场清理完毕。

（二）项目经理部解体的程序

项目经理部解体有如下具体程序。

（1）企业工程管理部门是项目经理部组建和解体善后工作的主管部门，主要负责项目经理部的组建及解体后工程项目在保修期间的善后问题处理，包括因质量问题造成的返（维）修、工程剩余价款的结算及回收等。

（2）在施工项目全部竣工并交付验收签字之日起15天内，项目经理部要根据工作需要向企业工程管理部写出项目经理部解体申请报告，同时向各业务系统提出本部善后留用和解体合同人员名单及时间，经有关部门审核批准后执行。

（3）项目经理部解聘工作人员时，为使其有一定的求职时间，应提前发给解聘人员2个月的岗位效益工资。

（4）项目经理部解体前，应成立以项目经理为首的善后工作小组，其留守人员由主任工程师、技术、预算、财务、材料各一人组成，主要负责剩余材料的处理、工程价款的回收、财务账目的结算移交，以及解决与甲方有关的遗留事宜。善后工作一般规定为3个月（从工程管理部门批准项目经理部解体之日起计算）。

（5）施工项目完成后，还要考虑项目的保修问题，因此在项目经理部解体与工程结算前，要由经营和工程部门根据竣工时间和质量等级确定工程保修费的预留比例。

第四节 工程项目管理模式

目前工程项目管理模式主要有设计-招标-建造（Design-Bid-Build，DBB）模式、设计-采购-施工（Engineering-Procurement-Construction，EPC）模式、CM模式和PMC模式。

一、DBB模式

设计-招标-建造（DBB）模式，这是最传统的一种工程项目管理模式。该管理模式在国际上最为通用，世行、亚行贷款项目及以国际咨询工程师联合会（FIDIC）合同条件为依据的项目多采用这种管理模式。其最突出的特点是强调工程项目的实施必须按照设计—招标—建造的顺序方式进行，只有一个阶段结束后另一个阶段才能开始。我国第一个利用世行贷款的项目鲁布革水电站工程实行的就是这种管理模式。DBB模式合同结构示意图如

图 5-5 所示。

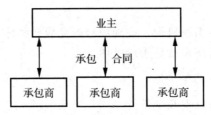

图 5-5 DBB 模式合同结构示意图

该模式的优点是通用性强，可自由选择咨询、设计、监理方，各方均熟悉使用标准的合同文本，有利于合同管理、风险管理和减少投资。其缺点是工程项目要经过规划、设计、施工三个环节之后才移交给业主，项目周期长；业主管理费用较高，前期投入大；变更时容易引起较多索赔。

二、EPC 模式

设计-采购-施工（EPC）模式，又称为工程总承包模式。在 EPC 模式中，设计不仅包括具体的设计工作，还可能包括整个建设工程内容的总体策划以及整个建设工程实施组织管理的策划和具体工作。在该模式下，业主只要大致说明一下投资意图和要求，其余工作均由 EPC 承包单位来完成；业主不聘请监理工程师来管理工程，而是自己或委派业主代表来管理工程；承包商承担设计风险、自然力风险、不可预见的困难等大部分风险；一

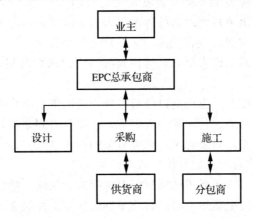

图 5-6 EPC 模式合同结构示意图

般采用总价合同。EPC 模式合同结构如图 5-6 所示。

传统承包模式中，材料与工程设备通常是由项目总承包单位采购，但业主可保留对部分重要工程设备和特殊材料的采购在工程实施过程中的风险。在 EPC 标准合同条件中规定由承包商负责全部设计，并承担工程全部责任，故业主不能过多地干预承包商的工作。EPC 标准合同条件的基本出发点是业主参与工程管理工作很少，因承包商已承担了工程建设的大部分风险，业主重点进行竣工验收。

三、CM 模式

建设-管理（CM）模式，又称阶段发包方式，就是在采用快速路径法进行施工时，从开始阶段就雇用具有施工经验的 CM 单位参与到建设工程实施过程中来，以便为设计人员提供施工方面的建议且随后负责管理施工过程。这种模式改变了过去那种设计完成后才进行招标的传统模式，采取分阶段发包，由业主、CM 单位和设计单位组成一个联合小组，共同负责组织和管理工程的规划、设计和施工，CM 单位负责工程的监督、协调及管理工作，在施工阶段定期与承包商会晤，对成本、质量和进度进行监督，并预测和监控成本和进度的变化。

（一）CM 模式的分类

CM 模式有代理型和非代理型两种模式。

1. 代理型 CM 模式

代理型 CM 模式指 CM 承包商接受业主的委托进行整个工程的施工管理，协调设计单位与施工承包商的关系，保证在工程中设计和施工过程的搭接。业主直接与工程承包商和供应商签订合同，CM 单位主要从事管理工作，与设计、施工、供应单位没有合同关系，这种形式在性质上属于管理工作承包。代理型 CM 模式合同结构如图 5-7 所示。

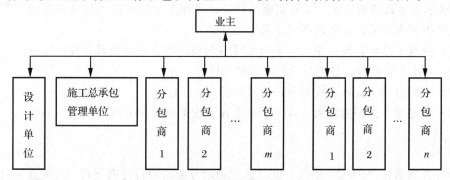

图 5-7 代理型 CM 模式合同结构示意图

2. 非代理型 CM 模式

非代理型 CM 模式指 CM 承包商直接与业主签订合同，接受整个工程施工的委托，再与分包商、供应商签订合同，CM 承包商承担相应的施工和供应风险，可认为它是一种工程承包模式。非代理型 CM 模式合同结构如图 5-8 所示。

（二）CM 模式的特点

CM 模式主要具有以下几个特点。

1. 采用快速路径法施工

在工程设计尚未结束之前，当工程某些部分的施工图设计已经完成时，就开始进行该部分工程的施工招标，从而使这部分工程的施工提前到工程项目的设计阶段。

2. CM 模式合同采用成本加酬金方式

代理型和非代理型的 CM 模式合同是有区别的。由于代理型 CM 模式合同是业主与分包商直接签订，因此采用简单的成本加酬金合同形式。而非代理型 CM 模式合同则采用保证最大工程费用加酬金的合同形式。这是因为 CM 模式合同总价是在合同签订之后，随着

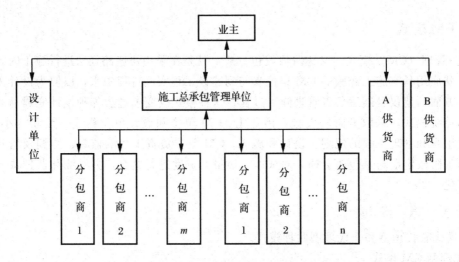

图 5-8　非代理型 CM 模式合同结构示意图

CM 单位与各分包商签约而逐步形成的。只有采用保证最大工程费用，业主才能控制工程总费用。

3. CM 承包模式在工程造价控制力面的价值

CM 承包模式特别适用于那些实施周期长、工期要求紧迫的大型复杂建设工程。它在工程造价控制方面的价值体现在以下几个方面。

（1）与施工总承包模式相比，采用 CM 承包模式的合同价更具合理性。

（2）CM 单位不赚取总包与分包之间的差价。

（3）应用价值工程方法挖掘节约投资的潜力。

（4）保证最大工程费用大大减少了业主在工程造价控制方面的风险。

四、PMC 模式

项目管理承包（PMC）模式，就是业主聘请专业的项目管理公司，代表业主对工程项目的组织实施进行全过程或若干阶段的管理和服务。由于 PMC 承包商在项目的设计、采购、施工、调试等阶段的参与程度和职责范围不同，因此 PMC 模式具有较大的灵活性。总体而言，PMC 有 3 种基本应用模式（图 5-9、图 5-10、图 5-11）。

（1）业主选择设计单位、施工承包商、供货商，并与之签订设计合同、施工合同和供货合同，委托 PMC 承包商进行工程项目管理。

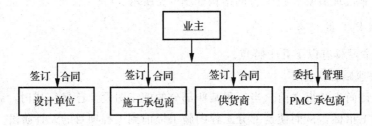

图 5-9　PMC 模式合同结构示意图一

（2）业主与 PMC 承包商签订项目管理合同，业主通过指定或招标方式选择设计单位、施工承包商、供货商（或其中的部分），但不签合同，由 PMC 承包商与之分别签订设计合同、施工合同和供货合同。

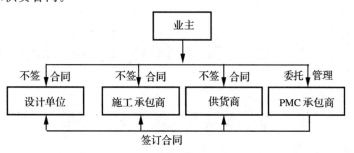

图 5-10　PMC 模式合同结构示意图二

（3）业主与 PMC 承包商签订项目管理合同，由 PMC 承包商自主选择施工承包商和供货商并签订施工合同和供货合同，但不负责设计工作。

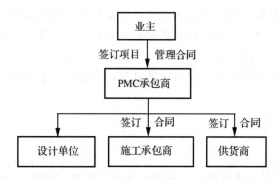

图 5-11　PMC 模式合同结构示意图三

第六章　建筑工程项目质量控制

第一节　质量管理与质量控制概述

一、工程项目质量

（一）质量

质量，是指一组固有特性满足要求的程度。它是反映产品或服务满足明确或隐含需要能力的特征和特性，或者说是反映实体满足明确和隐含需要的能力的特性总和。

实体是指可单独描述和研究的事物，它几乎涵盖了质量管理和质量保证活动中所涉及的所有对象。所以实体可以是结果，也可以是过程，是包括了它们的形成过程和使用过程在内的一个整体。

> **知识拓展**
>
> 在许多情况下，质量会随时间、环境的变化而改变，这就意味着要对质量要求进行定期评审。质量的明确需要是指在合同、标准、规范、图纸、技术文件中已经做出明确规定的要求；质量的隐含需要则应加以识别和确定，如人们对实体的期望，公认的、不言而喻的、不必做出规定的"需要"。

（二）工程项目质量

工程项目质量是一个广义的质量概念，它由工程实体质量和工作质量两部分组成。其中，工程实体质量代表的是狭义的质量概念。参照国际标准和我国现行的国家标准的定义，工程实体质量可描述为"实体满足明确或隐含需要能力的特性之和"。工程实体质量又可称为工程质量，与建设项目的构成相呼应，工程实体质量通常可分为工序质量、分项工程质量、分部工程质量、单位工程质量和单项工程质量等不同的质量层次单元。就工程质量而言，其固有特性包括：使用功能、寿命、适用性、安全性、可靠性、维修性、经济性、美观性和环境协调性等方面，这些特性满足要求的程度越高，质量就越好。

工作质量，是指为了保证和提高工程质量而从事的组织管理、生产技术、后勤保障等各方面工作的实际水平。工程建设过程中，按内容组成的不同可将工作质量分为社会工作质量和生产过程工作质量。其中，前者是指围绕质量课题而进行的社会调查、市场预测、质量回访等各项有关工作的质量；后者则是指生产工人的职业素质、职业道德教育工作质量、管理工作质量等。工作质量还可以具体分为决策、计划、勘察、设计、施工、回访保修等不同阶段的工作质量。

工程质量与工作质量二者的关系为：前者是后者的作用结果，后者是前者的必要保证。项目管理实践表明：工程质量的好坏是建筑工程产品形成过程中各阶段、各环节工作质量的综合反映，而不是依靠质量检验检查出来的。要保证工程质量就要求项目管理实施方的有关部门和人员对决定和影响工程质量的所有因素进行严格控制，即通过良好的工作质量来保证和提高工程质量。

综上所述，工程项目质量是指能够满足用户或社会需要的并由工程合同、有关技术标准、设计文件、施工规范等具体详细设定其适用、安全、经济、美观等特性要求的工程实体质量与工程建设各阶段、各环节工作质量的总和。

知识拓展

工程项目质量反映出建筑工程适合一定的用途、满足用户要求所具备的自然属性，其具体内涵包含以下3方面。

（1）工程项目实体质量，所包括的内容有工序质量、分项工程质量、分部工程质量和单项工程质量等，其中工序质量是创造工程项目实体质量的基础。

（2）从工程项目的功能和使用价值看，其质量体现在性能、寿命、可靠性、安全性和经济性5个方面。这些特性指标直接反映了工程项目的质量。

（3）工作质量是建筑企业的经营管理工作、技术工作、组织工作和后勤工作等达到工程质量的保证程度，分为生产过程质量和社会工作质量两个方面。

工作质量是工程质量的保证和基础，工程质量是企业各方面工作质量的综合反映。应将工程质量与管理过程质量综合起来考虑，如果项目能够做到满足规范要求、达到项目目的、满足用户要求、让用户满意，那就不亏本。

二、质量管理

（一）质量管理简介

质量管理是指在质量方面指挥和控制组织的协调活动。这些协调活动通常包括制定质量方针和质量目标以及质量策划、质量控制、质量保证和质量改进等活动。

1. 质量方针

质量方针是指由组织的最高管理者正式发布的与该组织总的质量有关的宗旨和方向。它体现了该组织的质量意识和质量追求，施工组织内部的行为准则，顾客的期待和对顾客做出的承诺。质量方针与组织的总方针相一致，并为制定质量目标提供框架。

2. 质量目标

质量目标是指在质量方面所追求的标准。质量目标通常是依据组织的质量方针制定，并且通常对组织内相关的职能和层次分别规定质量目标。在作业层面，质量目标应是定量的。

3. 质量策划

质量策划质量策划是致力于制定质量目标并规定必要的运行过程和相关资料以实现质量目标的策划。

4. 质量保证

质量保证质量保证是致力于使质量要求得到满意的实现。可将质量保证措施看成预防疾病的手段，用来提高获得高质量产品的步骤和管理流程。

5. 质量改进

质量改进质量改进是致力于增强满足质量要求的能力的循环活动。

（二）质量管理体系

体系是由若干有关事物相互联系、互相制约而构成的有机整体。质量管理是在质量方面指挥和控制组织的协调活动。

质量管理体系是在质量方面指挥和控制组织的管理体系。另外，它也是实施质量方针和质量目标的管理系统，其内容应以满足质量目标的需要为准；同时它也是一个有机整体，其组成部分是相互关联的，强调系统性和协调性。

质量管理体系把影响质量的技术、管理人员和资源等因素进行组合，在质量方针的指引下，为达到质量目标而发挥效能。

三、质量控制

质量控制是《质量管理体系　要求》（GB/T 19001－2016/ISO 9001：2005）的一个质量管理术语。其属于质量管理的一部分，是致力于满足质量要求的一系列相关活动。

质量控制包括采取的作业技术和管理活动。作业技术是直接产生产品或服务质量的条件，但并不是具备相关作业的能力。在社会化大生产的条件下，还必须通过科学的管理，来组织和协调作业技术活动的过程，以充分发挥其质量形成能力，实现预期的质量目标。

四、质量控制与质量管理的关系

质量控制是质量管理的一部分，质量管理是指确立质量方针及实施质量方针的全部职能及工作内容，并对其工作效果进行评价和改进的一系列工作。因此，质量控制与质量管理的区别在于质量控制是在明确的质量目标条件下，通过行动方案和资源配置的计划、实施、检查和监督来实现预期目标的过程。

五、工程项目质量控制原理

（一）三全控制原理

三全控制原理来自全面质量管理（Total Quality Control，TQC）的思想，是指企业组织的质量管理应该做到全面、全过程和全员参与。在工程项目质量管理中应用这一原理，对工程项目的质量控制同样具有重要的理论和实践的指导意义。

1. 全面质量控制

工程项目质量的全面质量控制可以从纵、横两个方面来理解。从纵向的组织管理角度来看，质量总目标的实现有赖于项目组织的上层、中层、基层乃至一线员工的通力协作，其中上层管理能否全力支持与参与，起着决定性的作用。从项目各部门职能间的横向配合来看，要保证和提高工程项目质量必须使项目组织的所有质量控制活动构成为一个有效的整体，即横向协调配合，包括业主、勘察设计、施工及分包、材料设备供应、监理等相关方。全面质量控制就是要求项目各相关方都有明确的质量控制活动内容。当然，从纵向方面来看，各层次活动的侧重点不同，具体表现在：①上层管理侧重于质量决策，制订出项目整体的质量方针、质量目标、质量政策和质量计划，并统一组织、协调各部门、各环节、各类人员的质量控制活动；②中层管理则要贯彻落实领导层的质量决策，运用一定的方法找到各部门的关键、薄弱环节或必须解决的重要事项，确定本部门的目标和对策，更好地执行各自的质量控制职能；③基层管理则要求每个员工都要严格地按标准、规范进行施工和生产，相互间进行分工合作，互相配合，开展群众合理化建议和质量管理小组活动，建立健全项目的全面质量控制体系。

2. 全过程质量控制

任何产品或服务的质量，都有一个产生、形成和实现的过程。从全过程的角度来看，质量产生、形成和实现的整个过程是由多个相互联系、相互影响的环节组成的，每个环节都或轻或重地影响着最终的质量状况。为了保证和提高质量就必须把影响质量的所有环节和因素都控制起来。工程项目的全过程质量控制主要有项目策划与决策过程、勘察设计过程、施工采购过程、施工组织与准备过程、检测设备控制与计量过程、施工生产的检验试验过程、工程质量的评定过程、工程竣工验收与交付过程以及工程回访维修过程等。全过程质量控制必须体现如下两个思想。

（1）预防为主、不断改进的思想。

《建设工程项目管理规范》（GB/T 50326－2017）中同样强调质量控制应坚持"预防为主"的原则。根据这一基本原理，全过程质量控制要求把管理工作的重点，从"事后把关"转移到"事前预防"上来，强调预防为主、不断改进的思想。

（2）为顾客服务的思想。

顾客有内部和外部之分：外部的顾客可以是项目的使用者，也可以是项目的开发商；内部的顾客是项目组织的部门和人员。实行全过程质量控制要求项目所有的利益相关者都必须树立为顾客服务的思想。内部顾客满意是外部顾客满意的基础。因此，在项目组织内部要树立"下道工序是顾客""努力为下道工序服务"的思想。使全过程质量控制一环扣一环，贯穿于项目的全过程之中。

3. 全员参与质量控制

全员参与质量控制是工程项目各方面、各部门、各环节工作质量的综合反映。其中任何一个环节、任何一个人的工作质量都会不同程度地直接或间接地影响工程项目的形成质量或服务质量。因此，全员参与质量控制，才能实现工程项目的质量控制目标，形成顾客满意的产品。其主要的工作包括以下几点。

（1）必须抓好全员的质量教育和培训。

（2）应制定各部门、各级各类人员的质量责任制，明确任务和职权，各司其职，密切配合，以形成一个高效、协调、严密的质量管理工作系统。

（3）应开展多种形式的群众性质量管理活动，充分发挥广大职工的聪明才智和当家做主的进取精神，采取多种形式激发全员参与质量控制的积极性。

（二）PDCA 循环的原理

工程项目的质量控制是一个持续的过程，具体流程为：①在提出项目质量目标的基础上，制订质量控制计划，包括实现该计划需采取的措施；②实施计划，特别应在组织上进行落实，真正将工程项目质量控制的计划措施落实到实处；③在实施过程中，还应经常检查、监测，以评价检查结果与计划是否一致；④对出现的工程质量问题进行处理，对暂时无法处理的质量问题重新进行分析，进一步采取措施来解决。这一过程的原理就是 PDCA（Plan，Do，Check，Act）循环。

PDCA 循环又称为戴明环，是工程项目质量管理应遵循的科学程序。质量管理活动的全部过程，就是质量计划的制订和组织实现的过程，这个过程按照 PDCA 循环周而复始地运转着。

PDCA 由英语单词 Plan（计划）、Do（执行）、Check（检查）和 Act（处理）的首字母组成，PDCA 循环就是按照这样的顺序进行质量管理，并且循环不止地进行下去的一种科学程序。工程项目质量管理活动的运转，离不开 PDCA 循环，这就是说，改进与解决质量问题，赶超先进水平的各项工作，都要运用 PDCA 循环。

在实施 PDCA 循环时，不论是提高工程施工质量，还是减少不合格率，都要先提出目标，即质量提高到什么程度、不合格率降低多少，故应先制定计划，这个计划不仅包括目标，而且也包括实现这个目标所需要采取的措施。计划制定好之后，就要按照计划实施及检查，看看是否实现了预期效果，有没有达到预期的目标。通过检查找出问题和原因，最后就是要进行处置活动，将经验和教训制定成标准、形成制度。同时，工程项目的质量控制应重点做好施工准备、施工、验收、服务全过程的质量监督，抓好全过程的质量控制，确保工程质量目标达到预定的要求，其具体措施如下。

（1）分解质量目标。工程项目方将质量目标逐层分解到分部工程、分项工程，并落实到部门、班组和个人。应以指标控制为目的，以要素控制为手段，以体系活动为基础，从而保证在组织上全面落实，实现质量目标的分解。

（2）实行质量责任制。在质量责任制中，项目经理是工程施工质量的第一责任人，各工程队长是本队施工质量的第一责任人，质量保证工程师和责任工程师是各专业质量责任人，各部门负责人应按照职责分工，认真履行质量责任。

（3）每周组织一次质量大检查，一切用数据说话，实施质量奖惩，激励施工人员，保证施工人员的自觉性和责任心。

（4）每周召开一次质量分析会，通过各部门、各单位反馈输入各种不合格信息，采取纠正和预防措施，排除质量隐患。

（5）加大质量权威，质检部门及质检人员根据公司质量管理制度可以行使质量否决权。

（6）施工全过程中执行业主和有关工程质量管理及质量监督的各种制度和规定，对各部门检查发现的任何质量问题应及时制定整改措施，进行整改，达到合格为止。

（三）三阶段原理

工程项目的质量控制，是一个持续的管理过程。从项目的立项到竣工验收，属于项目建设阶段的质量控制；从项目投产后到项目生产周期结束，属于项目生产（或经营）阶段的质量控制。二者在质量控制内容上有较大的不同，但不管是建设阶段的质量控制，还是生产（经营）阶段的质量控制，从控制工作的开展与控制对象实施的时间关系来看，均可分为事前控制、事中控制和事后控制 3 种类型。

1. 事前控制

事前控制强调质量目标的计划预控，并按照质量计划进行质量活动前的准备工作状态的控制。在工程施工过程中，事前控制的重点在于施工准备工作，且施工准备工作贯穿于施工的全过程。施工准备工作主要包括：①熟悉和审查工程项目的施工图纸，做好项目建设地点的自然条件、技术经济条件的调查分析，完成项目施工图预算、施工预算和项目的组织设计等技术准备工作；②做好器材、施工机具、生产设备的物质准备工作；③组建项目组织机构以及核查进场人员的技术资质和施工单位的质量管理体系；④编制季节性施工技术组织措施，制定施工现场管理制度，组织施工现场准备方案等。

可以看出，事前控制的内涵包括两个方面：一是注重质量目标的计划预控；二是按质量计划进行质量活动前的准备工作状态的控制。

2. 事中控制

事中控制是指对质量活动的行为进行约束、对质量进行监控，实际上属于一种实时控制。在项目建设的施工过程中，事中控制的重点在工序质量监控上。其他如施工作业的质量监督、设计变更、隐蔽工程的验收和材料检验等都属于事中控制。

概括来说，事中控制是对质量活动主体、质量活动过程和结果所进行的自我约束和监督检查两方面的控制。其关键是增强质量意识，发挥行为主体的自我约束控制能力。

3. 事后控制

事后控制一般是指在输出阶段的质量控制。事后控制也称为合格控制，包括对质量活动结果的评价认定和对质量偏差的纠正。例如，工程项目竣工验收进行的质量控制，即属于工程项目质量的事后控制；项目生产阶段的产品质量检验属于产品质量的事后控制。

第二节　建筑工程项目质量的形成过程和影响因素

建筑工程项目从本质上来说是一项拟建或在建的建筑产品，它与一般产品具有相同的质量内涵，即一组固有特性满足需要的程度。这些特性是指产品的适用性、可靠性、安全性、经济性以及环境的适宜性等。由于建筑产品一般是采用单件性筹划、设计和施工的生产组织方式，因此，其具体的质量特性指标是在各建设工程项目的策划、决策和设计过程中进行定义的。在工程管理实践和理论研究中，常把建设工程项目质量的基本特性概括为：反映使用功能的质量特性、反映安全可靠的质量特性、反映艺术文化的质量特性、反映建筑环境的质量特性。

一、建筑工程项目质量的形成过程

建筑工程项目质量的形成过程，贯穿于整个工程项目的决策过程和各个工程项目的设计与施工过程之中，体现了建筑工程项目质量从目标决策、目标细化到目标实现的过程。

（1）质量需求的识别过程：项目决策阶段的质量职能在于识别建设意图和需求，为整个建设项目的质量总目标，以及工程项目内各建设工程项目的质量目标提出明确要求。

（2）质量目标的定义过程：一方面，在工程设计阶段，工程项目设计的任务是将工程项目的质量目标具体化；另一方面，承包商根据业主的创优要求及具体情况来确定工程的总体质量目标。

（3）质量目标的实现过程：工程项目质量目标实现的最重要和最关键的过程是在施工阶段，包括施工准备过程和施工作业技术活动过程，其任务是按照质量策划的要求，制定企业或工程项目内控标准，实施目标管理、过程监控、阶段考核、持续改进的方法，严格按图纸施工。正确合理地配备施工生产要素，把特定的劳动对象转化为符合质量标准的建设工程产品。

二、建筑工程项目质量的影响因素

建筑工程项目质量的影响因素，主要是指在建筑工程项目质量目标策划、决策和实现过程中的各种客观因素和主观因素，包括人的因素、技术因素、管理因素、环境因素和社会因素等。

（一）人的因素

人的因素对建筑工程项目质量形成的影响包括两个方面的含义：一是指直接承担建筑工程项目质量职能的决策者、管理者和作业者个人的质量意识及质量活动能力；二是指承担建筑工程项目策划、决策或实施的建设单位、勘察设计单位、咨询服务机构、工程承包企业等实体组织。前者的"人"是指一个个体，后者的"人"是指一个个群体。我国实行建筑业企业经营资质管理制度、市场准入制度、执业资格注册制度、作业及管理人员持证上岗制度等，从本质上来说，都是对从事建设工程活动的人的必要的控制。此外，《中华人民共和国建筑法》和《建设工程质量管理条例》还对建筑工程的质量责任制度进行了明确规定，如规定按资质等级承包工程任务，不得越级，不得挂靠，不得转包，严禁无证设计、无证施工等，从根本上说也是为了防止因人的资质或资格失控而导致质量能力的失控。

（二）技术因素

影响建筑工程项目质量的技术因素涉及的内容十分广泛，包括直接的工程技术和辅助的生产技术，前者如工程勘察技术、设计技术、施工技术、材料技术等，后者如工程检测检验技术、试验技术等。建筑工程技术的先进性程度，从总体上说是取决于国家一定时期的经济发展和科技水平，取决于建筑业及相关行业的技术进步。对于具体的建筑工程项目，主要是通过技术工作的组织与管理，优化技术方案，发挥技术因素对建筑工程项目质量的保证作用。

（三）管理因素

影响建筑工程项目质量的管理因素，主要是决策因素和组织因素。其中，决策因素首先是业主方的建筑工程项目决策，其次是建筑工程项目实施过程中，实施主体的各项技术决策和管理决策。实践证明，没有经过资源论证、市场需求预测，而盲目建设、重复建设，建成后不能投入生产或使用，所形成的合格而无用途的建筑产品，从根本上来说是对社会资源的极大浪费，不具备质量的适用性特征。同样，盲目追求高标准，缺乏质量经济性考虑的决策，也将对工程质量的形成产生不利的影响。

（四）环境因素

一个建设项目的决策、立项和实施，受到经济、政治、社会、技术等多方面因素的影响，它们是建设项目可行性研究、风险识别与管理所必须考虑的环境因素。对于建筑工程项目质量控制而言，无论该建筑工程项目是某建筑项目的一个子项工程，还是本身就是一个独立的建筑项目，作为直接影响建筑工程项目质量的环境因素，一般是指：建筑工程项目所在地点的水文、地质和气象等自然环境；施工现场的通风、照明、安全卫生防护设施等劳动作业环境；以及由多单位、多专业交叉协同施工的管理关系、组织协调方式、质量控制系统等构成的管理环境。对这些环境条件的认识与把握，是保证建筑工程项目质量的重要工作环节。

（五）社会因素

影响建筑工程项目质量的社会因素表现在以下几个方面：①法规的健全程度及其执法

力度；②建筑工程项目法人或业主的理性化以及建筑工程经营者的经营理念；③建筑市场包括建筑工程交易市场和建筑生产要素市场的发育程度及交易行为的规范程度；④政府的工程质量监督及行业管理成熟度；⑤建筑咨询服务业的发展及其服务水准的提高等。

知识拓展

人、技术、管理和环境因素，对于建筑工程项目而言是可控因素；社会因素存在于建筑工程项目系统之外，一般情况下对于建筑工程项目管理者而言，属于不可控因素，但可以通过自身的努力，尽可能做到趋利避害。

第三节　建筑工程项目质量控制系统

一、建筑工程项目质量控制系统的构成

建筑工程项目质量控制系统，在实践中可能有多种名称，没有统一的规定。常见的名称有"质量管理体系""质量控制体系""质量管理系统""质量控制网络""质量管理网络""质量保证系统"等。

（一）建筑工程项目质量控制系统的性质

建筑工程项目质量控制系统既不是建设单位的质量管理体系或质量保证体系，也不是工程承包企业的质量管理体系或质量保证体系，而是建筑工程项目目标控制的一个工作系统，其具有下列性质。

（1）建筑工程项目质量控制系统是以建筑工程项目为对象，由工程项目实施的总组织者负责建立的面向对象开展质量控制的工作体系。

（2）建筑工程项目质量控制系统是建筑工程项目管理组织的一个目标控制体系，它与项目投资控制、进度控制、职业健康安全与环境管理等目标控制体系共同依托于同一项目管理的组织机构。

（3）建筑工程项目质量控制系统根据建筑工程项目管理的实际需要而建立，随着建筑工程项目的完成和项目管理组织的解体而消失，因此，是一个一次性的质量控制工作体系，不同于企业的质量管理体系。

（二）建筑工程项目质量控制系统的范围

建筑工程项目质量控制系统的范围包括：按项目范围管理的要求，列入系统控制的建筑工程项目构成范围；建筑工程项目实施的任务范围，即由建筑工程项目实施的全过程或若干阶段进行定义；建筑工程项目质量控制所涉及的责任主体范围。

1. 控制系统涉及的工程项目范围

控制系统涉及的工程项目范围，一般根据项目的定义或工程承包合同来确定。具体来说可能有以下 3 种情况。

（1）工程项目范围内的全部工程。

（2）工程项目范围内的某一单项工程或标段工程。

（3）工程项目某单项工程范围内的一个单位工程。

2. 控制系统涉及的任务范围

工程项目质量控制系统服务于工程项目管理的目标控制，因此，其质量控制的系统职能应贯穿项目的勘察、设计、采购、施工和竣工验收等各个实施环节，即工程项目实施的全过程质量控制的任务或若干阶段承包的质量控制任务。

> **知识拓展**
>
> 工程项目质量控制系统所涉及的质量责任自控主体和质量监控主体，通常情况下包括建设单位、设计单位、工程总承包企业、施工企业、建设工程监理机构、材料设备供应厂商等。这些质量责任自主控制主体和质量监控主体，在质量控制系统中的地位与作用不同。承担建设工程项目设计、施工或材料设备供货的单位，负有直接的产品质量责任，属质量控制系统中的自控主体。在工程项目实施过程中，对各质量责任主体的质量活动行为和活动结果实施监督控制的组织，称质量监控主体，如业主、工程项目监理机构等。

(三) 建筑工程项目质量控制系统的结构

建筑工程项目质量控制系统，一般情况下为多层次、多单元的结构形态，这是由其实施任务的委托方式和合同结构所决定的。

1. 多层次结构

多层次结构与建筑工程项目工程系统纵向垂直分解的单项、单位工程项目质量控制子系统相对应。在大、中型建筑工程项目，尤其是群体工程的建筑工程项目中，第一层面的建筑工程项目质量控制系统应由建设单位的建筑工程项目管理机构负责建立，在委托代建、委托项目管理或实行交钥匙式工程项目总承包的情况下，应由相应的代建方工程项目管理机构、受托工程项目管理机构或工程总承包企业项目管理机构负责建立；第二层面的建筑工程项目质量控制系统，通常是指由建筑工程项目的设计总负责单位、施工总承包单位等建立的相应管理范围内的质量控制系统；第三层面及其以下是承担工程设计、施工安装、材料设备供应等各承包单位现场的质量自控系统，或称各自的施工质量保证体系。系统纵向层次机构的合理性是建筑工程项目质量目标、控制责任和措施分解落实的重要保证。

2. 多单元结构

多单元结构是指在建筑工程项目质量控制总体系统下，第二层面的质量控制系统及其以下的质量自控或保证体系可能有多个。这是建筑工程项目质量目标、责任和措施分解的必然结果。

(四) 建筑工程项目质量控制系统的特点

如前所述，建筑工程项目质量控制系统是面向对象而建立的质量控制工作体系，它和建筑企业或其他组织机构的质量管理体系有如下的不同点。

1. 建立的目的不同

建筑工程项目质量控制系统只用于特定的建筑工程项目质量控制，而不是用于建筑企业或组织的质量管理，即建立的目的不同。

2. 服务的范围不同

建筑工程项目质量控制系统涉及建筑工程项目实施过程所有的质量责任主体，而不只是某一个承包企业或组织机构,即服务的范围不同。

3. 控制的目标不同

建筑工程项目质量控制系统的控制目标是建筑工程项目的质量标准,并非某一具体建筑企业或组织的质量管理目标,即控制的目标不同。

4. 作用的时效不同

建筑工程项目质量控制系统与建筑工程项目管理组织系统相融合,是一次性的质量工作系统,并非永久性的质量管理体系,即作用的时效不同。

5. 评价的方式不同

建筑工程项目质量控制系统的有效性一般由建筑工程项目管理组织者进行自我评价与诊断,不需进行第三方认证,即评价的方式不同。

二、建筑工程项目质量控制系统的建立

建筑工程项目质量控制系统的建立,实际上就是建筑工程项目质量总目标的确定和分解过程,也是建筑工程项目各参与方之间质量管理关系和控制责任的确立过程。为了保证质量控制系统的科学性和有效性,必须明确系统建立的原则、程序和主体。

(一)建立的原则

实践经验表明,建筑工程项目质量控制系统的建立,应遵循以下原则。这些原则对质量目标的总体规划、分解和有效实施控制有着非常重要的作用。

1. 分层次规划的原则

建筑工程项目质量控制系统的分层次规划,是指建筑工程项目管理的总组织者(即建设单位或项目代建企业)和承担项目实施任务的各参与单位,分别进行建筑工程项目质量控制系统不同层次和范围的规划。

2. 总目标分解的原则

建筑工程项目质量控制系统的总目标分解,是根据控制系统内建筑工程项目的分解结构,将建筑工程项目的建设标准和质量总体目标分解到各责任主体,明示于合同条件,由各责任主体制订相应的质量计划,确定其具体的控制方式和控制措施。

3. 质量责任制的原则

建筑工程项目质量控制系统的建立,应按照《中华人民共和国建筑法》和《建设工程质量管理条例》中有关工程质量责任的规定,界定各方的质量责任范围和控制要求。

4. 系统有效性的原则

建筑工程项目质量控制系统,应从实际出发,结合项目特点、合同结构和项目管理组织系统的构成情况,建立项目各参与方共同遵循的质量管理制度和控制措施,形成有效的运行机制。

(二)建立的程序

建筑工程项目质量控制系统的建立过程,一般可按以下环节依次展开工作。

1. 确立质量控制网络系统

首先明确系统各层面的建筑工程项目质量控制负责人。一般应包括承担建筑工程项目实施任务的项目经理(或工程负责人)、总工程师,项目监理机构的总监理工程师、专业监理工程师等,以形成明确的建筑工程项目质量控制责任者的关系网络架构。

2. 制定质量控制制度系统

建筑工程项目质量控制制度包括质量控制例会制度、协调制度、报告审批制度、质量验收制度和质量信息管理制度等。这些应做成建筑工程项目质量控制制度系统的管理文件或手册，作为承担建筑工程项目实施任务的各方主体共同遵循的管理依据。

3. 分析质量控制界面系统

建筑工程项目质量控制系统的质量责任界面，包括静态界面和动态界面。静态界面根据法律法规、合同条件、组织内部职能分工来确定。动态界面是指项目实施过程中设计单位之间、施工单位之间、设计与施工单位之间的衔接配合及其责任划分，这必须通过分析研究，确定管理原则与协调方式。

4. 编制质量控制计划系统

建筑工程项目管理总组织者负责主持编制建筑工程项目总质量计划，并根据质量控制系统的要求，部署各质量责任主体编制与其承担任务范围相符的质量控制计划，并按规定程序完成质量计划的审批，作为其实施自身工程质量控制的依据。

（三）建立的主体

按照建筑工程项目质量控制系统的性质、范围和主体的构成，一般情况下其质量控制系统应由建设单位或建筑工程项目总承包企业的建筑工程项目管理机构负责建立。在分阶段依次对勘察、设计、施工、安装等任务进行分别招标发包的情况下，通常应由建设单位或其委托的建筑工程项目管理企业负责建立建筑工程质量控制系统，各承包企业根据建筑工程项目质量控制系统的要求，建立隶属于建筑工程项目质量控制系统的设计项目、工程项目、采购供应项目等质量控制子系统，以具体实施其质量责任范围内的质量管理和目标控制。

三、建筑工程项目质量控制系统的运行

建筑工程项目质量控制系统的建立，为建筑工程项目的质量控制提供了组织制度方面的保证。建筑工程项目质量控制系统的运行，实质上就是系统功能的发挥过程，也是质量活动职能和效果的控制过程。然而，建筑工程项目质量控制系统要能有效地运行，还依赖于系统内部的运行环境和运行机制的完善。

（一）运行环境

建筑工程项目质量控制系统的运行环境，主要是以下述几个方面为系统运行提供支持的管理关系、组织制度和资源配置的条件。

1. 工程合同的结构

工程合同是联系建筑工程项目各参与方的纽带，只有在建筑工程项目合同结构合理、质量标准和责任条款明确，并严格进行履约管理的条件下，建筑工程项目质量控制系统的运行才能成为各方的自觉行动。

2. 质量管理的资源配置

质量管理的资源配置包括：专职的工程技术人员和质量管理人员的配置；实施技术管理和质量管理所必需的设备、设施、器具、软件等物质资源的配置。人员和资源的合理配置是建筑工程项目质量控制系统得以运行的基础条件。

3. 质量管理的组织制度

建筑工程项目质量控制系统内部的各项组织制度和程序性文件的建立，为建筑工程项

目质量控制系统各个环节的运行提供了必要的行动指南、行为准则和评价基准的依据，是建筑工程项目质量控制系统有序运行的基本保证。

（二）运行机制

建筑工程项目质量控制系统的运行机制，是由一系列质量管理制度安排所形成的内在能力。运行机制是建筑工程项目质量控制系统的生命，机制缺陷是造成系统运行无序、失效和失控的重要原因。因此，在设计系统内部的管理制度时，必须予以高度的重视，防止重要管理制度的缺失、制度本身的缺陷、制度之间的矛盾等现象的出现，这样才能为系统的运行注入动力机制、约束机制、反馈机制和持续改进机制。

1. 动力机制

动力机制是建筑工程项目质量控制系统运行的核心机制，它来源于公正、公开、公平的竞争机制和利益机制的制度设计或安排。这是因为建筑工程项目的实施过程涉及多主体参与的价值增值链，只有保持合理的供方及分供方等各方关系，才能形成合力，这是建筑工程项目成功的重要保证。

2. 约束机制

没有约束机制的控制系统是无法使建筑工程项目质量处于受控状态的，约束机制取决于各主体内部的自我约束能力和外部的监控效力。约束能力表现为组织及个人的经营理念、质量意识、职业道德及技术能力的发挥；监控效力取决于建筑工程项目实施主体外部对质量工作的推动、检查和监督。二者相辅相成，构成了建筑工程项目质量控制过程的制衡关系。

3. 反馈机制

运行状态和结果的信息反馈是对建筑工程项目质量控制系统的能力和运行效果进行评价，并及时做出处置和提供决策的依据。因此，必须有相关的制度安排，保证质量信息反馈的及时和准确，只有保证质量管理者深入第一生产线、掌握第一手资料，才能形成有效的质量信息反馈机制。

4. 持续改进机制

在工程项目实施的各个阶段，不同的层面、不同的范围和不同的主体之间，应使用PDCA循环原理，即计划、实施、检查和处置的方式展开建筑工程项目质量控制，同时必须注重抓好控制点的设置，加强重点控制和例外控制，并不断寻求改进机会、研究改进措施。这样才能保证建筑工程项目质量控制系统的不断完善和持续改进，不断提高建筑工程项目质量控制能力和控制水平。

第四节　建筑工程项目施工的质量控制

一、建筑工程项目施工质量控制目标概述

建筑工程项目施工阶段是根据建筑工程项目设计文件和施工图纸的要求，通过施工形成工程实体的阶段，所制定的施工质量计划及相应的质量控制措施，都是在这一阶段形成实体的质量或实现质量控制的结果。因此，建筑工程项目施工的质量控制是建筑工程项目质量控制的最后形成阶段，因而对保证建筑工程项目的最终质量具有重大意义。

（一）建筑工程项目施工质量控制的内容划分

建筑工程项目施工的质量控制从不同的角度来描述，可以划分为不同的类型。企业可

根据自己的侧重点不同采用适合自己的划分方法，主要有以下 4 种划分方法。

（1）按建筑工程项目施工质量管理主体的不同划分为：建设方的质量控制、施工方的质量控制和监理方的质量控制等。

（2）按建筑工程项目施工的不同阶段划分为：施工准备阶段质量控制、施工阶段质量控制和竣工验收阶段质量控制等。

（3）按建筑工程项目施工的分部工程划分为：地基与基础工程的质量控制、主体结构工程的质量控制、屋面工程的质量控制、安装（含给水、排水、采暖、电气、智能建筑、通风与空调、电梯等）工程的质量控制和装饰装修工程的质量控制等。

（4）按建筑工程项目施工要素划分为：材料因素的质量控制、人员因素的质量控制、设备因素的质量控制、方案因素的质量控制和环境因素的质量控制等。

（二）建筑工程项目施工质量控制的目标

建筑工程项目施工的质量控制目标可分为施工质量控制总目标、建设单位的施工质量控制目标、设计单位施工阶段的质量控制目标、施工单位的施工质量控制目标、监理单位的施工质量控制目标等。

1. 施工质量控制总目标

施工质量控制总目标是对建筑工程项目施工阶段的总体质量要求，也是建筑工程项目各参与方一致的责任和目标，使建筑工程项目满足有关的质量法规和标准、正确配置施工生产要素、采用科学管理的方法，实现建筑工程项目预期的使用功能和质量标准。

2. 建设单位的施工质量控制目标

建设单位的施工质量控制目标是通过对施工阶段全过程的全面质量监督管理、协调和决策，保证竣工验收项目达到投资决策时所确定的质量标准。

3. 设计单位施工阶段的质量控制目标

设计单位施工阶段的质量控制目标是通过对施工质量的验收签证、设计变更控制及纠正施工中所发现的设计问题，采纳变更设计的合理化建议等，保证验收竣工项目的各项施工结果与最终设计文件所规定的标准一致。

4. 施工单位的施工质量控制目标

施工单位的质量控制目标是通过施工全过程的全面质量自控，保证交付工程满足施工合同及设计文件所规定的质量标准，包括工程质量创优标准。

5. 监理单位的施工质量控制目标

监理单位在施工阶段的质量控制目标，是通过审核施工质量文件、报告报表及现场旁站检查、平行检测、施工指令和结算支付控制等手段，监控施工承包单位的质量活动行为，协调施工关系，正确履行建筑工程项目质量的监督责任，以保证建筑工程项目质量达到施工合同和设计文件所规定的质量标准。

（三）建筑工程项目施工质量控制的依据

建筑工程项目施工质量控制的依据主要指适用于建筑工程项目施工阶段与质量控制有关的、具有指导意义和必须遵守（强制性）的基本文件。其包括国家法律法规、行业技术标准与规范、企业标准、设计文件及合同等。主要的建筑工程项目施工的质量控制文件具体如下。

• 《中华人民共和国建筑法》

- 《中华人民共和国合同法》
- 《建设工程项目管理规范》（GB/T 50326－2017）
- 《质量管理体系　项目质量管理指南》（GB/T 19016－2005/ISO 10006：2003）
- 《建筑工程施工质量验收统一标准》（GB 50300－2013）
- 《建筑地基基础工程施工质量验收标准》（GB 50202－2018）
- 《砌体结构工程施工质量验收规范（GB 50203－2011）
- 《混凝土结构工程施工质量验收规范》（GB 50204－2015）
- 《钢结构工程施工质量验收标准》（GB 50205－2020）
- 《木结构工程施工质量验收规范》（GB 50206－2012）
- 《屋面工程施工质量验收规范》（GB 50207－2012）
- 《地下防水工程质量验收规范》（GB 50208－2011）
- 《建筑地面工程施工质量验收规范》（GB 50209－2010）
- 《建筑装饰装修工程质量验收规范》（GB 50210－2018）
- 《建筑给水排水及采暖工程施工质量验收规范》（GB 50242－2002）
- 《通风与空调工程施工质量验收规范》（GB 50243－2016）
- 《建筑电气工程施工质量验收规范》（GB 50303－2015）
- 《电梯工程施工质量验收规范》（GB 50310－2002）
- 《建筑给水塑料管道工程技术规程》（CJJ/T 98 －2014）
- 《建筑排水塑料管道工程技术规程》（CJJ/T 29－2010）
- 《给水排水管道工程施工及验收规范》（GB 50268－2008）
- 《给水排水构筑物工程施工及验收规范》（GB 50141－2008）
- 《建设工程监理规范》（GB/T 50319－2013）

（四）建筑工程项目施工质量持续改进理念

持续改进的概念来自于《质量管理体系　基础和术语》（GB/T 19000－2016），是指增强满足要求的能力的循环活动。它阐明组织为了改进其整体业绩，应不断改进产品质量，提高质量管理体系及过程的有效性和效率。对建筑工程项目来说，由于其属于一次性活动，面临的经济、环境条件在不断变化，技术水平也日新月异，因此建筑工程项目的质量要求也需要持续提高，而持续改进是永无止境的。

知识拓展

　　在建筑工程项目施工阶段，质量控制的持续改进必须是主动、有计划和系统地进行质量改进的活动。要做到积极、主动，首先需要树立建筑工程项目施工质量持续改进的理念，这样才能在行动中把持续改进变成自觉的行为；其次要有永恒的决心，坚持不懈；最后要关注改进的结果，持续改进应保证的是更有效、更完善的结果，改进的结果还应能在建筑工程项目的下一个工程质量循环活动中得到应用。概括来说，建筑工程项目施工质量持续改进的理念包括了渐进过程、主动过程、系统过程和有效过程等4个过程。

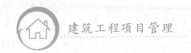

二、建筑工程项目施工质量计划的编制方法

（一）建筑工程项目施工质量计划概述

建筑工程项目施工质量计划是指施工企业根据有关质量管理标准，针对特定的建筑工程项目编制的建筑工程项目质量控制方法、手段、组织以及相关实施程序。建筑工程项目施工质量计划一般由项目经理（或项目负责人）主持，负责质量、技术、工艺和采购的相关人员参与制订。在总承包的情况下，分包企业的建筑工程项目施工质量计划是总包建筑工程项目施工质量计划的组成部分，总包企业有责任对分包建筑工程项目施工质量计划的编制进行指导和审核，并要承担建筑工程项目施工质量的连带责任。建筑工程项目施工质量计划编制完毕，应经企业技术领导审核批准，并按建筑工程项目施工承包合同的约定，提交工程监理或建设单位批准确认后执行。

根据建筑工程项目施工的特点，目前我国建筑工程项目施工的质量计划常以施工组织设计或工程项目管理规划的文件形式进行编制。

（二）编制建筑工程项目施工质量计划的目的和作用

建筑工程项目施工质量计划编制的目的是为了加强施工过程中的质量管理和程序管理。通过规范员工的行为，使其严格操作、规范施工，达到提高工程质量、实现项目目标的目的。

> **知识拓展**
>
> 建筑工程项目施工质量计划的作用是为质量控制提供依据，使建筑工程项目的特殊质量要求能通过采取有效措施得到满足；在合同环境下，建筑工程项目施工质量计划是企业向顾客表明质量管理方针、目标及其具体实现的方法、手段和措施，体现企业对质量责任的承诺和实施的具体步骤。

（三）建筑工程项目施工质量计划的内容

1. 工程特点及施工条件分析

熟悉建筑工程项目所属的行业特点和特殊质量要求，详细领会工程合同文件提出的全部质量条款，了解相关的法律法规对本工程项目质量的具体影响和要求，还要详细分析施工现场的作业条件，以便能制订出合理、可行的建筑工程项目施工质量计划。

2. 工程质量目标

工程质量目标包括工程质量总目标及分解目标。制定的目标要具体，具有可操作性，对于定性指标，需同时确定衡量的标准和方法。例如，要确定建筑工程项目预期达到的质量等级（如合格、优良或省、市、部优质工程等），则要求在建筑工程项目交付使用时，质量达到合同范围内的全部工程的所有使用功能符合设计（或更改）图纸的要求，检验批、分项、分部和单位工程质量达到建筑工程项目施工质量验收的统一标准，合格率100%等。

3. 组织与人员

在建筑工程项目施工组织设计中，确定质量管理组织机构、人员及资源配置、计划，明确各组织、部门人员在建筑工程项目施工不同阶段的质量管理职责和职权，确定质量责任人和相应的质量控制权限。

4. 施工方案

根据建筑工程项目质量控制总目标的要求，制定具体的施工技术方案和施工程序，包括实施步骤、施工方法、作业文件和技术措施等。

5. 采购质量控制

采购质量控制包括材料、设备的质量管理及控制措施，涉及对供应方质量控制的要求。可以制定具体的采购质量标准或指标、参数和控制方法等。

6. 监督检测

施工质量计划中应制定工程检测的项目计划与方法，包括检测、检验、验证和试验程序文件以及相关的质量要求和标准。

（四）建筑工程项目施工质量计划的实施与验证要求

1. 实施要求

建筑工程项目施工质量计划的实施范围包括项目施工阶段的全过程，重点是对工序、分项工程、分部工程及单位工程全过程的质量控制。各级质量管理人员应按建筑工程项目质量计划确定的质量责任分工，对各环节进行严格的控制，并按建筑工程项目施工质量计划要求，保存好质量记录、质量审核、质量处理单、相关表格等原始记录。

2. 验证要求

建筑工程项目质量责任人应定期组织具有相应资格或经验的质量检查人员、内部质量审核员等对建筑工程项目施工质量计划的实施效果进行验证，对项目质量控制中存在的问题或隐患，特别是质量计划本身、管理制度、监督机制等环节的问题，应及时提出解决措施，并进行纠正。建筑工程项目质量问题严重时应追究责任，给予处罚。

三、建筑工程项目施工生产要素的质量控制

影响建筑工程项目质量控制的因素主要包括劳动主体/人员、劳动对象/材料、劳动手段/机械设备、劳动方法/施工方法和施工环境等五大生产要素。在建筑工程项目施工过程中，应事前对这5个方面严加控制。

（一）劳动主体/人员

人是指施工活动的组织者、领导者及直接参与施工作业活动的具体操作人员。人员因素的控制就是对上述人员的各种行为进行控制。人员因素的控制方法如下。

1. 充分调动人员的积极性，发挥人的主导作用

人作为控制的对象，应避免人在工作中的失误；人作为控制的动力，应充分调动人的积极性，发挥人的主导作用。

2. 提高人的工作质量

人的工作质量是建筑工程项目质量的一个重要组成部分，只有首先提高工作质量，才能确保工程质量。提高工作质量的关键在于控制人的素质。人的素质包括：思想觉悟、技术水平、文化修养、心理行为、质量意识、身体条件等方面。要提高人的素质就要加强思想政治教育、劳动纪律教育、职业道德教育、专业技术培训等。

3. 建立相应的机制

在施工过程中，应尽量改善劳动作业条件，建立健全岗位责任制、技术交底、隐蔽工

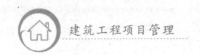

程检查验收、工序交接检查等的规章制度，运用公平合理、按劳取酬的人力管理机制激励人的劳动热情。

4. 根据工程实际特点合理用人，严格执行持证上岗制度

结合工程具体特点，从确保工程质量的需要出发，从人的技术水平、人的生理缺陷、人的心理行为、人的错误行为等方面来控制人的合理使用。例如，对技术复杂、难度大、精度高的工序或操作，应要求由技术熟练、经验丰富的施工人员来完成；而反应迟钝、应变能力较差的人，则不宜安排其操作快速、动作复杂的机械设备；对某些要求必须做到万无一失的工序或操作，则一定要分析人的心理行为，控制人的思想活动，稳定人的情绪；对于具有危险的现场作业，应控制人的错误行为。

此外，在建筑工程项目质量管理过程中对施工操作者的控制应严格执行持证上岗制度。无技术资格证书的人不允许进入施工现场从事施工活动；对不懂装懂、图省事、碰运气、有意违章的行为必须及时进行制止。

（二）劳动对象/材料

材料是指在建筑工程项目建设中所使用的原材料、成品、半成品、构配件等，是建筑工程施工的物质保证条件。

1. 材料的质量控制规定

（1）项目经理部应在质量计划确定的合格材料供应人名录中按计划招标采购原材料、成品、半成品和构配件。

（2）材料的搬运和储存应按搬运储存规定进行，并应建立台账。

（3）项目经理部应对材料、半成品和构配件进行标识。

（4）未经检验和已经检验为不合格的材料、半成品和构配件等，不得投入使用。

（5）对发包人提供的材料、半成品、构配件等，必须按规定进行检验和验收。

（6）监理工程师应对承包人自行采购的材料进行验证。

2. 材料的质量控制方法

材料质量是形成建筑工程项目实体质量的基础，如果使用的材料不合格，工程的质量也一定不达标。加强材料的质量控制是保证和提高工程质量的重要保障，是控制工程质量影响因素的有效措施。材料的质量控制包括材料采购、运输，材料检验，材料储存及使用等。

（1）组织材料采购应根据工程特点、施工合同、材料的适用范围、材料的性能要求和价格因素等进行综合考虑。材料采购应根据施工进度计划要求适当提前安排，施工承包企业应根据市场材料信息及材料样品对厂家进行实地考察，同时施工承包企业在进行材料采购时应特别注意将质量条款明确写入材料采购合同。

（2）材料质量检验的目的是通过一系列的检测手段，将所取得的材料数据与材料质量标准进行对比，以便事先判断材料质量的可靠性，再据此决定能否将其用于工程实体中。材料质量检验的内容包括以下几点。

①材料的质量标准。材料的质量标准是用于衡量材料质量的尺度，也是作为验收、检验材料质量的依据。不同材料都有自己的质量标准和检验方法。

②材料检验的项目。材料检验的项目分为：一般试验项目（通常进行的试验项目），如钢筋要进行拉伸试验、弯曲试验，混凝土要进行表观密度、坍落度、抗压强度试验；其他试验项目（根据需要进行的试验项目），如钢丝的冲击、硬度，焊接件（如焊缝金属、焊接接头等）的力学性能，混凝土的抗折强度、抗弯强度、抗冻、抗渗、干缩等试验。材

料检验的具体项目是根据材料使用条件来决定，一般在标准中有明确规定。

③材料质量检验的取样方法。材料质量检验的取样必须具有代表性，即所采样品的质量应能代表该批材料的质量。因此，材料取样必须严格按规范规定的部位、数量和操作要求进行。

④材料质量的检查方法。材料质量的检查方法分为书面检查、外观检查、理化检查、无损检查等。

⑤材料质量的检验程度。根据材料信息和保证资料的具体情况，材料质量的检验程度分为免检、抽检、全检 3 种。

a. 免检：对有足够质量保证的一般材料，以及实践证明质量长期稳定且有质量保证、资料齐全的材料，可免去质量检验过程。

b. 抽检：对材料的性能不清楚，或对质量保证资料有怀疑，或对成批生产的构配件，均应按一定比例随机抽样进行检验。

c. 全检：凡进口材料、设备和重要工程部位的材料以及贵重的材料应进行全部检验。

对材料质量控制的要求：所有材料、制品和构配件必须有出厂合格证和材质化验单；钢筋水泥等重要材料要进行复试；现场配置的材料必须进行试配试验。

（3）合理安排材料的仓储保管与使用保管。在材料检验合格后和使用前，必须做好仓储保管和使用保管，以免因材料变质或误用严重影响工程质量或造成质量事故。例如，因保管不当造成水泥受潮、钢筋锈蚀；因使用不当造成不同直径钢筋混用等。

因此，做好材料保管和使用管理应从以下两个方面进行。

①施工承包企业应合理调度，做到现场材料不大量积压。

②应切实做好材料使用管理工作，做到不同规格品种材料分类堆放，实行挂牌标志。必要时应设专人监督检查，以避免材料混用或把不合格材料用于建筑工程项目实体中。

（三）劳动手段/机械设备

机械设备包括施工机械设备和生产机械设备。

1. 机械设备质量控制规定

（1）应按设备进场计划进行施工设备的准备。

（2）现场的施工机械应满足施工需要。

（3）应对机械设备操作人员的资格进行确认，无证或资格不符合者，严禁上岗。

2. 施工机械设备的质量控制

施工机械设备是实现施工机械化的重要物质基础，是现代化施工中必不可少的设备，对建筑工程项目的质量、进度和投资均有直接影响。机械设备质量控制的根本目标就是实现设备类型、性能参数、使用效果与现场条件、施工工艺、组织管理等因素相匹配，并始终使机械保持良好的使用状态。因此，施工机械设备的选用必须结合施工现场条件、施工方法工艺、施工组织和管理等各种因素综合考虑。施工机械设备的质量控制包括以下几点。

（1）施工机械设备的选型。

施工机械设备型号的选择应本着因地制宜、因工程制宜、满足需要的原则，既要考虑施工的适用性、技术的先进性、操作的方便性、使用的安全性，又要考虑保证施工质量的可靠性和经济性。例如，在选择挖土机时，应根据土的种类及挖土机的适用范围进行选择。

（2）施工机械设备的主要机械性能参数是选择机械设备的基本依据。

在选择施工机械时，应根据性能参数结合工程项目的特点、施工条件和已确定的型号

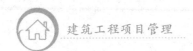

具体进行。例如，起重机械的选择，其性能参数（如起重量、起重高度和起重半径等）必须满足工程的要求，才能保证施工的正常进行。

（3）施工机械设备的使用操作要求。

合理使用机械设备，正确操作是确保工程质量的重要环节。在使用机械设备时应贯彻"三定"和"五好"原则，即"定机、定人、定岗位责任"和"完成任务好、技术状况好、使用好、保养好、安全好"。

3. 生产机械设备的质量控制

生产机械设备的质量控制主要控制设备的检查验收、设备的安装质量和设备的试车运转等。其具体工作包括：①按设计选择设备；②设备进厂后，应按设备名称、型号、规格、数量和清单对照，逐一检查验收；③设备安装应符合技术要求和质量标准；④设备试车运转正常，能投入使用等。因此，对于生产机械设备的检查主要包括以下几个方面。

（1）对整体装运的新购机械设备应进行运输质量及供货情况的检查。例如：对有包装的设备，应检查包装是否受损；对无包装的设备，应进行外观的检查及附件、备品的清点；对进口设备，必须进行开箱全面检查，若发现问题应详细记录或照相，并及时处理。

（2）对解体装运的自组装设备，在对总部件及随机附件、备品进行外观检查后，应尽快进行现场组装、检测试验。

（3）在工地交货的生产机械设备，一般都由设备厂家在工地进行组装、调试和生产性试验，自检合格后才提请订货单位复检，待复检合格后，才能签署验收证明。

（4）对调拨旧设备的测试验收，应基本达到完好设备的标准。

（5）对于永久性和长期性的设备改造项目，应按原批准方案的性能要求，经一定的生产实践考验，并经鉴定合格后才予验收。

（6）对于自制设备，在经过6个月生产考验后，按试验大纲的性能指标测试验收，决不允许擅自降低标准。

（四）劳动方法/施工方法

广义的施工方法控制是指对施工承包企业为完成项目施工过程而采取的施工方案、施工工艺、施工组织设计、施工技术措施、质量检测手段和施工程序安排等所进行的控制。狭义的施工方法控制是指对施工方案的控制。施工方案的正确与否直接影响建筑工程项目的质量、进度和投资。因此，施工方案的选择必须结合工程实际，从技术、组织、经济、管理等方面出发，做到能解决工程难题，技术可行，经济合理，加快进度，降低成本，提高工程质量。它具体包括确定施工起点流向、确定施工程序、确定施工顺序、确定施工工艺和施工环境等。

（五）施工环境

影响施工质量的环境因素较多，主要有以下几点。

（1）自然环境，包括气温、雨、雪、雷、电、风等。

（2）工程技术环境，包括工程地质、水文、地形、地震、地下水位、地面水等。

（3）工程管理环境，包括质量保证体系和质量管理工作制度等。

（4）劳动作业环境，包括劳动组合、作业场所、作业面等，以及前道工序为后道工序提供的操作环境。

（5）经济环境，包括地质资源条件、交通运输条件、供水供电条件等。

环境因素对施工质量的影响有复杂、多变的特点，具体问题必须具体分析。如例，气象条件变化无穷，温度、湿度、酷暑、严寒等都直接影响工程质量；又如，前一道工序为后一道工序提供操作环境，前一分项工程、分部工程就是后一分项工程、分部工程的环境。因此，对工程施工环境应结合工程特点和具体条件严加控制。尤其是施工现场，应建立文明施工和文明生产的环境，保持材料堆放整齐、道路畅通、工作环境清洁、施工顺序井井有条，为确保质量、安全创造一个良好的施工环境。

四、建筑工程项目施工过程的作业质量控制

建筑工程项目是由一系列相互关联、相互制约的作业过程（工序）构成，控制建筑工程项目施工过程的质量，除施工准备阶段、竣工阶段的质量控制外，重点是必须控制全部的作业过程，即各道工序的施工质量。

（一）施工准备阶段的质量控制

施工准备阶段的质量控制是指在正式施工前进行的质量控制活动，其重点是在做好施工准备工作的同时，应做好施工质量预控和对策方案。施工质量预控是指在施工阶段，预先分析施工中可能发生的质量问题和隐患及其产生的原因，采取相应的对策措施进行预先控制，以防止在施工中发生质量问题。这一阶段的控制措施包括以下几点。

1. 文件资料的质量控制

建筑工程项目所在地的自然条件和技术经济条件调查资料应保证客观、真实、详尽、周密，以保证能为施工质量控制提供可靠的依据；施工组织设计文件的质量控制，应要求提出的施工顺序、施工方法和技术措施等能保证质量，同时应进行技术经济分析，尽量做到技术可行、经济合理和质量符合要求；通过设计交底，图纸会审等环节，发现、纠正和减少设计差错，从施工图纸上消除质量隐患，保证工程质量。

2. 采购和分包的质量控制

材料设备采购的质量控制包括：严格按有关产品提供的程序要求操作；对供方人员资格、供方质量管理体系的要求，建立合格材料、成品和设备供应商的档案库，定期进行考核，从中选择质量、信誉最好的供应商；采购品必须具有厂家批号、出厂合格证和材质化验单，验收入库后还应根据规定进行抽样检验，对进口材料设备和重大工程、关键施工部位所用材料应全部进行检验。

应在资质合格的基础上择优选择分包商。分包商合同需从生产、技术、质量、安全、物质和文明施工等方面最大限度地对分包商提出要求，条款必须清楚、内容详尽。还应对分包队伍进行技术培训和质量教育，帮助分包商提高质量管理水平。从主观和客观两方面把分包商纳入总包的系统质量管理与质量控制体系中，接受总包的组织和协调。

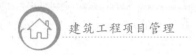

3. 现场准备的质量控制

现场准备的质量控制包括：建立现场项目组织机构，集结施工队伍并进行入场教育；对现场控制网、水准点、标桩的测量；拟定有关试验、试制和技术进步的项目计划；制定施工现场管理制度等。

（二）施工过程的质量控制

建筑工程项目的施工过程是由若干道工序组成的，因此，施工过程的控制，就是施工工序的控制，其主要包括 3 个方面的内容：施工工序控制的要求、施工工序控制的程序和施工工序控制的检验。

1. 施工工序控制的要求

施工工序质量是施工质量的基础，施工工序质量也是施工顺利进行的关键。为满足对施工工序质量控制的要求，在施工工序管理方面应做到如下几点。

（1）贯彻以预防为主的基本要求，设置施工工序质量检查点，对材料质量状况、工具设备状况、施工程序、关键操作、安全条件、新材料新工艺的应用、常见质量通病、操作者的行为等影响因素列为控制点作为重点检查项目进行预控。

（2）落实施工工序操作质量巡查、抽查及重要部位跟踪检查等方法，及时掌握施工质量总体状况。

（3）对施工工序产品、分项工程的检查应按标准要求进行目测、实测及抽样试验的程序，做好原始记录，经数据分析后，及时做出合格或不合格的判断。

（4）对合格的施工工序产品应及时提交监理进行隐蔽工程验收。

（5）完善管理过程的各项检查记录、检测资料及验收资料，作为建筑工程项目验收的依据，并为工程质量分析提供可追溯的依据。

2. 施工工序控制的程序

（1）进行作业技术交底，包括作业技术要领、质量标准、施工依据、与前后工序的关系等。

（2）检查施工工序、程序的合理性、科学性，防止工程流程错误，导致工序质量失控。检查内容包括：施工总体流程和具体施工作业的先后顺序，在正常的情况下，应坚持先准备后施工、先深后浅、先土建后安装、先验收后交工等施工工序。

（3）检查施工工序的条件，即每道工序投入的材料、使用的工具和设备及操作工艺和环境条件是否符合施工组织设计的要求。

（4）检查施工工序中人员操作程序、操作质量是否符合质量规程的要求。

（5）检查施工工序中间产品的质量，即施工工序质量和分项工程质量。

（6）对施工工序质量符合要求的中间产品（分项工程）及时进行工序验收或隐蔽工程验收。

（7）工序验收质量合格后方可进入下道工序施工。工序未经验收合格，不得进入下道工序施工。

3. 施工工序控制的检验

施工过程中对施工工序的质量控制，应在施工单位自检的基础上，在现场对施工工序质量进行检验，以判断工序活动的质量效果是否符合质量标准的要求。

（1）抽样。

对工序抽取规定数量的样品，或者确定符合规定数量的检测点。

（2）实测。

采用必要的检测设备和手段，对抽取的样品或确定的检测点进行检测，测定其质量性能指标或质量性能状况。

（3）分析。

对检验所得的数据，用统计方法进行分析、整理，发现其遵循的变化规律。

（4）判断。

根据对数据分析的结果，经与质量标准或规定对比，判断该施工工序的质量是否达到规定的质量标准要求。

（5）处理。

根据抽样检测的结论，如果符合规定的质量标准要求，则可对该工序的质量予以确认；如果通过判断，发现该工序的质量不符合规定的质量标准要求，则应进一步分析产生偏差的原因，并采取相应的措施进行纠正。

（三）竣工验收阶段的质量控制

竣工验收阶段的质量控制包括最终质量检验和试验、技术资料的整理、质量缺陷纠正与处理、工程竣工验收文件的编制和移交准备、产品防护和撤场计划等。这个阶段主要的质量控制有以下要求。

1. 最终质量检验和试验

建筑工程项目最终检验和试验是指对单位工程质量进行的验证，是对建筑工程产品质量的最后把关，是全面考核产品质量是否满足质量控制计划预期要求的重要手段。最终检验和试验提供的结果是证明产品符合性的证据，如各种质量合格证书、材料试验检验单、隐蔽工程记录、施工记录和验收记录等。

2. 质量缺陷纠正与处理

施工阶段出现的所有质量缺陷，应及时予以纠正，并在纠正后要再次验证，以证明其纠正的有效性。其处理方案包括修补处理、返工处理、限制使用和不做处理等。

3. 工程竣工验收文件的编制和移交准备

组织有关专业人员按合同要求，编制工程竣工文件，整理竣工资料及档案，并做好工程移交准备。

4. 产品防护

在最终检验和试验合格后，对产品采取防护措施，防止部件丢失和损坏。

5. 撤场计划

工程验收通过后，项目部应编制符合文明施工和环境保护要求的撤场计划，及时拆除、运走多余物资，按照项目规划要求恢复或平整场地，做到符合质量要求的项目整体移交。

（四）施工成品的质量保护

在施工阶段，由于工序和工程进度的不同，有些分项、分部工程可能已经完成，而其他工程尚在施工，或者有些部位已经完工，其他部位还在施工，因此这一阶段需特别重视对施工成品的质量保护问题。

1. 树立施工成品质量保护的观念

施工阶段的成品保护问题，应属于施工质量控制的范围，因此需要全员树立施工成品质量保护的观念，尊重他人和自己的劳动成果，施工操作中珍惜已完成和部分完成的成品，把这种保护变成施工过程中的一种自觉行为。

2. 施工成品的保护措施

根据需要保护的施工成品的特点和要求，首先在施工顺序上给予充分合理的安排，按正确的施工流程组织施工，在此基础上，可采取以下保护措施。

（1）防护。

防护是指针对具体的施工成品，采取各种保护措施，以防止成品可能发生的损伤和质量侵害。例如：对出入口的台阶可采取垫砖或方木搭设防护踏板以供临时通行；对于门口易碰的部位钉上防护条或者槽型盖铁保护等。

（2）包裹。

包裹是指对欲保护的施工成品采取临时外包装进行保护的办法。例如，对镶面的饰材可用立板包裹或保留好原包装；对铝合金门窗采用塑料布包裹等。

（3）覆盖。

覆盖是指采用其他材料覆盖在需要保护的成品表面，起到防堵塞、防损伤的作用。例如，预制水磨石、大理石楼梯应用木板、加气板等覆盖，以防操作人员踩踏和物体磕碰；水泥地面、现浇水磨石地面，应铺干锯末保护；落水口、排水管应加以覆盖，以防堵塞；对其他一些需防晒、防冻、保温养护的成品也要加以覆盖，做好保护工作。

（4）封闭。

封闭是指对施工成品采取局部临时性隔离保护的办法。例如，房间水泥地面或木地板油漆完成后，应将该房间暂时封闭；屋面防水完成后，需封闭进入该屋面的楼梯口或出入口等。

第五节　建筑工程项目质量验收

一、施工过程质量验收

建筑工程项目质量验收是对已完工的工程实体的外观质量及内在质量按规定程序检查后，确认其是否符合设计及各项验收标准的要求、可交付使用的一个重要环节，正确地进行建筑工程项目质量的检查评定和验收，是保证工程质量的重要手段。

> **知识拓展**
>
> 鉴于工程施工规模较大、专业分工较多、技术安全要求较高等特点，国家相关行政管理部门对各类工程项目的质量验收标准制定了相应的规范，以保证工程验收的质量，工程验收应严格执行规范的要求和标准。

（一）施工质量验收的概念

建筑工程项目质量的评定验收，是对建筑工程项目整体而言的。建筑工程项目质量的等级，分为"合格"和"优良"，凡不合格的项目不予验收；凡验收通过的项目，必有等级的评定。因此，对建筑工程项目整体的质量验收，可称为建筑工程项目质量的评定验收，或简称工程质量验收。

工程质量验收可分为过程验收和竣工验收两种。过程验收可分为两种类型：①按项目阶段划分，如勘察设计质量验收、施工质量验收。②按项目构成划分，如单位工程、分部工程、分项工程和检验批四种层次的验收。其中，检验批是指施工过程中条件相同并含有一定数量材料、构配件或安装项目的施工内容，由于其质量基本均匀一致，因此可作为检验的基础单位，并按批验收。

与检验批有关的另一个概念是主控项目和一般检验项目。其中，主控项目是指对检验批的基本质量起决定性影响的检验项目；一般项目检验是除主控项目以外的其他检验项目。

> 施工质量验收是指对已完工的工程实体的外观质量及内在质量按规定程序检查后，确认其是否符合设计及各项验收标准要求的质量控制过程，也是确认是否可交付使用的一个重要环节。正确地进行工程施工质量的检查、评定和验收，是保证建筑工程项目质量的重要手段。

施工质量验收属于过程验收，其程序包括以下几点。

（1）施工过程中隐蔽工程在隐蔽前通知建设单位（或工程监理）进行验收，并形成验收文件。

（2）分部、分项施工完成后应在施工单位自行验收合格后，通知建设单位（或工程监理）验收，重要的分部、分项施工应请设计单位参加验收。

（3）单位工程完工后，施工单位应自行组织检查、评定，符合验收标准后，向建设单位提交验收申请。

（4）建设单位收到验收申请后，应组织施工、勘察、设计、监理单位等方面人员进行单位工程验收，明确验收结果，并形成验收报告。

（5）按国家现行管理制度，房屋建筑工程及市政基础设施工程验收合格后，还需在规定时间内，将验收文件报政府管理部门备案。

（二）施工过程质量验收的内容

施工过程的质量验收包括以下验收内容，通过验收留下完整的质量验收记录和资料，为工程项目竣工质量验收提供依据。

1. 检验批质量验收

所谓检验批是指按同一生产条件或按规定的方式汇总起来供检验用的、由一定数量样本组成的检验体，检验批可根据施工及质量控制和专业验收需要按楼层、施工段、变形缝等进行划分。检验批质量验收的一般规定如下。

（1）检验批应由监理工程师（或建设单位项目技术负责人）组织施工单位项目专业质量（技术）负责人等进行验收。

（2）检验批合格质量应符合下列规定：①主控项目和一般项目的质量经抽样检验合格。主控项目是指对安全、卫生、环境保护和公众利益起决定性作用的检验项目。因此，主控项目的验收必须从严要求，不允许有不符合要求的检验结果，主控项目的检查具有否决权。除主控项目以外的检验项目称为一般项目。②具有完整的施工操作依据、质量检查记录。

2. 分项工程质量验收

分项工程应按主要工种、材料、施工工艺、设备类别等进行划分。分项工程可由一个或若干检验批组成。

（1）分项工程应由监理工程师（或建设单位项目技术负责人）组织施工单位项目专业质量（技术）负责人进行验收。

（2）分项工程质量验收合格应符合下列规定：①分项工程所含的检验批均应符合合格质量的规定；②分项工程所含的检验批的质量验收记录应完整。

3. 分部工程质量验收

当分部工程较大或较复杂时，可按材料种类、施工特点、施工程序、专业系统及类别等分为若干子分部工程。

（1）分部工程应由总监理工程师（或建设单位项目负责人）组织施工单位项目负责人和技术、质量负责人等进行验收；地基与基础、主体结构分部工程的勘察、设计单位工程项目负责人和施工单位技术、质量部门负责人也应参加相关分部工程验收。

（2）分部（子分部）工程质量验收合格应符合下列规定：①所含分项工程的质量均应验收合格；②质量控制资料应完整；③地基与基础、主体结构和设备安装等分部工程有关安全及功能的检验和抽样检测结果应符合有关规定；④观感质量验收应符合要求。

4. 单位工程质量验收

单位工程是工程项目竣工质量验收的基本对象，单位工程竣工后先由施工单位自行组织有关人员进行检查、评定，自检合格后向建设单位提交工程验收报告，再由建设单位负责人组织施工、设计、监理等单位负责人进行验收，验收合格后，建设单位应在规定时间内将工程竣工验收报告和有关文件资料等，报建设行政部门备案。单位工程质量验收合格有如下标准。

（1）单位（子单位）工程所含分部（子分部）工程的质量均应验收合格。

（2）质量控制资料应完整。

（3）单位（子单位）工程所含分部工程有关安全和功能的检验资料应完整。

（4）主要功能项目的抽查结果应符合相关专业质量验收规范的规定。

（5）观感质量验收应符合要求。

二、工程项目竣工质量验收

（一）工程项目竣工质量验收的要求

工程项目竣工质量验收是工程项目投入使用前的最后一次验收，其重要性不言而喻。应按下列要求进行竣工质量验收。

（1）工程施工质量应符合各类工程质量统一验收标准和相关专业验收规范的规定。

（2）工程施工质量应符合工程勘察、设计文件的要求。

（3）参加工程施工质量验收的各方人员应具备规定的资格。

（4）工程施工质量的验收均应在施工单位自行检查、评定的基础上进行。

（5）隐蔽工程在隐蔽前应由施工单位通知有关单位进行验收，并应形成验收文件。

（6）涉及结构安全的试块、试件以及有关材料，应按规定进行见证取样检测。

（7）检验批的质量应按主控项目、一般项目验收。

（8）对涉及结构安全和功能的重要分部工程应进行抽样检测。

（9）承担见证取样检测及有关结构安全检测的单位应具有相应资质。

（10）工程的观感质量应由验收人员通过现场检查共同确认。

（二）工程项目竣工质量验收的程序

承发包人之间所进行的建筑工程项目竣工验收，通常分为竣工验收准备、预验收和正式竣工验收 3 个环节进行。整个验收过程涉及建设单位、设计单位、监理单位及施工总分包各方的工作，必须按照建筑工程项目质量控制系统的职能分工，以监理工程师为核心进行竣工验收的组织协调。

1. 竣工验收准备

施工单位按照合同规定的施工范围和质量标准完成施工任务后，经质量自检并合格后，向现场监理机构（或建设单位）提交工程项目竣工申请报告，要求组织工程项目竣工验收。施工单位的竣工验收准备，包括工程实体的验收准备和相关工程档案资料的验收准备，使之达到竣工验收的要求，其中设备及管道安装工程等，应经过试压、试车和系统联动试运行，具备相应的检查记录。

2. 竣工预验收

监理机构收到施工单位的工程项目竣工申请报告后，应就验收的准备情况和验收条件进行检查。

对工程实体质量及档案资料存在的缺陷，及时提出整改意见，并与施工单位协商整改清单，确定整改要求和完成时间。竣工预验收应具备下列条件。

（1）完成工程设计和合同约定的各项内容。

（2）有完整的技术档案和施工管理资料。

（3）有工程使用的主要建筑材料、构配件和设备的进场试验报告。

（4）有工程勘察、设计、施工、工程监理等单位分别签署的质量合格文件。

（5）有施工单位签署的工程保修书。

3. 正式竣工验收

当竣工预验收检查结果符合竣工验收要求时，监理工程师应将施工单位的竣工申请报告报送建设单位，着手组织勘察、设计、施工、监理等单位和其他方面的专家组成竣工验收小组并制定验收方案。

建设单位应在工程竣工验收前1个工作日将验收时间、地点、验收组名单通知该工程的工程质量监督机构，建设单位组织竣工验收会议。正式竣工验收过程的主要工作如下。

（1）建设、勘察、设计、施工、监理单位分别汇报工程合同履约情况及工程施工各环节是否满足设计要求，质量是否符合法律、法规和强制性标准。

（2）检查审核设计、勘察、施工、监理单位的工程档案资料及质量验收资料。

（3）实地检查工程外观质量，对工程的使用功能进行抽查。

（4）对工程施工质量管理各环节工作、工程实体质量及质保资料进行全面评价，形成经验收组人员共同确认签署的工程竣工验收意见。

（5）竣工验收合格，建设单位应及时提出工程竣工验收报告。验收报告还应附有工程施工许可证、设计文件审查意见、质量检测功能性试验资料、工程质量保修书等法规所规定的其他文件。

（6）工程质量监督机构应对工程竣工验收工作进行监督。

三、工程竣工验收备案

我国实行工程竣工验收备案制度。新建、扩建和改建的各类房屋建筑工程和市政基础设施工程的竣工验收，均应按《建设工程质量管理条例》规定进行备案。

（1）建设单位应当自工程竣工验收合格之日起15日内，将工程竣工验收报告和规划以及公安消防、环保等部门出具的认可文件或准许使用文件，报建设行政主管部门或者其他相关部门备案。

（2）备案部门在收到备案文件资料后的15日内，对文件资料进行审查，符合要求的工程，在验收备案表上加盖"竣工验收备案专用章"，并将一份退回建设单位存档。如审查中发现建设单位在竣工验收过程中，有违反国家有关建设工程质量管理规定行为的，责令停止使用，重新组织竣工验收。

（3）建设单位有下列行为之一的，责令改正，处工程合同价款 2% 以上 4% 以下的罚款；造成损失的，依法承担赔偿责任：①未组织竣工验收，擅自交付使用的；②验收不合格，擅自交付使用的；③对不合格的建设工程按照合格工程验收的。

第六节　建筑工程项目质量的政府监督

为加强对建筑工程质量的管理，《建筑法》及《建设工程质量管理条例》中明确了政府行政主管部门设立专门机构对工程质量行使监督职能，其目的是保证工程质量、保证工程的使用安全及环境质量。国务院建设行政主管部门对全国建设工程质量实行统一监督管理，国务院铁路、交通、水利等有关部门按照规定的职责分工，负责对全国有关专业建设工程质量的监督管理。

一、建筑工程项目质量的政府监督的职能

各级政府质量监督机构对工程质量监督的依据是国家、地方和各专业建设管理部门颁发的法律、法规及各类规范和强制性标准，其监督的职能包括以下两大方面。

（1）监督工程建设的各方主体（包括建设单位、施工单位、材料设备供应单位、设计勘察单位和监理单位等）的质量行为是否符合国家法律、法规及各项制度的规定，以及查处违法违规行为和质量事故。

（2）监督检查工程实体的施工质量，尤其是地基基础、主体结构、专业设备安装等涉及结构安全和使用功能的施工质量。

二、建筑工程项目质量的政府监督的内容

政府对建筑工程质量的监督管理以施工许可制度和竣工验收备案制度为主要手段。

（一）受理质量监督申报

在建筑工程项目开工前，政府质量监督机构在受理工程质量监督的申报手续时，对建设单位提供的文件资料进行审查，审查合格签发有关质量监督文件。

（二）开工前的质量监督

开工前，召集项目参与各方参加首次的监督会议，公布监督方案，提出监督要求，并进行第一次监督检查。监督检查的主要内容为建筑工程项目质量控制系统及各施工方的质量保证体系是否已经建立，以及完善的程度。具体内容如下。

（1）检查项目各施工方的质量保证体系，包括组织机构、质量控制方案及质量责任制等制度。

（2）审查施工组织设计、监理规划等文件及审批手续。

（3）检查项目各参与方的营业执照、资质证书及有关人员的资格证书。

（4）检查的结果记录保存。

（三）施工期间的质量监督

（1）在建筑工程项目施工期间，质量监督机构按照监督方案对建筑工程项目施工情况

进行不定期的检查。其中，在基础和结构阶段每月安排监督检查，具体检查内容为：工程参与各方的质量行为及质量责任制的履行情况、工程实体质量、质保资料的状况等。

（2）对建筑工程项目结构主要部位（如桩基、基础、主体结构等）除了常规检查外，还应在分部工程验收时，要求建设单位组织施工、设计、监理分别签字验收，并将质量验收证明在验收后3天内报监督机构备案。

（3）对施工过程中发生的质量问题、质量事故进行查处。根据质量检查状况，对查实的问题签发"质量问题整改通知单"或"局部暂停施工指令单"，对问题严重的单位也可根据问题情况发出"临时收缴资质证书通知书"等处理意见。

（四）竣工阶段的质量监督

政府工程质量监督机构按规定对工程竣工验收备案工作实施监督。

（1）做好竣工验收前的质量复查。对质量监督检查中提出质量问题的整改情况进行复查，了解其整改情况。

（2）参与竣工验收会议，对竣工工程的质量验收程序、验收组织与方法、验收过程等进行监督。

（3）编制单位工程质量监督报告，作为竣工验收资料的组成部分提交竣工验收备案部门。

（4）建立工程质量监督档案。工程质量监督档案按单位工程建立；要求归档及时，须资料记录等各类文件齐全，经监督机构负责人签字后归档，并按规定年限保存。

第七节　施工企业质量管理体系标准

一、质量管理体系八项原则

ISO 9000标准是国际标准化组织（ISO）制定的国际质量管理标准和指南，是迄今为止应用较广泛的ISO标准。在总结优秀质量管理实践经验的基础上，ISO 9000标准提出了八项质量管理原则，明确了一个组织在实施质量管理中必须遵循的原则，这八项质量管理原则如下。

（一）以顾客为关注焦点

组织依存于顾客。因此，组织应当理解顾客当前和未来的需求，以满足顾客的要求并争取超越顾客的期望。组织在贯彻这一原则时应采取的措施包括：通过市场调查研究或访问顾客等方式，准确详细地了解顾客当前或未来的需要和期望，并将其作为设计开发和质量改进的依据；将顾客和其他利益相关方的需要和愿望按照规定的渠道和方法，在组织内部完整而准确地传递和沟通；组织在设计开发和生产经营过程中，按规定的方法测定顾客的满意程度，以便针对顾客的不满意因素采取相应的措施。

（二）领导作用

领导者确立组织统一的宗旨及方向。他们应当创造并保持使员工能充分参与实现组织目标的内部环境。领导的作用是指最高管理者具有决策和领导一个组织的作用，为全体员工实现组织的目标创造良好的工作环境，最高管理者应建立质量方针和质量目标，以体现组织总的质量宗旨和方向，以及在质量方面所追求的目的。领导者应时刻关注组织经营的国内外环境，制定组织的发展战略，规划组织的蓝图。质量方针应随着环境的变化而变化，并与组织的宗旨相一致。最高管理者应将质量方针和目标传达落实到组织的各职能部门和相关层次，让全体员工理解和执行。

（三）全员参与

各级人员是组织之本，只有他们的充分参与，才能使他们的才干为组织带来收益。员工是每个组织的基础，人是生产力中最活跃的因素。组织的成功不仅取决于正确的领导，还有赖于全体人员的积极参与，所以应赋予各部门、各岗位人员应有的职责和权限，为全体员工创造一个良好的工作环境，激励他们的积极性和创造性。

> **知识拓展**
>
> 通过教育和培训增长他们的才干和能力，发挥员工的革新和创新精神，共享知识和经验，积极寻求增长知识和经验的机遇，为员工的成长和发展创造良好的条件，这样才能给组织带来最大的收益。

（四）过程方法

将活动和相关的资源作为过程进行管理，可以更高效地得到预期的目的。建筑工程项目的实施可以作为一个过程来实施管理，过程是指将输入转化为输出所使用的各项活动的系统。过程的目的是提高价值，因此在开展质量管理各项活动中应采用过程的方法实施控制，确保每个过程的质量，并按确定的工作步骤和活动顺序建立工作流程、培训需求，所需的设备、材料和控制措施及方法，以及所需的信息和其他资源等。

（五）管理的系统方法

将相互关联的过程作为系统加以识别、理解和管理，有助于组织提高实现目标的有效性和效率。管理的系统方法包括确定顾客的需求和期望、建立组织的质量方针和目标、确定过程及过程的相互关系和作用、明确职责和资源需求、建立过程有效性的测量方法并用以测量现行过程的有效性、防止不合格、寻找改进机会、确立改进方向、实施改进、监控改进效果、评价结果、评审改进措施和确定后续措施等。这种建立和实施质量管理体系的方法，既可建立新体系，也可用于改进现行的体系。这种方法不仅可提高过程能力及项目质量，还可为持续改进打好基础，最终使顾客满意和使组织获得成功。

（六）持续改进

持续改进整体业绩应当是组织的一个永恒目标。持续改进是一个组织积极寻找改进机会、努力提高有效性和效率的重要手段，通过确保不断增强组织的竞争力，使顾客满意。

（七）基于事实的决策方法

有效的决策是建立在对数据和信息进行合乎逻辑和直观的分析基础上。决策是通过调查和分析，确定项目质量目标并提出实现目标的方案，对可供选择的若干方案进行优选后做出抉择的过程，项目组织在工程实施的各项管理活动过程中都需要做出决策。能否对各个过程做出正确的决策，将会影响组织的有效性和效率，甚至关系到项目的成败。所以，有效的决策必须以充分的数据和真实的信息为基础。

（八）与供方互利的关系

组织与供方是相互依存的，互利的关系可增强双方创造价值的能力。供方提供的材料、设备和半成品等对于项目组织能否向顾客提供满意的最终产品，可以产生重要的影响。因此，把供方、协作方和合作方等都看成项目组织同盟中的利益相关者，并使之形成共同的竞争优势，可以优化成本和资源，使项目主体和供方实现双赢的目标。

二、企业质量管理体系文件的构成

（1）企业质量管理体系文件的构成包括：质量方针和质量目标，质量手册，各种生产、工作和管理的程序性文件以及质量记录。

（2）质量手册的内容一般包括：企业的质量方针、质量目标；组织机构及质量职责；体系要素或基本控制程序；质量手册的评审、修改和控制的管理办法。质量手册作为企业质量管理系统的纲领性文件应具备指令性、系统性、协调性、先进性、可行性和可检查性。

（3）企业质量管理体系工作和管理的程序文件是质量手册的支持性文件，它包括6个方面的通用程序：文件控制程序、质量记录管理程序、内部审核程序、不合格品控制程序、纠正措施控制程序、预防措施控制程序等。

（4）质量记录是产品质量水平和质量体系中各项质量活动进行及结果的客观反映。质量记录应具有可追溯性。

三、企业质量管理体系的建立和运行

（一）企业质量管理体系的建立

（1）企业质量管理体系的建立，是在确定市场及顾客需求的前提下，按照八项质量管理原则制定企业的质量方针、质量目标、质量手册、程序性文件及质量记录等体系文件，并将质量目标分解落实到相关层次、相关岗位的职能和职责中，形成企业质量管理体系的执行系统。

（2）企业质量管理体系的建立还包含组织企业不同层次的员工进行培训，使体系的工作内容和执行要求被员工所了解，为形成全员参与的企业质量管理体系的运行创造条件。

（3）企业质量管理体系的建立需识别并提供实现质量目标和持续改进所需的资源，包括人员、基础设施、环境、信息等。

（二）企业质量管理体系的运行

（1）按企业质量管理体系文件所制定的程序、标准、工作要求及目标分解的岗位职责进行运作。

（2）按各类体系文件的要求，监视、测量和分析过程的有效性和效率，做好文件规定的质量记录。

（3）按文件规定的办法进行质量管理评审和考核。

（4）落实企业质量管理体系的内部审核程序，有组织、有计划地开展内部质量审核活动，其主要目的是：①评价质量管理程序的执行情况及适用性；②揭露过程中存在的问题，为质量改进提供依据；③检查企业质量管理体系运行的信息；④向外部审核单位提供体系有效的证据。

四、企业质量管理体系的认证、维持与监督

（一）企业质量管理体系认证的意义

质量认证制度是由公正的第三方认证机构对企业的产品及质量体系做出正确可靠的评

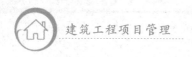

价，其意义如下。

1. 提高供方企业的质量信誉

获得质量管理体系认证通过的企业，证明建立了有效的质量保障机制，因此可以获得市场的广泛认可，即可以提升企业组织的质量信誉。实际上，质量管理体系对企业的信誉和产品的质量水平都起着重要的保障作用。

2. 促进企业完善质量管理体系

企业质量管理体系实行认证制度，既能帮助企业建立有效、适用的质量管理体系，又能促使企业不断改进、完善自己的质量管理制度，以获得认证的通过。

3. 增强国际市场竞争能力

企业质量管理体系认证属于国际质量认证的统一标准，在经济全球化的今天，我国企业要参与国际竞争，就应采取国际标准规范自己，与国际惯例接轨。只有这样，才能增强自身的国际市场竞争力。

4. 减少社会重复检验和检查费用

从政府角度，引导组织加强内部质量管理，通过质量管理体系认证，可以避免因重复检查与评定而给社会造成的浪费。

5. 有利于保护消费者的利益

企业质量管理体系认证能帮助用户和消费者鉴别组织的质量保证能力，确保消费者买到优质、满意的产品，达到保护消费者利益的目的。

（二）企业质量管理体系认证的程序

1. 申请和受理

具有法人资格，申请单位须按要求填写申请书，接受或不接受均发出书面通知书。

2. 审核

审核包括文件审查、现场审核，并提出审核报告。

3. 审批与注册发证

符合标准者批准并予以注册，发放认证证书。

（三）获准认证后的维持与监督管理

企业质量管理体系获准认证的有效期为 3 年。获准认证后的质量管理体系的维持与监督管理内容如下。

（1）企业通报：认证合格的企业质量管理体系在运行中出现较大变化时，需向认证机构通报。

（2）监督检查：包括定期和不定期的监督检查。

（3）认证注销：注销是企业的自愿行为。

（4）认证暂停：认证暂停期间，企业不得用质量管理体系认证证书做宣传。

（5）认证撤销：撤销认证的企业 1 年后可重新提出认证申请。

（6）复评：认证合格有效期满前，如企业愿继续延长，可向认证机构提出复评申请。

（7）重新换证：在认证证书有效期内，出现体系认证标准变更、体系认证范围变更、体系认证证书持有者变更，可按规定重新换证。

第七章　建筑工程项目招投标与合同管理

第一节　建筑工程项目招投标概述

一、建筑工程项目招投标简介

（一）建筑工程招标、投标

招标、投标是市场经济的一种交易方式，通常用于大宗的商品交易。其特点是由唯一的买主（或卖主）设定标的，招请若干卖主（或买主）通过报价进行竞争，从中选择优胜者与之达成交易协议，随后按协议实现标的。"标"或"标的"是指招标单位标明的项目内容、条件、工程量、质量、工期、规模、标准及价格等。

> **知识拓展**
>
> 建筑工程招标是指由建筑工程招标人将建筑工程的内容和要求以文件形式标明，招引项目承包单位来报价，经比较选择理想承包单位并达成协议的活动。建筑工程投标是指承包商向招标单位提出承包该建筑工程项目的建筑方案、价格等，供招标单位选择以获得承包权的活动。

（二）实行建筑工程招标、投标制度的作用

实行建筑工程招标、投标制度的作用有：有利于打破垄断，开展竞争；促进建设单位做好工程前期工作；有利于节约造价；有利于缩短工期；有利于保证质量；有利于管理体系的法律化。

（三）建筑工程项目招标内容

建筑工程项目招标可以是全过程的招标，其工作内容包括设计、施工和使用后的维修；也可以是阶段性的招标，如设计、施工、材料供应等。

（四）建筑工程项目招投标的特点

建筑工程项目招投标有如下特点。

（1）建筑工程招投标是在国家宏观计划指导和政府监督下的竞争。

（2）投标是在平等互利的基础上的竞争。

（3）竞争目的是相互促进、共同提高，竞争并不排斥互助联合、联合寓于竞争之中。

（4）对投标人的资格审查避免了不合格的承包商参与承包。

（五）建筑工程项目招投标中政府的职能

（1）监督工程施工是否经过招投标程序签订合同。

（2）招标前的监督：是否具备自行招标的条件；招标前的备案：发布招标公告或者发出投标邀请书的 5 日前应向工程所在地县级及以上地方人民政府建设行政主管部门或受其委托的建设工程招投标监督管理机构备案，并报送相关资料。

（3）公开招标应在有形建筑市场中进行。

（4）招标文件备案。招标人在发出招标文件的同时，应将招标文件报工程所在地县级及以上地方人民政府建设行政主管部门备案。

（5）招标结果备案。招标人应在中标人确定之日起 15 日内，向工程所在地县级及以上地方人民政府建设行政主管部门提交招投标情况的书面报告。其内容包括建筑工程招标投标的基本情况、相关资料。

（6）对重新进行建筑工程招标的审查备案。当发生以下情况时，招标人可以宣布本次招标无效，依法重新招标：提交文件的投标人少于 3 位；经评标委员会评审，所有投标文件被否决。

（六）必须招标的建筑工程项目

1. 建筑工程项目招标范围

在中华人民共和国境内进行下列工程建筑项目（包括项目的勘察、设计、施工、监理以及与工程建设有关的重要设备、材料等的采购），必须进行招标。

（1）大型基础设施、公用事业等关系社会公共利益、公共安全的项目。

（2）全部或者部分使用国有资金投资或者国家融资的项目。

（3）使用国际组织或者外国政府投资贷款、援助资金的项目。

2. 建筑工程项目招标规模标准

《工程建设项目招标范围和规模标准规定》规定的各类建筑工程项目，包括项目的勘察、设计、施工、监理以及与工程建设有关的重要设备、材料等采购，达到下列标准之一的，必须进行招标。

（1）施工单项合同估算价在 200 万元人民币以上的。

（2）重要设备、材料等货物的采购，单项合同估算价在 100 万元人民币以上的。

（3）勘察、设计、监理等服务的采购，单项合同估算价在 50 万元人民币以上的。

（4）单项合同估算价低于第（1）、（2）、（3）项规定的标准，但项目投资总额在 3 000 万元人民币以上的。

（七）建筑工程项目招标的基本条件

1. 建筑工程项目招标条件

（1）建设项目已列入政府的年度固定资产投资计划。

（2）已向建设工程招投标管理机构办理报建登记。

（3）有批准的概算、建设资金已经落实。

（4）建筑占地使用权依法确定。

（5）招标文件经过审批。

（6）其他条件。

建筑工程项目招标的内容不同，招标条件有相应的变化，有各自的特点。

2. 建筑工程项目招标人条件

（1）具有法人资格或是依法成立的其他经济组织。

（2）具有与招标工作相应的经济、技术、管理人员。

（3）具有组织编写招标文件、审查投标单位资质的能力。

（4）熟悉和掌握招投标法及有关法律和规章制度。

（5）有组织开标、评标、定标的能力。

（八）招投标活动的基本原则

1. 公开原则

招投标活动的公开原则，首先要求招投标活动的信息要公开。采用公开招标方式，应当发布招标公告；依法必须进行招标的项目招标公告，必须通过国家指定的报刊、信息网络或者其他公共媒介发布。无论是招标公告、资质预审公告，还是投标邀请书，都应当载明能大体满足潜在投标人决定是否参加投标竞争所需要的信息。另外，开标的程序、评标的标准和程序、中标的结果等都应当公开。

2. 公平原则

招投标活动的公平原则，要求招标人严格按照规定的条件和程序办事，同等地对待每一个投标竞争者，不得对不同的投标竞争者采用不同的标准。招标人不得以任何方式限制或者排斥本地区、本系统以外的法人或者其他组织参加投标。

3. 公正原则

在招投标活动中招标人行为应当公正，对所有的投标竞争者都应平等对待，不能有特殊。特别是在评标时，评标标准应当明确、严格，对所有在投标截止日期以后送到的投标书都应拒收，与投标人有利害关系的人员都不得作为评标委员会的成员。

> **知识拓展**
>
> 招标人和投标人双方在招投标活动中的地位平等，任何一方不得向另一方提出不合理的要求，不得将自己的意志强加给对方。

4. 诚实信用原则

诚实信用是民事活动的一项原则，招投标活动是以订立采购合同为目的的民事活动，当然也适用这一原则。诚实信用原则要求招投标各方应诚实守信，不得有欺骗、背信的行为。

（九）建筑工程项目招标方式

1. 公开招标

公开招标，又叫无限竞争性招标，是指招标人以招标公告的方式邀请不特定的法人或者其他组织投标。其即招标人在指定的报刊、电子网络或其他媒体上发布招标公告，吸引众多的单位参加投标竞争，招标人从中择优选择中标单位的招标方式。

（1）公开招标的优点。

公开招标可以广泛地吸引投标人，投标单位的数量不受限制，凡通过资格预审的单位都可参加投标；公开招标的透明度高，能赢得投标人的信赖，而且招标单位有较大的选择范围，可在众多的投标单位之间选择报价合理、工期较短，信誉良好的承包者；公开招标体现了公平竞争，打破了垄断，能促使承包者努力提高工程质量，缩短工期和降低成本。

（2）公开招标的缺点。

公开招标的投标单位多，招标单位审查投标人资格及投标文件的工作量大，付出的时间多，且为准备招标文件也要支付许多费用。由于参加竞争的投标人多，而投标费用开支大，投标人为避免这种风险，必然将投标的费用反映到标价上，最终还是由建设单位负担。

2. 邀请招标

邀请招标，也称有限竞争性招标，是指招标人以投标邀请书的方式邀请特定的法人或者其他组织投标。其即由招标人根据承包者资信和业绩，选择一定数目的法人或其他组织，向其发出投标邀请书，邀请它们参加投标竞争。

《招标投标法》规定，招标人采用邀请招标方式的，应当向 3 个以上具备承担招标项目的能力、资信良好的特定法人或者其他组织发出投标邀请书。

知识拓展

采用邀请招标是为了克服公开招标的缺陷，防止串通投标。通过这种方式，业主可以选择经验丰富、信誉可靠、有实力、有能力的承包者完成自己的项目。采用邀请招标方式，由于被邀请参加竞争的投标人数有限，可以节省招标费用和时间，提高投标单位的中标概率，降低标价，所以这种方式在一定程度上对招投标双方都是有利的。当然，邀请招标也有其不利之处。这就是由于竞争的对手少，招标人获得的报价可能并不十分理想，而且由于招标人视野的局限性，在邀请时可能漏掉一些在技术、报价上有竞争能力的承包者。

3. 公开招标与邀请招标的主要区别

（1）发布信息的方式不同。

公开招标通过招标公告发布信息，邀请招标通过投标邀请书发布信息。

（2）竞争强弱不同。

公开招标竞争性极强，邀请招标竞争性较弱。

（3）时间和费用不同。

公开招标用时长、费用高；邀请招标用时较短、费用较低。

（4）公开程度不同。

公开招标透明度高，邀请招标的公开程度相对较低。

（5）招标程序不同。

公开招标进行资格预审，邀请招标不进行资格预审。

（6）适用条件不同。

邀请招标一般用于工程规模不大或专业性较强的工程。

（十）建筑工程项目招投标程序

招投标要遵循一定的程序，招投标过程按工作特点不同，可划分成 3 个阶段。

1. 招标准备阶段

在这个阶段，建设单位要组建招标机构（或委托招标代理机构），决定招标方式和工程承包方式，编制招标文件，并向有关工程主管部门申请批准；对投标单位来说，主要是对招标信息的调研，决定是否投标。

2. 招标、投标阶段

在这个阶段，对于招标单位来说，其主要过程包括发布招标信息（招标公告或投标邀请书）、对投标者进行资格预审、确定投标单位名单、发售招标文件、组织现场勘察、解答标书疑问、发送补充资料、接收投标文件。对投标单位来说，其主要任务包括索取资格预审文件、填报资格审查文件、确认投标意见、购买招标文件、研究招标文件、参加现场勘察、提出质疑问题、参加标前会议、确定投标策略、编制投标文件并送达。

3. 决标成交阶段

在这个阶段，招标单位要开标、初评标书、澄清问题并得出评标报告、进行决标谈判、决标、发中标通知书、签订合同；投标单位要参加开标会议、解答有关问题、与招标单位谈判、准备履约保证，最后签订中标合同。

建筑工程项目招标投标程序如图 7-1 所示。

二、建筑工程施工招标

（一）建筑工程施工招标的主要工作

建筑工程施工招标的主要工作一般都应包括招标准备、招标、决标成交 3 个阶段的工作。

1. 招标准备阶段的主要工作

（1）建设单位向建设行政主管部门提出招标申请。

（2）组建招标机构。

（3）确定发包内容、合同类型、招标方式。

（4）准备招标文件：招标广告、资格预审文件及申请表、招标文件。

2. 招标阶段的主要工作

（1）编制招标控制价、报主管部门审批。

（2）邀请承包商投标：发布资格预审公告，编制并发出资格预审文件。

（3）资格预审：分析资格预审材料、发出资格预审合格通知书。

（4）发售招标文件。

（5）组织现场勘察。

（6）对招标文件进行澄清和补遗。

（7）接受投标人提问并以函件或会议纪要方式答复。

（8）接收投标书：记录接收投标书的时间，保护有效期内的投标书。

3. 决标成交阶段的主要工作

（1）开标。

（2）评标。初评投标书，要求投标人提交澄清文件，召开评标会议，编写评标报告，做出授标决定。

（3）授标。发出中标通知书，进行合同谈判，签订合同，退回未中标人的投标保函，发布开工令。

（4）招标结果备案。

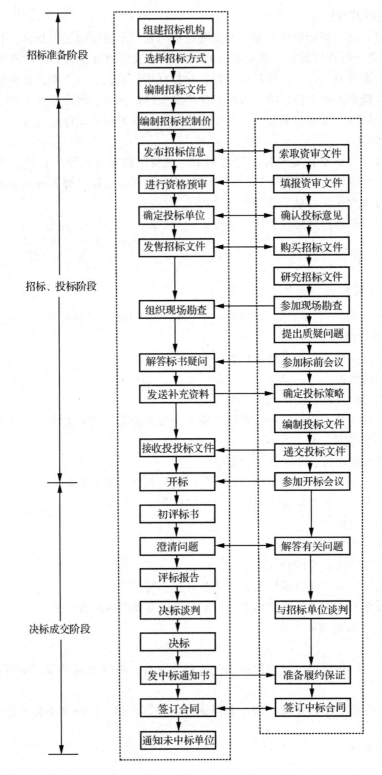

图 7-1 建筑工程项目招标投标程序

（二）施工招标文件

1. 施工招标文件的内容

招标文件是投标人编制投标书的依据，应参照"招标文件范本"编写招标文件。招标文件内容包括：投标须知（包括前附表、总则、投标文件的编制与递交、开标与评标、授予合同等）；合同条件；合同格式（包括合同协议书格式、银行履约保函格式）；技术规范；图纸和技术资料；投标文件格式；采用工程量清单计价的，提供工程量清单。

2. 施工招标文件编制要求

招标文件是编制投标文件的重要依据，是评标的依据，是签订承发包合同的基础，是双方履约的依据。招标文件应包括以下内容。

（1）投标人必须遵守的规定、要求、评标标准和程序。

（2）投标文件中必须按规定填报的各种文件、资料格式，包括投标书格式、资格审查表、工程量清单、投标保函格式及其他补充资料表等。

（3）中标人应办理文件的格式，如合同协议书格式、履约保函格式、动员预付款保函格式等。

（4）由招标人提出，构成合同的实质性内容。

（三）招标控制价

1. 招标控制价的概念及相关规定

招标控制价是招标人根据国家或省级行业建设主管部门颁发的有关计价依据和办法，按设计施工图纸计算的、对招标工程限定的最高工程造价，也可称其为拦标价、预算控制价或最高报价等。其编制有以下相关规定。

（1）国有资金投资的工程建设项目应实行工程量清单招标，并应编制招标控制价。这是因为：《中华人民共和国招标投标法》规定，国有资金投资的工程进行招标，招标人可以设标底。当招标人不设标底时，为有利于客观、合理地评审投标报价和避免哄抬标价，造成国有资产流失，招标人应编制招标控制价作为招标人能接受的最高交易价格。

（2）招标控制价超过批准的概算时，招标人应将其报原概算审批部门审核。这是由于我国对国有资金投资项目的投资控制实行的是投资概算审批制度，国有资金投资的工程原则上不能超过批准的投资概算。

（3）投标人的投标报价高于招标控制价的，其投标应予以拒绝。

（4）招标控制价应由具有编制能力的招标人或受其委托的、具有相应资质的工程造价咨询人编制。

（5）招标控制价应在招标文件中公布，不应上调或下浮，招标人应将招标控制价及有关资料报送工程所在地工程造价管理机构备查。

（6）投标人经复核认为招标人公布的招标控制价未按照《建设工程工程量清单计价规范》的规定进行编制的，应在开标前 5 日向招投标监督机构或（和）工程造价管理机构投诉。

2. 招标控制价的计价依据

（1）《建设工程工程量清单计价规范》（GB 50500—2013）。

（2）国家或省级、行业建设主管部门颁发的计价定额和计价办法。

（3）建设工程设计文件及相关资料。

（4）拟定的招标文件及招标工程量清单。

（5）与建设项目相关的标准、规范、技术资料。

（6）施工现场情况、工程特点及常规施工方案。

（7）工程造价管理机构发布的工程造价信息，当工程造价信息没有发布时，参照市场价。

（8）其他的相关资料。

3. 招标控制价的编制内容

招标控制价的编制内容包括：分部分项工程费、措施项目费、其他项目费、规费和税金，各个部分有不同的计价要求。

（1）分部分项工程费的编制要求。

分部分项工程费应根据招标文件中的分部分项工程量清单及有关要求，按《建设工程工程量清单计价规范》有关规定确定综合单价计价。这里所说的综合单价，是指完成一个规定计量单位的分部分项工程量清单项目（或措施清单项目）所需的人工费、材料费、施工机械使用费和企业管理费与利润，以及一定范围内的风险费用。

（2）措施项目费的编制要求。

措施项目费中的安全文明施工费应当按照国家或省级、行业建设主管部门的规定标准计价。

措施项目应按招标文件中提供的措施项目清单确定，措施项目采用分部分项工程综合单价形式进行计价的工程量，应按措施项目清单中的工程量，并按与分部分项工程工程量清单单价相同的方式确定综合单价；以"项"为单位的方式计价，依有关规定按综合价格计算，包括除规费和税金以外的全部费用。

（3）其他项目费的编制要求。

①暂列金额。暂列金额可根据工程的复杂程度、设计深度、工程环境条件（包括地质、气候条件等）进行估算，一般可以分部分项工程费的 $10\%\sim15\%$ 为参考。

②暂估价。暂估价中的材料单价应按照工程造价管理机构发布的工程造价信息中的材料单价计算，工程造价信息为发布的材料单价，其单价应参考市场价格估算；暂估价中的专业工程暂估价应分不同专业，按有关计价规定估算。

③计日工。在编制招标控制价时，对计日工中的工人单价和施工机械台班单价应按省级、行业建设主管部门或其授权的工程造价管理机构公布的单价计算；材料应按工程造价管理机构发布的工程造价信息中的材料单价计算。

④总承包服务费。总承包服务费应按照省级行业建设主管部门的规定计算。

（4）规费和税金的编制要求。

规费和税金必须按国家或省级、行业建设主管部门的规定计算。

三、建筑工程施工投标

（一）建筑工程施工投标的主要工作

建筑工程施工投标实施过程是从填写资格预审表开始，到将正式投标文件送交招标人为止所进行的全部工作，与招标实施过程实质上是一个过程的两个方面，它们的具体程序和步骤通常是互相衔接和对应的。投标实施的主要过程是：投标准备、分析招标文件并参加答疑、编制投标文件、投标文件的递交。

1. 投标准备

参与投标竞争是一件十分复杂并且充满风险的工作，因而承包者正式参加投标之前，要进行一系列的准备工作，只有准备工作做得充分和完备，投标的失误才会降到最低。投标准备主要包括投标信息调研、投标的组织、准备投标资料和填写资格预审表。

（1）投标信息调研。

投标信息的调研就是承包者对市场进行详细调查研究，广泛收集项目信息并进行认真分析，从而选择适合本单位投标的项目。其主要调查：项目的规模、性质，材料和设备来源、价格；当地气候条件和运输情况。

知识拓展

承包者通过以上准备工作，根据掌握的项目招标信息，并结合自己的实际情况和需要，确定是否参与资格预审。如果决定参与资格预审，则准备资格预审材料，开始进入下一步工作。

（2）投标的组织。

在招标投标活动中，投标人参加投标将面临一场竞争，不仅比报价的高低、技术方案的优劣，而且比人员、管理、经验、实力和信誉。因此，建立一个专业的、优秀的投标班子是投标获得成功的根本保证。

（3）准备投标资料。

要做到在较短时间内报出高质量的投标资料，特别是资格预审资料，平时要做好本单位在财务、人员、设备、经验、业绩等各方面原始资料的积累与整理工作，分门别类，并不断充实、更新，这也反映出单位信息管理的水平。参与投标经常用到的资料包括：营业执照，资质证书，单位主要成员名单及简历，法定代表人身份证明，委托代理人授权书，项目负责人的委任证书，主要技术人员的资格证书及简历，主要设备、仪器明细情况，质量保证体系情况、合作伙伴的资料、经验与业绩，经审计的财务报表。

（4）填写资格预审表。

资格预审表一般包括五大方面的内容：投标申请人概况、经验与信誉、财务能力、人员能力和设备。

资格预审文件的目的在于向愿意参加前期资格审查的投标人提供有关招标项目的介绍，并审查由投标人提供的与能否完成本项目有关的资料。

对该项目感兴趣的投标人只要按照资格预审文件的要求填写好各种调查表格，并提交全部所需的资料，均可被接受参加投标前期的资格预审。否则，将会失去资格预审资格。

在不损害商业秘密的前提下，投标人应向招标人提交能证明有关资质和业绩情况的法定证明文件或其他资料。

2. 分析招标文件并参加答疑

招标文件是投标的主要依据，投标单位应仔细研究招标文件，明确其要求；要熟悉投标须知，明确了解表述的要求，避免废标。

（1）研究合同条件，明确双方的权利义务，包括工程承包方式，工期及工期惩罚，材料供应及价款结算办法，预付款的支付和工程款的结算办法，工程变更及停工、窝工损失的处理办法。

（2）详细研究设计图纸、技术说明书。明确整个工程设计及其各部分详图的尺寸，各图纸之间的关系；弄清工程的技术细节和具体要求，详细了解设计规定的各部位的材料和工艺做法；了解工程对建筑材料有无特殊要求。

3. 投标文件的编制与递交

（1）投标文件的内容。

投标人应当按照招标文件的规定编制投标文件。投标文件中应载明以下内容：投标书、投标书附录；投标人资格、资信证明文件；授权委托文件；投标项目施工方案及说明；投标价格；投标保证金或其他形式上的担保；招标文件要求具备的其他内容；辅助文件（设计修改建议、优惠条件承诺等）。

（2）投标文件的密封及送达。

投标单位应在规定的投标截止日期前，将投标文件密封送到招标人指定的地点。招标单位在接到投标文件后，应签收或通知投标单位已收到投标文件。投标人在规定的投标截止日期前，在递送标书后，可用书面形式向招标人递交补充、修改或撤回其投标文件，投标截止日期后撤回投标文件，投标保证金不能退还。

4. 编制投标文件应注意的事项

（1）必须使用招标人提供的投标文件表格格式。招标文件要求填写的内容，必须填写；实质性内容未填写（工期、质量、价格）将作为无效标书处置。

（2）采用正、副本形式，一正多副，不一致时以正本为准。

（3）投标文件应按招标文件要求打印或书写。

（4）法人签字盖章。

（5）对投标文件应反复校核，确保无误。

（6）投标文件应保密。

（7）投标人应按规定密封、送达标书。

（二）建筑工程施工投标报价

建筑工程施工投标报价是投标人对招标工程报出的工程价格，是投标企业的竞争价格，它反映了建筑企业的经营管理水平，体现了企业产品的个别价值。

建筑工程施工投标报价是建筑工程施工项目投标工作的重要环节，报价的合适与否对投标的成败和将来实施工程的盈亏起着决定性的作用。

1. 建筑工程施工投标报价的依据

招标文件、施工组织设计、发包人的招标倾向、招标会议记录、风险管理规则、市场价格信息、政府的法律法规及制度、企业定额、竞争态势预测、预期利润。

2. 标价的组成

标价应该是项目投标范围内，支付投标人为完成承包工作应付的总金额。工程招标文件一般都规定，关于标价，除非合同中另有规定，具有标价的工程量清单中所报的单价和合价，以及报价汇总表中的价格应包括施工设备、劳务、管理、材料、安装、维护、保险、利润、税金、政策性文件规定及合同包含的所有风险、责任等各项费用。

知识拓展

工程量清单中的每一单项均须计算，填写单价和合价；投标单位没有填写出单价和合价的项目将不予支付，并认为此项费用已包括在工程量清单的其他单价和合价中。

3. 建筑工程施工投标报价的原则

（1）按照招标要求的计价方式确定报价内容及各细目的计算深度。

（2）按经济责任确定报价的费用内容。

（3）充分利用调查资料和市场行情资料。

（4）投标报价计算方法应简明、适用。

4. 建筑工程施工投标报价工作程序

建筑工程施工投标报价工作程序包括投标环境、工程项目调查，制定投标策略，复核工程量清单，编制施工组织设计，确定联营或分包询价及计算分项工程直接费、分摊项目费用，编制综合单价分析表，计算投标基础价，获胜分析及盈亏分析，提出备选投标报价方案，决定投标报价方案。

5. 建筑工程工程量清单报价的确定方法

投标人应当根据招标文件的要求和招标项目的具体特点，结合市场情况和自身竞争实力自主报价，但不得以低于成本的报价竞标。

投标报价计算是投标人对承揽招标项目所发生的各种费用的计算。其包括单价分析、计算成本、确定利润方针，最后确定标价。在进行标价计算时，必须首先根据招标文件复核或计算工作量，同时要结合现场查勘情况考虑相应的费用。标价计算必须与采用的合同形式相协调。

按照我国住房和城乡建设部《建筑工程施工发包与承包计价管理办法》规定，建筑工程施工发包与承包价在政府宏观调控下，由市场竞争形成。投标报价由成本（直接费、间接费）、利润和税金构成，其编制可以采用工程量清单计价方法。

（1）核实工程量。对工程量清单中的工程量进行计算校核，如有错误或遗漏，应及时通知招标人。

（2）有关费用问题。①考虑人工、材料、机械台班的价格变动因素，特别是材料市场，并应计入各种不可预见的费用等。②工程保险费用一般由业主承担，应在招标文件的工程量清单总则中单列；承包人的装备和材料到场后的保险费用，一般由承包人自行承担，应分摊到有关分项工程单价中。③编制标书所需费用包括现场考察、资料情报收集、编制标书、公关等费用。④各种保证金的费用包括投标保函、履约保函、预付款保函等。保证金手续费一般占保证金的4%～6%，承包商应事先存在账户上且不计利息。⑤其他有关要求增加的费用，包括赶工、交通费用，临时用地费用，二次搬运费，仓库保管费用等。

（3）编制施工组织设计或施工方案。编制施工组织设计的总原则是高效率、低消耗，基本原则有连续性、均衡性、协调性和经济性原则。投标竞争是比技术、比管理的竞争，技术和管理的先进性充分体现在其编制的施工组织设计中，先进的施工组织设计可以达到降低成本、缩短工期、确保工程质量的目的。

（4）确定分部分项工程综合单价、计算合价、规费、税费，形成投标总价。

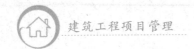

（三）建筑工程施工投标与报价策略

1. 投标策略

投标策略是指承包者在投标竞争中的指导思想与系统工作部署及其参与投标竞争的方式和手段。承包者要想在投标中获胜，既中标，又要从项目中盈利，就需要研究投标策略，以指导其投标全过程；在投标和报价中，选择有效的报价技巧和策略，往往能取得较好的效果。正确的策略来自承包者的经验积累、对客观规律的认识和对实际情况的了解，同时也少不了决策者的能力和魄力。

> **知识拓展**
>
> 在激烈的投标竞争中，如何战胜对手是所有投标人研究或想知道的问题。遗憾的是，至今还没有一个完整或可操作的答案。事实上，也不可能有答案。因为建筑市场的投标竞争千姿百态，无统一的模式可循。在当今的投标竞争中，面对变幻莫测的投标策略，只要我们掌握了一些信息和资料，估计可能发生的一些情况，并加以认真、仔细地分析，找出一些规律加以研究，这对投标人的决策是十分有益的，起码从中能受到启发或提示。

由于招标内容不同、投标人性质不同，所采取的投标策略也不相同。下面仅就工程投标的策略进行简要介绍。工程投标策略有以下主要内容。

（1）以信取胜。

这是依靠单位长期形成的良好社会信誉，技术和管理上的优势，优良的工程质量和服务措施，合理的价格和工期等因素争取中标。

（2）以快取胜。

通过采取有效措施缩短施工工期，并能保证进度计划的合理性和可行性，从而使招标工程早投产、早收益，以吸引业主。

（3）以廉取胜。

其前提是保证施工质量，这对业主一般都具有较强的吸引力。从投标人的角度出发，采取这一策略也可能有长远的考虑，即通过降价扩大任务来源，降低固定成本在各个工程上的摊销比例，这既降低了工程成本，又为降低新投标工程的承包价格创造了条件。

（4）靠改进设计取胜。

仔细研究原设计图纸，若发现明显不合理之处，可提出改进设计的建议和能切实降低造价的措施。在这种情况下，一般仍然要按原设计报价，再按建议的方案报价。

（5）采用以退为进的策略。

当发现招标文件中有不明确之处并有可能据此索赔时，可报低价先争取中标，再寻找索赔机会。采用这种策略一般要在索赔事务方面具有相当成熟的经验。

（6）采用长远发展的策略。

其目的不在于在当前的招标工程上获利，而着眼于发展，争取将来的优势，如为了开辟新市场、掌握某种有发展前途的工程施工技术等，宁可在当前招标工程上以微利甚至无利的价格参与竞争。

2. 报价策略

（1）报价决策。

报价决策是指投标人召集算标人和决策人、咨询顾问人员共同研究，就标价计算结果进行讨论，做出调整计算标价的最后决定，形成最终报价的过程。

首先，报价决策之前应先计算基础标价，即根据招标文件的工作内容和工作量以及报价项目单价表，进行初步测算，形成基础标价。其次，做风险预测和盈亏分析，即充分估计实施过程中的各种有关因素和可能出现的风险，预测对报价的影响程度。最后，测算可能的最高标价和最低标价，即测定基础标价可以上下浮动的界限，使决策人心中有数，避免凭主观愿望盲目压价或加大保险系数。完成这些工作后，决策人就可以靠自己的经验和智慧，做出报价决策。

知识拓展

为了在竞争中取胜，决策者应当对报价计算的准确度、期望利润是否合适、报价风险及本单位的承受能力、当地的价格水平，以及竞争对手优势劣势的分析等进行综合考虑，才能决定最后的报价金额。

在工程报价决策中应当注意以下问题。

①报价决策的依据。决策的主要资料依据应当是自己的算标人员的计算书和分析指标。参加投标的承包商当然希望自己中标，但是，更为重要的是中标价格应当合理，不应导致亏损，以自己的报价计算为依据进行科学分析，而后做出恰当的报价决策，至少不会盲目地落入竞争的陷阱。

②响应招标文件要求，分析初步报价，对其合理性、竞争性、营利性和风险性进行评估，做出最终报价决策。

③在最小预期利润和最大风险内做出决策。由于投标情况纷繁复杂，投标中碰到的情况并不相同，因此很难界定需要决策的问题和范围。一般说来，报价决策并不仅限于具体计算；而是应当由决策人与算标人一起，对各种影响报价的因素进行恰当的分析，并做出果断的决策。除了对算标时提出的各种方案、基价、费用摊入系数等予以审定和进行必要的修正外，更重要的是决策人应全面考虑期望的利润和承担风险的能力。承包商应当尽可能避免较大的风险，采取措施转移、防范风险并获得一定利润。决策者应当在风险和利润之间进行权衡并做出选择。

④低报价不是中标的唯一影响因素。招标文件中一般明确申明"本标不一定授给最低报价者或其他任何投标人"。所以，决策者可以在其他方面战胜对手。例如，可以提出某些合理的建议，使业主能够降低成本、缩短工期。如果可能的话，还可以提出对业主优惠的支付条件等。低报价是得标的重要因素，但不是唯一因素。

⑤替代方案。提交替代方案的前提是必须提交按招标文件要求编制的报价，否则被视为无效标书。

（2）投标人价格风险防范。

遵照风险防范程序、风险防范管理体系，编制和利用风险管理规划，应充分利用《合同示范文本》防范价格风险。

《合同示范文本》的"通用条款"，是双方的无争议条款，投标人可利用的条款有：合同价款及调整、工程预付款、工程款（进度款）支付、确定变更价款、竣工结算、违约、索赔、不可抗力、保险、担保。《合同示范文本》的"专用条款"对上述各条与防范风险有关的内容进一步具体化，需通过双方谈判达成一致。

投标人应力争回避风险，使风险发生的可能性降到最低，取消不利条款，约束业主的条款，采取担保—保险—风险分散等办法转移风险，为索赔创造合同条件。

（3）报价技巧。

报价技巧是指在投标报价中采用一定的手法或技巧使业主可以接受，而中标后又能获得更多的利润。常用的工程投标报价技巧主要有以下几种。

①灵活报价法。灵活报价法是指根据招标工程的不同特点采用不同报价。

投标报价时，既要考虑自身的优势和劣势，也要分析招标工程的特点。按照工程的不同特点、类别、施工条件等来选择报价策略。

a. 遇到如下情况报价可高一些：施工条件差的工程；专业要求高的技术密集型工程，而本单位在这方面又有专长，声望也较高；总价低的小型工程，而且自己不愿做又不方便不投标的工程；特殊的工程；工期紧的工程；投标对手少的工程；支付条件不理想的工程。

b. 遇到如下情况报价可低一些：施工条件好的工程；工作简单、工程量大而一般单位都可以做的工程；本单位目前急于打入某一市场、某一地区，或在该地区面临工程结束，机械设备等无工地转移时；本单位在附近有工程，而本项目又可利用该工程的设备、劳务，或有条件短期内突击完成的工程；投标对手多，竞争激烈的工程；非急需工程；支付条件好的工程。

②不平衡报价法。不平衡报价法也叫前重后轻法，是指一个工程总报价基本确定后，通过调整内部各个项目的报价，以期既不提高总报价、不影响中标，又能在结算时得到更理想的经济效益。

一般可以考虑在以下几方面采用不平衡报价法。

a. 能够早日结账收款的项目可适当提高报价。

b. 预计今后工程量会增加的项目，单价适当提高，这样在最终结算时可多赚钱；将工程量可能减少的项目单价降低，工程结算时损失不大。上述两种情况要统筹考虑，即对于工程量有错误的早期工程，如果实际工程量可能小于工程量表中的数量，则不能盲目抬高单价，要具体分析后再定。

c. 设计图纸不明确，估计修改后工程量要增加的，可以提高单价；而工程内容不清楚的，则可适当降低一些单价，待澄清后可再要求提价。

d. 暂定项目，又叫任意项目或选择项目，对这类项目要具体分析。因为这类项目要在开工后再由业主研究决定是否实施以及由哪家承包商实施。如果工程不分标，其中肯定的部分单价做的可高些，不一定的部分做的则应低些。如果工程分标，该暂定项目也可能由其他承包商施工时，则不宜报高价，以免抬高总报价。

③零星用工（计日工）单价的报价。如果是单纯报计日工单价，而且不计入总价中，可以报高些，以便在业主额外用工或使用施工机械时可多盈利。但如果计日工单价要计入总报价时，则须具体分析是否报高价，以免抬高总报价。总之，要分析业主在开工后可能使用的计日工数量，再来确定报价方针。

④可供选择的项目的报价。有些工程的分项工程，业主可能要求按某一方案报价，而

后再提供几种可供选择方案的比较报价。例如，某住房工程的地面水磨石砖，工程量表中要求按 25 厘米×25 厘米×2 厘米的规格报价；另外，还要求投标人用更小规格砖 20 厘米×20 厘米×2 厘米和更大规格砖 30 厘米×30 厘米×3 厘米作为可供选择项目报价。投标时，除对几种水磨石砖调查询价外，还应对当地习惯用砖情况进行调查。对于将来有可能被选择使用的水磨石砖铺砌应适当提高其报价；对于当地难以供货的某些规格水磨石砖，可将价格有意抬高一些，以阻挠业主选用。但是，所谓"可供选择的项目"并非由承包商任意选择，而只有业主才有权进行选择。因此，提高报价并不意味能取得好的利润，只是提供了一种可能性。

　　⑤增加建议方案。有时招标文件中规定，可以提一个建议方案，即可以修改原设计方案，提出投标人的方案。投标人这时应抓住机会，组织一批有经验的设计和施工工程师，对原招标文件的设计和施工方案仔细研究，提出更为合理的方案以吸引业主，促成自己的方案中标。这种新建议方案可以降低总造价或缩短工期，或使工程运用更为合理。但要注意对原招标方案一定也要报价。建议方案不要写得太具体，要保留方案的技术关键，防止业主将此方案交给其他承包商。同时要强调的是，建议方案一定要比较成熟，有很强的操作性。

　　⑥分包商报价的采用。由于工程的综合性和复杂性，总承包商不可能将全部工程内容完全独家包揽，特别是有些专业性较强的工程内容，需分包给其他专业工程公司施工；还有些招标项目，业主规定某些工程内容必须由其指定的分包商承担。因此，总承包商通常应在投标前先取得分包商的报价，并增加总承包商摊入的一定的管理费，而后作为自己投标总价的一个组成部分一并列入报价单中。

知识拓展

　　应当注意，分包商在投标前可能同意接受总承包商压低其报价的要求，但等到总承包商得标后，它们常以种种理由要求提高分包价格，这将使总承包商处于十分被动的地位。解决的办法是，总承包商在投标前找两三家分包商分别报价，而后选择其中一家信誉较好、实力较强和报价合理的分包商签订协议，同意该分包商作为本分包工程的唯一合作者，并将分包商的姓名列到投标文件中，但要求该分包商相应地提交投标保函。如果该分包商认为这家总承包商确实有可能得标，它也许愿意接受这一条件。这种把分包商的利益同投标人捆在一起的做法，不但可以防止分包商事后反悔和涨价，还可能迫使分包时报出较合理的价格，以便共同争取得标。

　　⑦无利润算标。缺乏竞争优势的承包商，在不得已的情况下，只好在算标中根本不考虑利润去夺标。这种办法一般是处于以下条件时采用。

　　a. 有可能在得标后，将大部分工程分包给报价较低的一些分包商。

　　b. 对于分期建设的项目，先以低价获得首期工程，而后赢得机会创造第二期工程中的竞争优势，并在以后的实施中取得利润。

　　c. 较长时期内，承包商没有在建的工程项目，如果再不得标，就难以维持生存。因此，虽然本工程无利可图，只要能有一定的管理费维持公司的日常运转，就可设法渡过暂时的困难，以图将来东山再起。

　　⑧突然降价法。投标报价是一件保密的工作，但是对手往往通过各种渠道、手段来刺

探情况，因此在报价时可以采取迷惑对手的方法，即先按一般情况报价或表现出自己对该工程兴趣不大，投标截止时间快到时，再突然降价。

采用这种方法时，一定要在准备投标报价的过程中考虑好降价的幅度，在临近投标截止日期前，根据信息与分析判断，再做最后决策。

如果由于采用突然降价法而中标，因为开标只降总价，在签订合同后可采用不平衡报价法调整工程量表内的各项单价或价格，以期取得更高的效益。

四、建筑工程项目开标、评标、定标与签订合同

(一) 开标

开标是招标机构在预先规定的时间和地点将各投标人的投标文件正式启封揭晓的行为。开标由招标机构组织进行，但须邀请各投标人代表参加。在这一环节，招标人要按有关要求，逐一揭开每份投标文件的封套，公开宣布投标人的名称、投标价格及投标文件中的其他主要内容。公开开标结束后，还应由开标组织者整理一份开标会纪要。

按照惯例，公开开标一般按以下程序进行。

（1）主持人在招标文件确定的时间停止接收投标文件。

（2）宣布参加开标人员名单。

（3）确认投标人法定代表人或授权代表人是否在场。

（4）宣布投标文件开启顺序。

（5）依开标顺序，先检查投标文件密封是否完好，再启封投标文件。

（6）宣布投标要素，并作记录，同时由投标人代表签字确认。

（7）对上述工作进行纪录，存档备查。

(二) 评标

评标是招标机构确定的评标委员会根据招标文件的要求，对所有投标文件进行评估，并推荐出中标候选人的行为。评标是招标人的单独行为，由招标机构组织进行。这一环节的步骤主要有：审查标书是否符合招标文件的要求和有关惯例；组织人员对所有标书按照一定方法进行比较和评审；就初评阶段被选出的几份标书中存在的某些问题要求投标人加以澄清；最终评定并写出评标报告等。

评标是审查确定中标人的必经程序，是一项关键性的而又是十分细致的工作，关系到招标人能否得到最有利的投标，是保证招标成功的重要环节。

1. 组建评标委员会

评标是依据招标文件的规定和要求，对投标文件所进行的审查、评审和比较。评标由招标人依法组建的评标委员会负责。评标委员会成员名单一般在开标前确定。

《招标投标法》规定，依法必须进行招标的项目，其评标委员会由招标人的代表和有关技术、经济等方面的专家组成，成员人数为 5 人以上单数，其中技术、经济等方面的专家不得少于成员总数的三分之二。

为了保证评标公正性，防止招标人左右评标结果，评标不能由招标人或其代理机构独自承担，而应组成一个由招标人或其代理机构的必要代表、有关专家等人员参加的委员会，负责依据招标文件规定的评标标准和方法，对所有投标文件进行评审，向招标人推荐中标候选人或者依据授权直接确定中标人。评标是一种复杂的专业活动，在专家成员中技

术专家主要负责对投标中的技术部分进行评审；经济专家主要负责对投标中的报价等经济部分进行评审；而法律专家则主要负责对投标中的商务和法律事务进行评审。

评标委员会由招标人负责组织。为了防止招标人在选定评标专家时的主观随意性，我国法规规定招标人应从省级以上人民政府有关部门提供的专家名册或者招标代理机构的专家库中，确定评标委员会的专家成员（不含招标人代表）。专家可以采取随机抽取或者直接确定的方式确定。对于一般项目，可以采取随机抽取的方式；而技术特别复杂、专业性要求特别高或者国家有特殊要求的，采取随机抽取方式确定的专家难以胜任的招标项目，可以由招标人直接确定。

> **知识拓展**
>
> 　　评标工作的重要性，决定了必须对参加评标委员会的专家资格进行一定的限制，并非所有的专业技术人员都可进入评标委员会。法律规定的专家资格条件是：从事相关领域工作满 8 年，并具有高级职称或者具有同等专业水平。法律同时规定，评标委员会的成员与投标人有利害关系的人应当回避，不得进入评标委员会；已经进入的，应予以更换。

评标委员会设负责人（如主任委员）的，评标委员会负责人由评标委员会成员推举产生或者由招标人确定。评标委员会负责人与评标委员会的其他成员有同等的表决权。

评标委员会成员的名单，在中标结果确定前属于保密的内容，不得泄露。

2. 评标程序

评标工作一般按以下程序进行。

（1）招标人宣布评标委员会成员名单并确定主任委员。

（2）招标人宣布有关评标纪律。

（3）在主任委员主持下，根据需要，讨论通过成立有关专业组和工作组。

（4）听取招标人介绍招标文件。

（5）组织评标人员学习评标标准和方法。

（6）提出需澄清的问题。经委员会讨论，并经二分之一以上委员同意，提出需投标人澄清的问题，以书面形式送达投标人。

（7）澄清问题。对需要文字澄清的问题，投标人应当以书面形式送达评标委员会。

（8）评审、确定中标候选人。评标委员会按招标文件确定的评标标准和方法，对投标文件进行评审，确定中标候选人推荐顺序。

（9）提出评标工作报告。经委员会讨论，并经三分之二以上委员同意并签字的情况下，通过评标委员会工作报告，并报招标人。

3. 评标准备

（1）准备评标场所。

（2）评标委员会成员知悉招标情况。

（3）制定评标细则。

4. 初步评审

大型复杂项目的评标，通常分两步进行：先进行初步评审（简称初审，也称符合性审查）；然后进行详细评审（简称详评或终评），也称商务和技术评审。中、小型项目的评标也可合并为一次进行，但评标的标准和内容基本相同。

在开标前，招标人一般要按照招标文件规定，并结合项目特点，制定评标细则，并经评标委员会审定。在评标细则中，对影响质量、工期和投资的主要因素，一般还要制定具体的评定标准和评分办法以及编制供评标使用的相应表格。

评标委员会应当根据招标文件规定的评标标准和方法，对投标文件进行系统的评审和比较。这些事先列明的标准和方法在评标时能否真正得到采用，是衡量评标是否公正、公平的标尺。为了保证评标的这种公正和公平性，评标不得采用招标文件未列明的任何标准和方法，也不得改变（包括修改、补充）招标文件确定的评标标准和方法。这一点，也是世界各国的通常做法。

在正式评标前，招标人要对所有投标文件进行初步审查，也就是初步筛选。有些项目会在开标时对投标文件进行一般性符合检查，在评标阶段对投标文件的实质性内容进行符合性审查，判定是否满足招标文件要求。

知识拓展

初审的目的在于确定每一份投标文件是否完整、有效，在主要方面是否符合要求，以从所有投标文件中筛选出符合最低标准要求的投标人，淘汰那些基本不合格的投标文件，以免在详评时浪费时间和精力。

评标委员会通常按照投标报价的高低或者招标文件规定的其他方法对投标文件排序。

初步评审主要有以下项目。

（1）投标人是否符合投标条件。

未经资格预审的项目，在评标前须进行资格审查。如果投标人已通过资格预审，那么正式投标时投标的单位或组成联合体的各合伙人必须被列入预审合格的名单，且投标申请人未发生实质性改变，联合体成员未发生变化。

（2）投标文件是否完整。

审查投标文件的完整性，应从以下几个方面进行。

①投标文件是否按照规定格式和方式递送、字迹是否清晰。

②投标文件中所有指定签字处是否均已由投标人的法定代表人或法定代表授权代理人签字。有时招标人在其招标文件中规定，如投标人授权其代表代理人签字，则应附交代理委托书，这时就须检查投标文件中是否附有代理委托书。

③如果招标条件规定只向承包者或其正式授权的代理人招标，则应审查递送投标文件的人是否有承包者或其授权的代理人的身份证明。

④是否已按规定提交了一定金额和规定期限的有效保证。

⑤招标文件中规定应由投标人填写或提供的价格、数据、日期、图纸、资料等是否已经填写或提供以及是否符合规定。

在对投标文件做完整性检查时，通常要先拟出一份"完整性检查清单"。在对以上项目进行检查后，将检查结果以"是"或"否"填入该清单。

（3）主要方面是否符合要求。

所有招标文件都规定了投标人的条件和对投标人的要求。这些要求有的是十分重要的，投标人若违反这些要求，一般会被认为是未能对招标文件做出实质性响应，属于重大偏差，该投标文件就应被拒绝。

（4）计算方面是否有差错。

投标报价计算的依据是各类货物、服务和工程的单价。招标文件通常规定，如果单价与单项合计价不符，应以单价为准。所以，若在乘积或计算总数时有算术性错误，应以单价为准更正总数；如果单价显然存在着印刷或小数点的差错，则应纠正单价。如果表明金额的文字（大写金额）与数字（小写金额）不符，按惯例应以文字为准。

按招标文件规定的修正原则，对投标人报价的计算差错进行算术性修正。招标人要将相应修正通知投标人，并取得投标人对这项修改同意的确认；对于较大的错误，评标委员会视其性质，通知投标人亲自修改。如果投标人不同意更正，那么招标人就会拒绝其投标，并可没收其所提供的投标保证金。

5. 详细评审

经初步评审合格的投标文件，评标委员会应当根据招标文件确定的评标标准和方法，对其技术部分和商务部分做进一步评审、比较。有如下主要内容。

（1）商务评审内容。

商务评审的目的在于从成本、财务和经济分析等方面评定投标报价的合理性和可能性，并估量投标人的不同经济效果。

商务评审的主要内容有：将投标报价与招标控制价进行对比分析，评价该报价是否可靠、合理；投标报价构成和水平是否合理；审查所有保函是否被接受；进一步评审投标人的财务实力和资信程度；投标人对支付条件有何要求或给予招标人何种优惠条件；分析投标人提出的财务和付款方面的建议的合理性；是否提出与招标文件中的合同条款相悖的要求，如重新划分风险，增加招标人的责任范围，减少投标人义务，提出不同的验收、计量办法和纠纷、事故处理办法，或对合同条款有重要保留等。

（2）技术评审内容。

技术评审的目的在于确认备选的中标人完成本招标项目的技术能力以及其所提方案的可靠性。与资格评审不同的是，这种评审的重点在于评审投标人将怎样实施本招标项目。

技术评审的主要内容有：投标文件是否包括了招标文件所要求提交的各项技术文件，它们同招标文件中的技术说明或图纸是否一致；实施进度计划是否符合招标人的时间要求，这一计划是否科学和严谨；投标人准备用哪些措施来保证实施进度；如何控制和保证质量，这些措施是否可行；组织机构、专业技术力量和设备配置能否满足项目需要；如果投标人在正式投标时已列出拟与之合作或分包的单位名称，则这些合作伙伴或分包单位是否具有足够的能力和经验保证项目的实施和顺利完成。

总之，评标内容应与招标文件中规定的条款和内容相一致。除对投标报价和主要技术方案进行比较外，还应考虑其他有关因素，经综合评审后，确定选取最符合招标文件要求的投标。

6. 评标方法

（1）经评审的最低投标价法。

这是一种以价格加其他因素评标的方法。以这种方法评标，一般做法是将报价以外的商务部分数量化，并以货币折算成价格，与报价一起计算，形成评标价，然后以此价格按高低排出次序。能够满足招标文件的实质性要求、"评标价"最低的投标应当作中选投标。

评标价是按照招标文件的规定，对投标价进行修正、调整后计算出的标价。在评标过

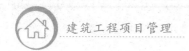
程中，用评标价进行标价比较。

采用经评审的最低投标价法，中标人的投标应当符合招标文件规定的技术要求和标准，但评标委员会无须对投标文件的技术部分进行价格折算。

经评审的最低投标价法一般适用于具有通用技术、性能标准或者招标人对其技术、性能没有特殊要求的招标项目。

> 根据经评审的最低投标价法完成详细评审后，评标委员会要拟定一份"标价比较表"，连同书面评标报告提交招标人。"标价比较表"一般要载明投标人的投标报价、对商务偏差的价格调整和说明以及经评审的最终投标价。

（2）综合评估法。

在采购机械、成套设备、车辆以及其他重要固定资产如工程等时，如果仅仅比较各投标人的报价或报价加商务部分，则对竞争性投标之间的差别将不能做出恰如其分的评价。因此，在这些情况下，必须以价格加其他因素综合评标，即应用综合评估法评标。

以综合评估法评标，一般做法是将各个评审因素在同一基础或者同一标准上进行量化，量化指标可以采取折算为货币的方法、打分的方法或者其他方法，使各投标文件具有可比性。对技术部分和商务部分的量化结果进行加权，计算出每一投标的综合评估价或者综合评估分，以此确定候选中标人。最大限度地满足招标文件中规定的各项综合评价标准的投标，当推荐为中标候选人。

综合评估法中最常用的是综合评分法。综合评分法，也称打分法，是指评标委员会按预先确定的评分标准，对各投标文件需评审的要素（报价和其他非价格因素）进行量化、评审记分，以标书综合分的高低确定中标单位的评标方法。由于项目招标需要评定比较的要素较多，且各项内容的计量单位又不一致，如工期是天、报价是元等，因此综合评分法可以较全面地反映出投标人的水平。

（三）定标

定标也称决标，是指招标人在评标的基础上，最终确定中标人，或者授权评标委员会直接确定中标人的行为。定标对招标人而言，是授标；对投标人而言，则是中标。在这一环节，招标人所要经过的步骤主要有：裁定中标人、通知中标人其投标已被接受、向中标人发出中标通知书、通知所有未中标的投标人并向他们退还投标保函等。

（四）签订合同

签订合同习惯上也称授予合同，因为它实际上是由招标人将合同授予中标人并由双方签署合同的行为。签订合同是购货人或业主与中标的承包者双方共同的行为。在这一阶段，通常先由双方进行签订合同前的谈判，就投标文件中已有的内容再次确认，对投标文件中未涉及的一些技术性和商务性的具体问题达成一致意见；双方意见一致后，由双方授权代表在合同上签署，合同随即生效。为保证合同履行，签订合同后，中标者还应向招标人提交一定形式的担保书或担保金。

第二节 建筑工程项目合同管理

一、建筑工程项目合同基础知识

(一) 合同的概念、订立形式及订立程序

1. 合同的概念

合同是平等主体的自然人、法人、其他社会组织之间设立、变更、终止民事权利义务的协议。合同具有下列法律特征。

(1) 合同是当事人双方合法的法律行为。

(2) 合同当事人双方具有平等地位。

(3) 合同关系是一种法律关系。

2. 合同的订立形式

合同的形式以不要式为原则,合同的形式可以是书面形式、口头形式和其他形式。工程项目合同形式为书面形式。

3. 合同的订立程序

当事人订立合同,要经过要约和承诺两个阶段。

(1) 要约。

要约是希望和他人订立合同的意思表示。发要约之前,有时做出要约邀请,要约邀请是希望他人向自己发出要约的意思表示。

(2) 承诺。

承诺是受要约人做出的同意要约的意思表示。对于建筑工程招标项目,招标公告是要约邀请,投标书是要约,而中标通知书是承诺。

(二) 合同的内容

合同一般包括下列条款。

(1) 当事人的名称或者姓名和住所。

(2) 标的。标的是当事人双方权利和义务共同指向的对象。标的的表现形式为物、劳务、行为、智力成果、工程项目等。

(3) 数量。数量是衡量合同标的多少的尺度,以数字和计量单位表示。施工合同的数量主要体现的是工程量的大小。

(4) 质量。合同对质量标准的约定应当准确而具体。由于建筑工程中的质量标准大多是强制性标准,当事人的约定不能低于这些强制性的标准。

(5) 价款或者报酬。价款或者报酬是指当事人一方交付标的,另一方支付货币。合同中应写明结算和支付方法。

(6) 履行的期限、地点、方式。履行的期限是当事人各方依据合同规定全面完成各自义务的时间。履行的地点是当事人交付标的和支付价款或酬金的地点。施工合同的履行地点是工程所在地。履行的方式是当事人完成合同规定义务的具体方法。

(7) 违约责任。合同的违约责任是指合同的当事人一方不履行合同义务或者履行合同义务不符合约定时,所应当承担的民事责任。

（8）解决争议的方法。在合同履行过程中不可避免地会发生争议，为使争议发生后能够有一个双方都能接受的解决方法，应在合同中对此做出决定。解决争议的方法有和解、调解、仲裁、诉讼。

（三）合同的效力

合同生效应具备以下条件。

（1）当事人具有相应的民事权利能力和民事行为能力。

（2）意思表示真实。

（3）不违反法律或者社会公众利益。

（四）合同的履行

合同的履行是指合同依法成立后，当事人双方依据合同条款的规定，实现各自享有的权利，并承担各自负有的义务，使各方的目的得以全面实现的行为。

合同的履行是合同的核心内容，是当事人实现合同目的的必然要求。虽然建筑工程合同的履行是发包人支付报酬和承包人交付成果的行为，但是其履行并不单单指最后的交付行为，而是一系列行为及其结果的总和。也就是说，建筑工程合同的履行是当事人全面地、适当地完成合同义务，使当事人实现其合同权利的给付行为和给付结果的统一。

合同的履行是一个过程。合同履行的这一特征的意义是：一方面，它能使当事人自合同成立、生效之时起，就关注自己和对方履行合同义务的情况，确保合同义务得到全面、正确的履行；另一方面，它能使当事人尽早发现对方不能履行或不能完全履行合同义务的情况，以便采取相应的补救措施，避免使自己陷入被动和不利的局面，防止损失的发生和扩大。

> **知识拓展**
>
> 合同履行是建筑工程合同法律效力的主要内容，而且是核心的内容。合同的成立是合同履行的前提，合同的法律效力既含有合同履行之意，也是合同履行的依据和动力所在。

（五）合同的变更和转让

1. 合同变更的含义与特点

合同的变更是指合同成立以后，尚未履行或尚未完全履行以前，当事人就合同的内容达成的修改和补充协议。工程合同变更有以下特点。

（1）合同的变更是业主和承包者双方协商一致，并在原合同的基础上达成的新协议。合同的任何内容都是经过双方协商达成的，因此，变更合同的内容须经过双方协商同意。任何一方未经过对方同意，无正当理由擅自变更合同内容，不仅不能对合同的另一方产生约束力，反而将构成违约行为。

（2）合同内容的变更，是指合同关系的局部变更，也就是说，合同变更只是对原合同关系的内容做某些修改和补充，而不是对合同内容的全部变更，也不包括主体的变更。合同主体的变更属于广义的合同变更。

（3）合同的变更，也会产生新的债权债务内容，变更的方式有补充和修改两种方式。补充是在原合同的基础上增加新的内容，从而产生新的债权债务关系。修改是对原合同的条款进行变更，抛弃原来的条款，更换成新的内容。无论修改或补充，其中未变更的合同内容仍继续有效。所以，合同的变更是使原合同关系的相对消灭。

当事人变更合同，有时是一方提出，有时是双方提出，有时是根据法律规定变更，有时是由于客观条件变化而不得不变更，无论何种原因变更，变更的内容应当是双方协商一致的结果。

2. 合同转让的含义与特点

合同的转让是指合同的当事人依法将合同的权利和义务全部地或部分地转让给第三人。承包者对工程建设合同的转让，一般称为转包。合同的转让具有以下特点。

(1) 合同的转让并不改变原合同的权利义务内容：一方面，合同的转让是对合法有效的合同权利或义务的转让。如果合同无效或被撤销，或者已经被解除，则不发生转让行为。另一方面，合同转让并不引起原合同内容的变化。合同转让旨在使原合同的权利义务全部或部分地从一方当事人转移给第三人。因此，受让的权利义务既不会超出原权利义务的范围，也不会从实质上更改原合同的权利义务内容。

(2) 合同的转让引起合同主体的变化。合同的转让通常将导致第三人代替原合同当事人一方而成为合同当事人，或者由第三人加入到合同关系之中成为合同当事人。合同的转让并非在于保持原合同关系继续有效，而是通过转让终止原合同，产生新的合同关系。正是从这个意义上说，合同的转让与一般合同变更在性质上是不同的。

(3) 合同的转让通常涉及原合同当事人双方以及受让的第三人。合同的转让通常要涉及两种不同的法律关系，即原合同当事人双方之间的关系、转让人与受让人之间的关系。因此，合同的转让涉及原合同当事人双方以及受让的第三人。

3. 合同的转让与分包的区别

合同的转让与合同的分包是不同的。《中华人民共和国民法典》第七百九十一条规定总承包人或者勘察、设计、施工承包人经发包人同意，可以将自己承包的部分工作交由第三人完成，称之为分包。两者有如下区别。

(1) 合同经合法转让后，原合同中转让人即退出原合同关系，受让人与原合同中转让人的对方当事人成为新的合同关系主体。而分包合同中，分包人与承包者之间的分包合同关系对原合同并无影响，分包人并不是原合同的主体，与原合同中的发包人并无合同关系。

(2) 合同转让后，受让人成为合同的主体，承担原合同的权利义务，而分包合同中，分包人取得原合同中承包人的工作义务，它的请求报酬权利只能向承包者主张而不能向原合同中发包人主张。

(六) 合同的担保

1. 担保的概念

担保是当事人根据法律规定或双方约定，为使债务人履行债务实现债权人的权利的法律制度。

2. 合同担保的方式

合同担保的方式有：保证、抵押、质押、留置、定金。其中，保证是保证人和债权人约定，当债务人不履行债务时，保证人按照约定履行债务或者承担责任的行为。在建筑工程中，保证是最常用的一种担保方式，建筑工程的保证人往往是银行（保函），也可以是担保公司（保证书）。如施工投标保证、施工合同的履约保证、施工预付款保证。

（七）承担违约责任的方式

承担违约责任的方式有以下几种。

1. 继续履行

继续履行是指合同当事人一方在不履行合同时，另一方有权要求法院强制违约方按合同规定的标的履行义务，并不得以支付违约金或赔偿金的方式代替履行。

2. 支付违约金

违约金是指合同当事人违约后，按照当事人约定或法律规定向对方当事人支付的一定数量的货币。支付违约金是一种普遍采用的责任形式。

违约金是预先规定的，即基于法律规定或双方约定而产生，不论违约当事人一方的违约行为是否已给对方当事人造成经济损失，只要有违约事实且无法约定免责事由，就要按照法律规定或合同约定向对方支付违约金。

3. 支付赔偿金

赔偿金是指在合同当事人不履行合同或履行合同不符合约定，给对方当事人造成损失时，依照约定或法律规定应当承担的、向对方支付的一定数量的货币。

4. 定金罚则

定金罚则即约定一方向对方给付定金作为债权的担保。债务人履行债务后，定金应当抵作价款或者收回。

二、建筑工程项目合同概述

（一）建筑工程项目中的主要合同关系

建筑工程项目是一个大的社会生产过程，参与单位形成了多种经济关系，而合同就是维系这些关系的纽带。在复杂的合同网络中，建设单位和施工单位是两个主要的节点。

1. 建设单位的主要合同关系

建设单位是建筑工程项目的所有者，为实现工程项目的目标，它必须与有关单位签订合同。建筑工程项目建设单位的主要合同关系如图 7-2 所示。

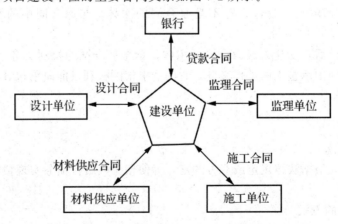

图 7-2　建筑工程项目中建设单位的主要合同关系

2. 施工单位的主要合同关系

施工单位是建筑工程项目施工的具体实施者，它有着复杂的合同关系。其主要合同关系如图 7-3 所示。

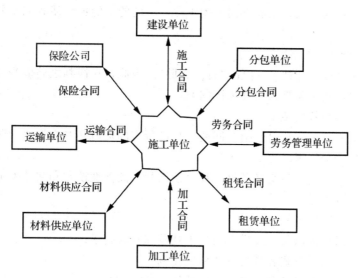

图 7-3 建筑工程项目施工单位主要合同关系

(二) 建筑工程项目合同的作用

(1) 建筑工程合同确定了工程项目施工和管理的主要目标，是合同双方在工程项目中各种经济活动的依据。工程项目合同在实施前签订，确定了工程项目所要达到的进度、质量、成本方面的目标以及与目标相关的所有主要细节的问题。

(2) 合同规定了双方的经济关系。工程项目合同一经签订，合同双方就形成一定的经济关系。合同规定了双方在合同实施过程中的经济责任、权利和义务。

(3) 工程项目合同是工程项目中双方的最高行为准则。工程项目实施过程中的一切活动都是为了履行合同，双方的行为都要靠合同来约束。如果任何一方不能认真履行自己的责任和义务，甚至撕毁合同，则必须接受经济的，甚至是法律的处罚。

(4) 工程项目合同将工程项目的所有参与者联系起来，协调并统一其行为。合同管理必须协调和处理工程项目各参与单位的关系，使相关的各合同和合同规定的各工程活动之间不产生矛盾，在内容、技术、组织和时间上协调一致，形成一个完整、周密、有序的体系，保证了工程项目有秩序、按计划实施。

(5) 工程项目合同是工程项目进展过程中解决争执的依据。由于双方经济利益的不一致，在工程项目实施过程中产生争执是难免的。工程项目合同对解决争执有着决定性的作用。争执的判定以工程项目合同作为法律依据，即以合同条文判定争执的性质，谁对争执负责、负什么样的责任等。争执的解决方法和解决程序由合同规定。

(三) 建筑工程项目合同的谈判

1. 合同谈判的准备

(1) 组织谈判代表组。

谈判代表在很大程度上决定了谈判能否成功。谈判代表必须具备业务精、能力强、基本素质好、有经验等优势。

(2) 分析和确定谈判目标。

谈判的目标直接关系到谈判的态度、动机和诚意，也明确了谈判的基本立场。对业主而言，有的项目侧重于工期，有的侧重于成本，有的侧重于质量。不同的侧重点使业主的立场不同。对承包商来说，也有不同的侧重点，不同的目的也会使其在谈判中的立场有所不同。

（3）分清与摸清对方情况。

谈判要做到"知己知彼"，才能"百战百胜"。因此，在谈判之前应当摸清对方谈判的目标和人员情况，找出关键人物和关键问题。

（4）估计谈判与签约结果。

准备有关的文件和资料，包括合同稿、自己所需的资料和对方将要索取的资料。

（5）准备好会谈议程。

会谈议程一般分为初步交换意见、技术性谈判、商务性谈判和文件拟定 4 个阶段。

2. 合同谈判的内容

（1）明确工程范围。

（2）确定质量标准以及所要遵循的技术规范和验收要求。

（3）工程价款支付方式和预付款的分期比例。

（4）总工期、开竣工日期和施工进度计划。

（5）明确工程变更的允许范围和变更责任。

（6）差价处理。

（7）双方的权利和义务。

（8）违约责任与赔偿等。

（四）建筑工程项目合同的订立与无效合同

1. 建筑工程项目合同的订立

建筑工程项目合同的订立是指两个以上的当事人，依法就工程项目合同的主要条款经过协商，达成协议的法律行为。签订工程项目合同的双方应具备如下条件。

（1）具有法人资格。

（2）法人的活动不能超越其职责范围或业务范围。

（3）合同必须由法定代表人或法定代表人授权委托的承办人签订。

（4）委托代理人要有合法手续。

2. 无效合同

无效合同是指合同双方当事人虽然协商签订，但因违反法律规定，从签订的时候就没有法律效力，国家不予承认和保护的工程合同。无效合同有如下种类。

（1）违反法律、行政法规的合同。

（2）采用欺诈、胁迫等手段签订的合同。

（3）以合法形式掩盖非法目的的合同。

（4）违反国家利益和社会公共利益的合同。

（五）建筑工程项目合同的类型

建筑工程项目合同可以按多种方式进行分类。

1. 按签约各方的关系划分

按签约各方的关系划分，其可分为总包合同、分包合同、联合承包合同。

2. 按合同标的性质划分

按合同标的性质划分，其可分为可行性研究合同、勘察合同、设计合同、施工合同、监理合同、材料设备供应合同、劳务合同等。

3. 按合同计价方法划分

按合同计价方法划分，其可分成固定价格合同、可调价格合同及成本加酬金合同。

（1）固定价格合同。

固定价格合同是指在约定的风险范围内价款不再调整的合同。这种合同的价款并不是绝对不可调整，而是在约定范围内的风险由承包者承担。双方一般要约定合同价款包括的风险费用和承担的风险范围以及风险范围以外的合同价款的调整方法。固定价格合同又可进一步分为固定总价合同和固定单价合同。

固定总价合同就是按商定的总价承包项目，它的特点是明确承包内容、价格一笔"包死"。它适用规模小、技术不太复杂的项目。这种方式对业主与承包者都是有利的。对业主来说，其比较简便；对承包者来说，如果计价依据相当详细，能据此比较精确地估算造价，签订合同时考虑得比较周全，不会产生太大的风险。这也是一种比较简便的承包方式。但如果项目规模大、工作周期长、计价依据不够详细、未知因素比较多，承包者须承担风险。为此，往往需要加大不可预见费用，或留有调价的活口，因而不利于降低造价，最终对业主不利。

固定单价合同是指采用单位工程量价格（单价）固定，预估工程量，按确定的单价和实际发生的工作量结算价款的合同。在不能精确地计算工程量的情况下，为了避免使任何一方承担过大的风险，采用固定单价合同是比较适宜的。

知识拓展

工程施工合同中，国内外普遍采用的以工程量清单和单价表为计算造价依据的计量估价合同，就是典型的固定单价合同。这类合同的适用范围比较宽，其风险可以得到合理的分摊。这类合同能够成立的关键在于双方对单价和工程量计算方法的确认。在合同履行中需要注意的问题则是双方对实际工程量计量的确认。

（2）可调价格合同。

可调价格合同，是指合同价格可以调整的合同。合同总价或者单价在合同实施期内，根据合同约定的办法调整。

（3）成本加酬金合同。

成本加酬金合同是由发包人向承包人支付项目的实际成本，并按事先约定的某一种方式支付酬金的合同类型。合同价款包括成本和酬金两部分，双方需要约定成本构成和酬金计算方法。

三、建筑工程项目施工合同的内容

（一）《合同协议书》

《合同协议书》是施工合同的总纲领性法律文件。主要有以下内容。

（1）工程概况：工程名称、工程地点、工程内容、工程立项批准文号、资金来源、工

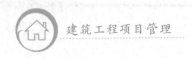

程承包范围。

（2）合同工期：计划开工日期、计划竣工日期，合同工期应填写总日历天数。

（3）质量标准：工程质量必须达到国家标准规定的合格标准，双方也可以约定达到国家标准规定的优良标准。

（4）签约合同价与合同价格形式：合同价款应填写双方确定的合同金额。

（5）组成合同的文件。合同文件应能相互解释，互为说明。除专用条款另有约定外，组成合同的文件及优先解释顺序如下：本合同协议书、中标通知书、投标函及其附件、专用合同条款及其附件、通用合同条款、技术标准和要求、图纸、已标价工程量清单或工程预算书、其他合同文件。

（6）本合同协议书中有关词语含义与第二部分《通用合同条款》中赋予的含义相同。

（7）承包人向发包人承诺按照法律规定及合同约定进行施工、竣工并在缺陷责任期及质量保修期内承担相应的工程维修责任。

（8）发包人向承包人承诺按照法律规定履行项目审批手续、筹集工程建设资金并按照合同约定的期限和方式支付合同价款。

（9）合同的生效。

（二）《通用合同条款》

《通用合同条款》通用于一切建筑工程，是规范承发包双方履行合同义务的标准化条款。其主要有以下内容。

（1）词语定义及合同文件。

（2）双方的一般权利和义务。

（3）工期和进度。

（4）工程质量。

（5）试验与检验。

（6）安全文明施工与环境保护。

（7）合同价格、计量与支付。

（8）材料与设备。

（9）工程变更。

（10）竣工验收、工程试车与结算。

（11）违约、索赔和争议解决。

（12）其他。

（三）《专用合同条款》

《专用合同条款》是反映招标工程具体特点和要求的合同条款，其解释优先于《通用合同条款》。

四、建筑工程项目施工合同的履行与变更

建筑工程项目施工合同的履行是指当事人双方按照工程项目合同条款的规定，全面完成各自义务的活动。建筑工程项目施工合同履行的关键在于工程项目变更的处理。

合同的变更是由于设计变更、实施方案变更、发生意外风险等原因而引起的甲乙双方责任、权利、义务的变化在合同条款上的反映。适当而及时的变更可以弥补初期合同条款

的不足，但频繁或失去控制的合同变更会给项目带来重大损失甚至导致项目失败。

（一）合同变更的类型

1. 正常和必要的合同变更

工程项目甲乙双方根据项目目标的需要，对必要的设计变更或项目工作范围调整等引起的变化，经过充分协商对原订合同条款进行适当的修改，或补充新的条款。这种有益的项目变化引起的原合同条款的变更是为了保证工程项目的正常实施，是有利于实现项目目标的积极变更。

2. 失控的合同变更

如果合同变更过于频繁，或未经甲乙双方协商同意的变更，往往会导致项目受损或使项目执行产生困难。这种项目变化引起的原合同条款的变更不利于工程项目的正常实施。

（二）合同变更的内容范围

1. 工作项目的变化

由于设计失误、变更等原因增加的工程任务应在原合同范围内，并应有利于工程项目的完成。

2. 材料的变化

为便于施工和供货，有关材料方面的变化一般由施工单位提出要求，通过现场管理机构审核，在不影响项目质量、不增加成本的条件下，双方用变更书加以确认。

3. 施工方案的变化

在工程项目实施过程中，设计变更、施工条件改变、工期改变等原因，可能引起原施工方案的改变。如果是由于建设单位原因引起的变更，应该以变更书加以确认，并给施工单位补偿因变更而增加的费用。如果是由于施工单位自身原因引起的施工方案的变更，其增加的费用由施工单位自己承担。

4. 施工条件的变化

由于施工条件变化引起费用的增加和工期延误，应该以变更书加以确认。对不可预见的施工条件的变化，其所引起的额外费用的增加应由建设单位审核后给予补偿，所延误的工期由双方协商共同采取补救措施加以解决。当施工条件变化是可预见的时，应该是谁的原因谁负责。

5. 国家立法的变化

当由于国家立法发生变化导致工程成本增减时，建设单位应该根据具体情况进行补偿和收取。

五、建筑工程项目施工合同纠纷的处理

对于建筑工程项目施工合同纠纷的处理，通常有协商、调解、仲裁和诉讼4种方式。

（一）协商

协商解决是指合同当事人在自愿互谅的基础上，按照法律和法规的规定，通过摆事实、讲道理解决纠纷的一种方法。自愿、平等、合法是协商解决的基本原则。这是解决合同纠纷最简单的一种方式。

（二）调解

调解是在第三者主持下，通过劝说引导，在互谅互让的基础上达成协议，从而解决争

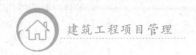

端的一种方式。

（三）仲裁

当合同双方的争端经过双方协商和中间人调解等办法，仍得不到解决时，可以提请仲裁机构进行仲裁，由仲裁机构做出具有法律约束力的裁决行为。

（四）诉讼

凡是合同中没有订立仲裁条款，事后也没有达成书面仲裁协议的，当事人可以向法庭提起诉讼，由法院根据有关法律条文做出判决。

第三节　建筑工程项目风险管理

一、风险概述

（一）风险及其相关概念

风险就是在给定情况下和特定时间内，可能发生的结果与预期目标之间的差异。风险要具备两方面条件：一是不确定性；二是产生损失后果。

以下为与风险有关的概念。

（1）风险因素是指能产生或增加损失概率和损失程度的条件或因素。可分为自然风险因素、道德风险因素、心理风险因素。

（2）风险事件是造成损失的偶发事件，是造成损失的外在原因或直接原因。

（3）损失是指经济价值的减少，有直接损失和间接损失。

风险因素、风险事件、损失与风险之间的关系为：风险因素→风险事件→损失→风险。

（二）风险的分类

（1）按风险的后果划分，可将风险分为纯风险和投机风险。纯风险是指只会造成损失而不会带来收益的风险。投机风险则是可能造成损失也可能创造额外收益的风险。

（2）按风险产生的原因划分，可将风险分为政治风险、社会风险、经济风险、自然风险、技术风险等。

二、建筑工程项目风险与风险管理

（一）建筑工程项目风险的特点

（1）建筑工程项目的风险大。这是由建筑工程项目本身的固有特性决定的。

（2）参与工程建设各方均有风险，但风险有大有小。

（二）风险管理的概念

风险管理是为了达到一个组织的既定目标，而对组织所承担的各种风险进行管理的系统过程，其采取的方法应符合公众利益、人身安全、环境保护及有关法规的要求。风险管理过程一般包括下列几个环节。

（1）风险辨识，即分析存在哪些风险。

（2）风险分析，即衡量各种风险的风险量。

（3）风险对策决策，即制定风险控制方案，以降低风险量。

（4）风险防范，即采取各种处理方法，消除或降低风险。

这几个阶段综合构成了一个有机的风险管理系统，其主要目的就是帮助参与项目的各方承担相应的风险。

（三）风险管理的任务

风险管理主要有以下几项任务。

（1）在招投标过程中和合同签订前对风险进行全面分析和预测。

（2）对风险进行有效预防。

（3）在合同实施中对可能发生，或已经发生的风险进行有效控制。

（四）风险分析的主要内容

风险分析是风险管理系统中的一个不可分割的部分，其实质就是找出所有可能的选择方案，并分析任一决策可能产生的各种结果。其即可以使我们深入了解如果项目没有按照计划实施会发生何种情况。因此，风险分析必须包括风险发生的可能性和产生后果的大小两个方面。

> **知识拓展**
>
> 客观条件的变化是风险的重要成因。虽然客观状态不以人的意志为转移，但是人们可以认识和掌握其变化的规律性，对相关的因素做出科学的估计和预测，这是风险分析的重要内容。

风险分析的目标可分为损失发生前的目标和损失发生后的目标。

（1）损失发生前的目标：节约经营成本、减少忧虑心理、达到应尽社会责任。

（2）损失发生后的目标：维持组织继续生存、使组织收益稳定、使组织继续发展。

风险分析主要依靠如下几方面因素。

（1）对环境状况的了解程度。要精确地分析风险必须进行详细的环境调查，占有第一手资料。

（2）对文件分析的全面程度、详细程度和正确性，依赖于文件的完备程度。

（3）对对方意图了解的深度和准确性。

（4）对引起风险的各种因素的合理预测及预测的准确性。

在分析和评价风险时，最重要的是坚持实事求是的态度，切忌偏颇之见。遇到风险并不可怕，关键是能否在充分调查研究基础上做出正确的分析和评价，从而找到避开和转移风险的措施和办法。

（五）风险的防范

1. 风险回避

通常风险回避与签约前谈判有关，也可应用于项目实施过程中所做的决策。对于现实风险或致命风险多采取这种方式。

2. 风险降低

风险降低又称风险缓和，常采用三种措施：一是通过教育培训提高员工素质；二是对

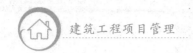

人员和财产提供保护措施；三是使项目实施时保持一致的系统。

3. 风险转移

风险转移就是将风险因素转移给第三方，如保险转移。

4. 风险自留

一些造成损失小、重复性高的风险适合自留。并不是所有风险都可转移，或者说将某些风险转移是不经济的，在某些情况下，自留一部分风险也是合理的。

第四节　建筑工程项目施工索赔

一、建筑工程项目施工索赔概述

（一）索赔的概念

索赔是指在合同的实施过程中，合同一方因对方不履行或未能正确履行合同规定的义务或未能保证承诺的合同条件实现而遭受损失后、向对方提出的补偿要求。

（二）施工索赔的起因

（1）发包人违约，包括发包人和监理工程师没有履行合同责任，没有正确地行使合同赋予的权力，工程管理失误，不按合同支付工程款等。

（2）合同错误，如合同条文不全、错误、矛盾、有二义性；设计图纸、技术规范错误等。

（3）合同变更，如双方签订新的变更协议、备忘录、修正案，发包人下达工程变更指令等。

（4）工程环境变化，包括法律、市场物价、货币兑换率、自然条件的变化等。

（5）不可抗力因素，如恶劣的气候条件、地震、洪水等。

（三）施工索赔的分类

由于索赔贯穿工程项目全过程，发生范围比较广泛。一般有以下几种分类方法。

1. 按索赔当事人分类

（1）承包人与发包人之间索赔，其内容都是有关工程量计算、变更、工期、质量、价格方面的争议，也有中断或中止合同等其他行为的索赔。

（2）承包人与分包人之间索赔，其内容与上一种相似，但大多数是分包人向总包人索要付款和赔偿、承包人向分包人罚款或扣留支付款。

（3）承包人与供货人之间索赔，其内容多涉及产品质量、数量、交货时间、运输损坏等原因。

（4）承包人与保险人之间索赔，此类索赔多为承包人受到灾害、事故等。

2. 按索赔事件的影响分类

（1）工期拖延索赔。

由于发包人未能按合同规定提供施工条件，如未及时交付设计图纸、技术资料、场地、道路等；或非承包人原因发包人指令停止工程实施；或其他不可抗力等原因，造成工程中断，或工程进度放慢，使工期拖延，承包人对此提出索赔。

（2）不可预见外部障碍或条件索赔。

如果在施工期间，承包人在现场遇到一个有经验的承包人通常不能预见到的外界障碍或条件，如出现不能预见到的岩石、淤泥或地下水等。

（3）工程变更索赔。

由于发包人或工程师指令修改设计、增加或减少工程量；增加或删除部分工程、修改实施计划、变更施工次序，造成工期延长和费用损失，承包人对此提出索赔。

（4）工程中止索赔。

由于某种原因，如不可抗力因素影响、发包人违约，使工程被迫在竣工前停止实施，并不再继续进行，使承包人蒙受经济损失，因此提出索赔。

（5）其他索赔。

如货币贬值、汇率变化、物价和工资上涨、政策法令变化、发包人推迟支付工程款等原因引起的索赔。

3. 按索赔要求分类

（1）工期索赔，即要求发包人延长工期，推迟竣工日期。

（2）费用索赔，即要求发包人补偿费用损失，调整合同价格。

4. 按索赔所依据的理由分类

（1）合同内索赔。

合同内索赔指索赔以合同条文作为依据，发生了合同规定给承包人以补偿的干扰事件，承包人根据合同规定提出索赔要求，这是最常见的索赔。

（2）合同外索赔。

合同外索赔指工程实施过程中发生的干扰事件的性质已经超过合同范围。由于在合同中找不出具体的依据，一般必须根据适用于合同关系的法律解决索赔问题。

（3）道义索赔。

道义索赔指由于承包人失误（如报价失误、环境调查失误等）或发生承包人应负责的风险而造成承包人重大的损失。

5. 按索赔的处理方式分类

（1）单项索赔。

单项索赔是针对某一干扰事件提出的。索赔的处理是在合同实施过程中，干扰事件发生时，或发生后立即进行。它由合同管理人员处理，并在合同规定的索赔有效期内向发包人提交索赔意向书和索赔报告。

（2）总索赔。

总索赔又叫一揽子索赔或综合索赔。这是在工程中经常采用的索赔处理和解决方法。一般在工程竣工前，承包人将施工过程中未解决的单项索赔集中起来，提出一份总索赔报告，合同双方在工程交付前进行最终谈判，以一揽子方案解决索赔问题。

二、建筑工程项目施工索赔成立的条件

（一）索赔成立的条件

（1）与合同对照，事件已造成了承包人工程项目成本的额外支出，或直接工期损失。

（2）造成费用增加或工期损失的原因，按合同约定不属于承包人的行为责任或风险责任。

（3）承包人按合同规定程序提交索赔意向通知和索赔报告。

（二）索赔应具备的理由

（1）发包人违反合同给承包人造成时间、费用的损失。

（2）因工程变更（含设计变更、发包人提出的工程变更、监理工程师提出的工程变更，以及承包人提出并经监理工程师批准的变更）造成的时间、费用损失。

（3）由于监理工程师对合同文件的歧义解释、技术资料不确切，或由于不可抗力导致施工条件的改变，造成了时间、费用的增加。

（4）发包人提出提前完成项目或缩短工期而造成承包人的费用增加。

（5）发包人延误支付期限造成承包人的损失。

（6）对合同规定以外的项目进行检验，且检验合格，或非承包人的原因导致项目缺陷的修复所产生的损失或费用。

（7）非承包人的原因导致工程暂时停工。

（8）物价上涨、法规变化及其他。

三、常见的建筑工程项目施工索赔

（一）因合同文件引起的索赔

（1）有关合同文件的组成问题引起的索赔。

（2）关于合同文件有效性引起的索赔。

（3）因图纸或工程量表中的错误引起的索赔。

（二）有关工程施工的索赔

（1）地质条件变化引起的索赔。

（2）工程中人为障碍引起的索赔。

（3）增减工程量引起的索赔。

（4）各种额外的试验和检查费用偿付。

（5）工程质量要求的变更引起的索赔。

（6）关于变更指令有效期引起的索赔。

（7）指定分包商违约或延误造成的索赔。

（8）其他有关施工的索赔。

（三）关于价款方面的索赔

（1）关于价格调整方面引起的索赔。

（2）关于货币贬值和严重经济失调引起的索赔。

（3）拖延支付工程款的索赔。

（四）关于工期的索赔

（1）关于延长工期的索赔。

（2）由于延误产生损失的索赔。

（3）赶工费用产生的索赔。

（五）特殊风险和人力不可抗拒灾害索赔

特殊风险索赔一般是指核污染及冲击波破坏等引起的索赔；人力不可抗拒灾害索赔主

要指自然灾害引起的索赔。

（六）工程暂停、中止合同的索赔

（1）施工过程中，监理工程师有权下令暂停工程或任何部分工程，只要这种暂停命令并非承包人违约或其他意外风险造成，承包人不仅可以得到一切工期延展的权利，而且可以就其停工损失获得合理的额外费用补偿。

（2）中止合同和暂停工程的意义是不同的。有些中止的合同由于意外风险造成的损害十分严重；还有一种中止合同是由"错误"引起的中止，如发包人认为承包人不能履约而中止合同。

（七）财务费用补偿的索赔

财务费用补偿的索赔是指，因各种原因使承包人财务开支增大而导致的贷款利息等财务费用。

四、建筑工程项目施工索赔的依据

（一）合同文件

合同文件是索赔的最主要依据。

（二）订立合同所依据的法律、法规

（1）适用的法律和法规。
（2）适用的标准和规范。双方在专用条款内约定适用国家标准、规范的名称。

（三）相关证据

证据是指能证明案件事实的一切材料。工程索赔中有以下证据类型。
（1）招标文件、合同文本及附件，其他的各种签约（备忘录、修正案等），发包人认可的工程实施计划，各种工程图纸（包括图纸修改指令），技术规范等。
（2）来往信件，如发包人的变更指令、各种通知、对承包人问题的答复信等。
（3）各种会谈纪要。
（4）施工进度计划和实际施工进度。
（5）施工现场的工程文件。
（6）工程照片。
（7）气候报告。
（8）工程中的各种检查验收报告和各种技术鉴定报告。
（9）工地的交接记录，图纸和各种资料交接记录。
（10）建筑材料和设备的采购、订货、运输、进场，使用方面的记录、凭证和报表等。
（11）市场行情资料，包括市场价格、官方的物价指数、工资指数、中央银行的外汇比率等资料。
（12）各种会计核算资料。
（13）国家法律、法令、政策文件。

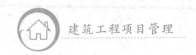

五、建筑工程项目施工索赔的程序

（一）提出索赔要求

当出现索赔事项时，承包人以书面索赔通知书的形式，在索赔事项发生后的 28 天以内，向工程师正式提出索赔意向通知。

（二）报送索赔资料

在索赔通知书发出后的 28 天内，向工程师提出延长工期和（或）补偿经济损失的索赔报告及有关资料。

（三）工程师答复

工程师在收到承包人送交的索赔报告有关资料后，于 28 天内给予答复，或要求承包人进一步补充索赔理由和证据。

（四）工程师逾期答复后果

工程师在收到承包人送交的索赔报告的有关资料后 28 天未予答复，或未对承包人做进一步要求，则视为该项索赔已经认可。

（五）持续索赔

当索赔事件持续进行时，承包人应当阶段性地向工程师发出索赔意向，在索赔事件终了后 28 天内，向工程师送交索赔的有关资料和最终索赔报告；工程师应在 28 天内给予答复或要求承包人进一步补充索赔理由和证据。逾期未答复，视为该项索赔成立。

（六）索赔的解决

索赔的解决方法一般为谈判、调解，当承包人和发包人不能接受，即进入仲裁、诉讼程序。

六、索赔文件的编制方法

（一）总述部分

概要论述索赔事项发生的日期和过程，承包人为该索赔事项付出的努力和附加开支，承包人的具体索赔要求。

（二）论证部分

论证部分是索赔报告的关键部分，其目的是说明自己有索赔权，是索赔能否成立的关键。

（三）索赔款项（或工期）计算部分

如果说论证部分的任务是解决索赔权能否成立，则款项计算是为解决多少款项；前者定性，后者定量。

（四）证据部分

要注意引用的每个证据的效力或可信程度，对重要的证据资料最好附以文字说明，或附以确认件。

第八章 建筑工程项目职业健康安全与环境管理

第一节 建筑工程项目职业健康安全与环境管理概述

建筑工程项目职业健康安全与环境管理的目的是保护产品生产者和使用者的健康与安全。要控制工作场所内员工、临时工作人员、合同方人员、访问者和其他人员的健康和安全因素。建筑工程项目环境管理的目的是保护生态环境，使社会的经济发展与人类的生存环境相互协调。要控制作业现场的各种粉尘、废水、废气、固体废弃物以及噪声、振动对环境的污染和危害，考虑能源节约和避免资源浪费。

职业健康安全与环境管理是建筑生产组织（企业）为达到建筑工程项目职业健康安全与环境管理的目的而进行的组织、计划、控制、领导和协调的活动，包括制定、实施、实现、评审和保持职业健康安全与环境方针所需的组织结构、计划活动、职责、惯例、程序、过程和资源，并为此建立职业健康安全与环境管理体系。

> **知识拓展**
>
> 职业健康安全与环境管理是密切联系的两个管理方向。环境管理工作做得好，会对安全管理工作起到巨大的促进作用；相反，如果环境管理工作做得差，那么其会给安全管理工作带来很大的负面影响。同时，安全管理工作做得好，也会给工程项目带来良好的施工环境和生活环境。

一、职业健康安全管理体系简介

职业健康安全管理体系是用系统论的理论和方法，来解决人们通常不能解决的生产事故和劳动疾病的问题，即从组织管理上来解决职业健康安全问题。组织实施职业健康安全管理体系的目的是辨别组织内部存在的危险源，控制其风险，从而避免或减少事故的发生。

二、职业健康安全管理与环境管理体系的作用

建立职业健康安全管理体系，可以使施工现场人员所面临的安全风险减小到最低程度，实现预防和控制伤亡事故、职业病等；通过改善劳动者的作业条件，可提高劳动者的身心健康和劳动效率，直接或间接地使企业获得经济效益；实现以人为本的安全管理，人力资源的质量是提高生产率水平和促进经济增长的重要因素，安全管理体系将是保护和发展生产力的有效方法；另外，建立职业健康安全管理体系，将提升企业的品牌和市场竞争力，促进项目管理现代化，增强企业对国家经济发展的贡献能力。建立环境管理体系，可规范企业和社会团体等所有组织的环境表现，使之与社会经济发展相适应，减少人类各项活动所造成的环境污染，节约能源，从而促进经济的可持续发展。

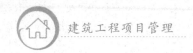

三、职业健康安全管理与环境管理体系的建立和实施

为适应现代职业健康安全和环境管理的需要，达到预防和减少生产事故和劳动疾病、保护环境的目的，职业健康安全与环境管理体系采用了一个动态循环并螺旋上升的系统化管理模式，该模式为职业健康安全与环境管理体系提供了一套系统化的方法。该模式分为五个过程，即制定职业健康安全（环境）方针、规划（策划）、实施与运行、检查和纠正措施以及管理评审。这五个基本过程包含职业健康安全与环境管理体系的建立过程和建立后的有计划的评审及持续改进的循环，它们可保证职业健康安全与环境管理体系的不断完善和提高。职业健康安全管理与环境管理体系的运行模式如图 8-1 所示。

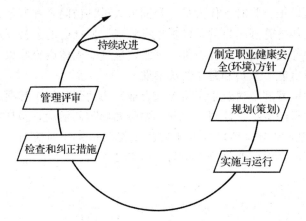

图 8-1 职业健康安全管理与环境管理体系的运行模式

第二节 建筑工程项目安全管理概述

一、建筑工程项目安全及安全生产

(一) 安全及安全生产的概念

安全是指没有危险、不出事故的状态。安全包括人身安全、设备与财产安全、环境安全等。通俗地讲，安全就是指安稳，即人的平安无事、物的安稳可靠、环境的安定良好。

安全生产是指在劳动生产过程中，通过努力改善劳动条件、克服不安全因素、防止伤亡事故发生，使劳动生产在保障劳动者安全健康和国家财产不受损失的前提下顺利进行。

(二) 我国建筑工程项目安全生产形势

安全生产长期以来一直是我国的一项基本国策，是保护劳动者安全健康和发展生产力的重要工作，必须贯彻执行；安全生产也是维护社会安定团结，促进国民经济稳定、持续、健康发展的基本要求，是社会文明程度的重要标志。企业是安全生产工作的主体，必须贯彻落实安全生产的法律、法规，加强安全生产管理，实现安全生产目标。施工项目作为建筑业安全生产的载体，必须履行安全生产责任，确保安全生产。安全与生产是辩证统一的关系，生产必须安全，安全促进生产。

党和政府非常重视安全生产，近年来，采取了许多治理措施，取得了显著成效，将建筑施工企业列入国家对安全生产专项整治的领域，以进一步改善和提高建筑安全管理水平。安全生产既是攻坚战也是持久战，要树立以人为本、安全发展的理念，创新安全的管理模式，落实企业主体责任，提升监管执法和应急处置能力。安全生产要坚持以预防为主、标本兼治，经常开展安全检查，搞好预案演练，建立健全长效机制。

（三）建筑工程施工及施工安全生产的特点

1. 建筑工程施工的特点

（1）流动性。

建筑产品的固定性决定了建筑施工的流动性。由于产品的固定性，生产者和生产设备不仅要随着建筑物建造地点的变动而变动，而且还要随着建筑物的施工部位变动。施工队伍中的人员流动也相当大，总有新的工人加入到施工队伍中，且他们的技术水平和安全意识参差不齐。

（2）周期长。

建筑产品的庞大性决定了建筑施工的周期长。由于产品的庞大性，在建造过程中要投入大量的劳动力、材料、机械等，同时，建筑施工还受到工艺流程和施工程序的制约，各专业、各工种之间必须按照合理的施工顺序进行配合和衔接，因此施工周期较长。

（3）单件性。

建筑产品的多样性决定了建筑施工的单件性。由于产品的多样性，不同的甚至相同的建筑物，在不同地区、不同季节、不同现场的条件下，其施工准备工作、施工工艺和施工方法等也不尽相同。

（4）复杂性与先进性。

建筑产品的综合性决定了建筑施工的复杂性。建筑施工涉及面广，除建筑力学、建筑结构、建筑构造、地基基础、机械设备、建筑材料等学科外，还涉及城市规划、勘察设计、消防、环境保护等社会各部门的协调配合，这些造成了建筑施工的复杂性。

为提高劳动生产率，技术人员总是在不断地采取新技术、新设备，施工人员总是在不断地接受新技术、新设备，而熟练掌握新技术、新设备需要一定过程。这些使了建筑施工具有先进性。

（5）高空作业多、手工操作多、体力消耗大、受气候影响大。

建筑产品体积庞大，整个房屋的高度达几十米甚至几百米，建筑工人要在高空从事露天作业，受气候的影响相当大。尽管许多先进技术应用于建筑施工，机械设备代替了许多手工劳动，但从整体建设活动来看，手工操作所占的比重仍然很高，工人的体力消耗很大，劳动强度相当高。

2. 建筑工程施工安全生产的特点

（1）产品的固定性导致作业环境的局限性。建筑产品位于一个固定的位置，这既导致了必须在有限的场地和空间上集中大量的劳动力、材料、机具来进行交叉作业，也导致了作业环境的局限性，因而容易发生物体打击等伤亡事故。

（2）露天作业导致作业条件恶劣。建筑施工大多数在露天空旷的场地上完成，这导致施工人员的工作环境相当艰苦，容易发生伤亡事故。

（3）产品体积庞大带来了施工作业的高空性。建筑产品的体积十分庞大，操作工人大多在十米以上的高处进行作业，因而容易发生高处作业的伤亡事故。

（4）产品流动性大、工人素质不一，给安全管理带来了难度。施工人员流动性大、素质参差不齐，这要求安全管理措施必须及时、到位，这也使施工安全管理难度增大。

（5）手工操作多、体力消耗大、强度高带来了个体劳动保护的艰巨性。在恶劣的作业环境下，施工工人的手工操作多、体能耗费大，劳动时间和劳动强度都比其他行业要大，职业危害严重，这带来了个体劳动保护的艰巨性。

（6）产品多样性、施工工艺多变性的要求，带来了安全措施和安全管理措施的保证性。由于建筑产品具有多样性，施工工艺具有多变性，如一栋建筑物从基础、主体至竣工验收，各道施工工序均有其不同的特性，因此安全的因素各不相同。随着工程建设的进行，施工现场的不安全因素也在变化。同时，施工单位必须根据工程建设进度和施工现场的情况不断地、及时地采取安全技术措施和安全管理措施予以保证。

（7）施工场地窄小带来了多工种的立体交叉性。随着城市用地的紧张，建筑由低向高发展、施工现场由宽到窄发展，这使施工场地与施工条件的矛盾日益突出，多工种交叉作业增加，这也导致机械伤害、物体打击事故增多。

（8）拆除工程潜在危险带来作业的不安全性。随着旧城改造的深入，拆除工程数量随之加大，而原建筑物施工图纸很难找到，不断加层或改变结构使原体系性质发生变化，这带来了作业的不安全性，容易导致拆除工程倒塌事故的发生。

建筑工程施工及施工安全生产的上述特点，决定了施工生产的安全隐患多存在于高处作业、交叉作业、垂直运输、个体劳动保护以及电气工具的使用上。同时，超高层、新、奇、个性化的建筑产品的出现，给建筑施工带来了新的挑战，也给建筑工程安全管理和安全防护技术提出了新的要求。

二、建筑工程安全管理

（一）建筑工程安全管理的含义

建筑工程安全管理是指在施工过程中组织安全生产的全部管理活动。安全管理以国家法律、法规和技术标准等为依据，采取各种手段，通过对生产要素进行过程控制，使生产要素的不安全行为和不安全状态得以减少或消除，达到减少一般事故、杜绝伤亡事故的目的，从而保证安全管理目标的实现。

（二）建筑工程安全管理的手段

安全法规、安全技术、经济手段、安全检查与安全评价、安全教育文化手段是安全管理的五大主要手段。

1. 安全法规

安全法规也称劳动保护法规，是保护职业安全生产的政策、规程、条例、规范和制度。其对改善劳动条件、确保职工身体健康和生命安全，维护财产安全，起着法律保护的作用。

2. 安全技术

安全技术是指在施工过程中为防止和消除伤亡事故或减轻繁重劳动所采取的措施。其基本内容包括预防伤亡事故的工程技术措施。其作用是使安全生产从技术上得到落实。

3. 经济手段

经济手段是指各类责任主体通过各类保险为自己编织一个安全网，维护自身利益，同时，运用经济杠杆使信誉好、建筑产品质量高的企业获得较高的经济效益，对违章行为进行惩罚。经济手段有工伤保险、建筑意外伤害保险、经济惩罚制度、提取安全费用制度等。

4. 安全检查与安全评价

安全检查是指在施工生产过程中，为了及时发现事故隐患、排除施工中的不安全因素、纠正违章作业、监督安全技术措施的执行、堵塞漏洞、防患于未然，而对安全生产中容易发生事故的主要环节、部位、工艺完成情况，由专门的安全生产管理机构进行全过程的动态检查，以改善劳动条件，防止工伤事故、设备事故的发生。

> **知识拓展**
>
> 安全评价是采用系统科学方法，辨别和分析系统存在的危险，并根据其形成事故的风险，采取相应的安全措施。安全评价的基本内容和一般过程是：辨别危险性、评价风险、采取措施、达到安全指标。安全评价的形式有定性安全评价和定量安全评价。

5. 安全教育文化手段

安全教育文化手段是通过行业与企业文化，以宣传教育的方式提高行业人员、企业人员对安全的认识，增强其安全意识。

（三）建筑工程安全管理的特点

1. 管理面广

由于建筑工程规模较大、生产工艺复杂、工序多、不确定因素多，因此安全管理工作涉及范围大，控制面广。

2. 管理的动态性

建筑工程项目的单件性使得每项工程所处的条件不同，所面临的危险因素和采取的防范措施也不同，需要一个动态性的安全管理。每项工程的工作制度和安全技术措施不同，员工需要有一个熟悉的过程。

3. 管理系统的交叉性

建筑工程项目是开放的系统，受自然环境和社会环境的影响很大，安全管理需要把工程项目系统和环境系统及社会系统结合起来。

4. 管理的严谨性

安全状态具有触发性，其控制措施必须严谨，一旦失控，就会造成损失和伤害。

（四）建筑工程安全管理的必要性

1. 安全生产是企业效益的基础

（1）安全生产与经济效益是辩证统一的关系。首先，安全生产是提高经济效益的基础和保证。其次，良好的经济效益能够更好地促进建筑施工企业安全生产。

（2）安全投入是具有回报性的投资。安全投入不仅仅是一顶安全帽、一副手套，还包括安全检验、配备安全人员、安全培训、安全管理制度等。若安全投入到位，其回报将逐渐显现出来。实践证明，许多企业的成功与重视安全投入有关。

2. 安全生产是经济持续健康发展的保证

安全生产不仅与国家的经济增长率、综合国力、国外市场的开拓有重要而紧密的关系，而且还关系到国民生活水平。

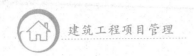

3. 安全生产是保障人权、构建和谐社会的需要

社会生产实践的主体是人，安全生产是尊重人权、构建和谐社会的一个重要组成部分。

三、安全生产的方针与原则

(一) 安全生产的方针

安全生产的方针是对安全生产工作的总要求，是安全生产工作的方向。我国的安全生产方针是"安全第一、预防为主、综合治理"。安全第一是原则，预防为主、综合治理是手段和途径。

1. 安全第一的含义

安全第一，就是在生产经营活动中，在处理安全与生产经营活动的关系上，始终将安全放在首位，优先考虑从业人员和其他人员的人身安全，实行安全优先的原则。在确保安全的前提下，努力实现生产的其他目标。

2. 预防为主的含义

预防为主，就是按照系统化、科学化的管理思想，按照事故发生的规律和特点，千方百计预防事故的发生，做到防患于未然，将事故消灭在萌芽状态中。虽然人类在生产活动中还不可能完全杜绝事故的发生，但只要思想重视，预防措施得当，事故是可以减少的。

3. 综合治理的含义

综合治理，就是标本兼治，重在治本，在采取断然措施遏制重大、特大事故，实现安全指标的同时，积极探索和实施治本之策，综合运用科技手段、法律手段、经济手段、教育培训和必要的行政手段，从发展规划、行业管理、安全投入、科技进步、经济政策、教育培训、安全立法、激励约束以及追究事故责任、查处违法违纪等方面着手，解决影响制约我国安全生产的历史性、深层次问题，从而做到思想认识警钟长鸣，制度保证严密有效，技术支撑坚强有力，监督检查严格细致，事故处理严肃认真。

(二) 安全生产的原则

1. 管生产必须管安全

项目中的各级领导和全体员工在生产过程中，必须坚持在抓好生产的同时抓好安全工作。抓生产必须抓安全的原则是施工项目必须坚持的基本原则，体现了安全与生产的统一。

2. 安全具有否决权

安全工作是衡量项目管理的一项基本内容。其要求在对项目各项指标考核评优创先时，首先考虑安全指标的完成情况，安全指标具有一票否决的作用。

3. 职业安全卫生"三同时"

职业安全卫生"三同时"，是指一切生产性的基本建设和技术改造工程项目，必须符合国家的职业安全卫生方面的法规和标准。职业安全卫生技术措施必须与主体工程同时设计、同时施工、同时投产使用。

4. 事故处理的"四不放过"

国家法律、法规要求，企业一旦发生事故，在处理事故时需实施"四不放过"原则。"四不放过"是指在因工伤亡事故的调查处理中，必须坚持事故原因分析不清"不放过"、事故责任者和群众没有受到教育"不放过"、没有制定防范措施"不放过"、事故责任者和领导没有处理"不放过"。

四、安全生产管理体制

企业负责是市场经济体制下安全生产管理体制的基础和根本，即企业在生产经营活动中必须对本企业的安全生产负全面责任。行业管理即各级行业主管部门对用人单位的安全生产工作应加强指导，进行管理。国家监察就是各级政府部门对用人单位遵守安全生产法律、法规的情况实施监督检查，对用人单位违反安全生产法律、法规的行为实施行政处罚。在群众监督方面，一方面工会应依法对用人单位的安全生产工作实行监督；另一方面劳动者对违反安全生产及劳动保护法律、法规和危害生命及身体健康的行为有权提出批评、检举和控告。劳动者遵章守纪是指劳动者在劳动过程中，必须严格遵守安全操作规程，要珍惜生命、爱护自己、勿忘安全，自觉地遵章守纪、确保安全。

五、建筑工程项目安全管理的依据与内容

（一）建筑工程项目安全管理的依据

（1）国家和地方有关安全生产、建筑工程安全生产的法律、法规，如《建筑法》《安全生产法》等。

（2）有关建筑工程安全生产技术的法规，包括建筑工程施工安全检查标准，如《建筑施工安全检查标准》（JGJ 59－2011）；控制施工作业活动安全的技术规范和规程，如《建筑机械使用安全技术规程》（JGJ 33－2012）。

（二）建筑工程项目安全管理的内容

（1）认真贯彻执行国家和地方安全生产管理工作的法律、法规和方针政策、建筑工程施工安全技术标准规范及各项安全生产管理制度。结合施工项目的具体情况，制定安全技术措施、安全计划，并组织实施。

（2）建立安全生产管理组织机构，明确职责权限，建立和落实安全生产责任制度、安全教育培训制度等，实行项目施工安全控制。

（3）认真进行施工安全检查，实行班组安全自检、互检和专检相互结合的方法，做好安全检查、安全验收。

（4）对安全检查中发现的安全隐患，及时处理。

（5）做好施工现场的文明施工、环境保护管理。

（6）做好安全事故的调查和处理工作。

六、建筑工程项目安全管理的制度

（一）职业健康安全生产责任制

建立职业健康安全生产责任制是做好安全管理工作的重要保证，在工程实施前，由项目经理部对各级负责人、各职能部门以及各类施工人员在管理和施工过程中应当承担的相应责任做出明确规定，也就是把安全生产责任分解到岗、落实到人，具体表现在以下几个方面。

（1）在工程项目施工过程中，必须有符合项目特点的安全生产制度，安全生产制度要

符合国家和地方，以及本企业的有关安全生产政策、法规、条例、规范和标准。参加施工的所有管理人员和工人都必须认真执行并遵守安全生产制度的规定和要求。

（2）建立健全安全管理责任制，明确各级人员的安全责任，这是搞好安全管理的基础。从项目经理到一线工人，安全管理应做到纵向到底，一环不漏；从专门管理机构到生产班组，安全生产应做到横向到边，层层有责。

（3）施工项目应通过监察部门的安全生产资质审查，并得到认可。其目的是严格规范安全生产条件，进一步加强安全生产的监督管理，防止和减少安全事故的发生。

（4）一切从事生产管理与操作的人员，应当依照其从事的生产内容和工种，分别通过企业、施工项目的安全审查，取得安全操作许可证，进行持证上岗。特种工种的作业人员，除必须经企业的安全审查外，还需按规定参加安全操作考核，取得监察部门核发的安全操作合格证。

（二）安全施工组织设计

（1）安全施工组织设计包括：工程概况，控制目标，控制程序，组织机构，职责权限，规章制度，安全施工方案和施工方法，施工进度计划，施工准备，施工平面图，资源配置，安全措施，检查评价，奖惩制度，防火、防盗、不扰民措施，季节性施工安全措施，安全生产注意事项，主要安全技术保障措施，技术经济指标，环境保护等。

（2）安全施工组织设计必须经公司技术负责人、总工程师审批和监理单位审批。

（3）对专业性较强和危险性较大的项目，均要编制相应的专项安全施工组织设计或安全施工方案和施工方法，如基坑支护、脚手架、施工用电、模板工程、"三宝""四口"防护、塔吊、物料提升机、人货两用电梯等安全施工方案。

（4）安全施工方案和施工方法要有针对性。

①安全施工方案和施工方法的编制依据。国家和政府有关部门安全生产的法律、法规和有关部门规定，技术标准、规范，安全技术规程，安全管理规章制度。

②安全施工方案和施工方法的编制原则。安全施工方案和施工方法的编制，必须考虑现场的实际情况、施工特点及周围作业环境，方法要有针对性。凡施工过程中可能发生的危险因素及建筑物周围外部环境不利因素等，都必须从技术上采取具体有效的措施予以预防。同时，安全施工方案和施工方法必须有设计、有计算、有详图、有文字说明。

③安全施工方案和施工方法的编制内容。安全施工方案和施工方法的编制内容包括深基坑、桩基础施工与土方开挖方案，工程临时用电方案，结构施工临边、洞口及交叉作业、施工防护安全技术措施，塔式起重机、施工外用电梯、垂直提升架等安装与拆除安全技术方案，大模板施工安全技术方案，脚手架及卸料平台安全技术方案，钢结构吊装安全技术方案，防水施工安全技术方案，设备安装安全技术方案，新工艺、新技术、新材料施工安全技术方案，防火、防毒、防爆、防雷安全技术措施，临街防护、临近外架供电线路、地下供电、供气、通风、管线毗邻建筑物防护等安全技术措施，主体结构、装修工程安全技术方案，群塔作业安全技术措施，中小型机械安全技术措施，安全网的架设范围及管理要求，冬、雨期施工安全技术措施，场内运输道路及人行通道的布置等。

④单位工程安全技术措施。对于结构复杂、危险性大、特性较多的单位工程，应单独编制安全施工方案，如爆破作业、大型吊装、沉箱、沉井、烟囱、水塔、各种特殊架设作业、高层脚手架、井架和拆除工程等，必须单独采取技术措施，并要有相应的依据。

（三）职业健康安全技术交底

职业健康安全技术交底是指导工人安全施工的技术措施，是工程项目职业健康安全技术方案的具体落实。职业健康安全技术交底一般由技术管理人员，根据分部分项工程的具体要求、特点和危险因素编写，是操作者的指令性文件，因而其要具体、明确、针对性强，不得用施工现场的职业健康安全纪律、职业健康安全检查等制度代替。在进行工程技术交底的同时进行职业健康安全技术交底。

1. 交底组织

设计图技术交底由公司工程部负责，向项目经理、技术负责人、施工队长等有关部门及人员交底。各工序、工种由项目责任工长负责向各班组长交底。

2. 技术交底的基本要求

项目经理部必须实行逐级安全技术交底制度，纵向延伸到班组全体作业人员；技术交底必须具体、明确、针对性强；技术交底的内容应针对分部分项工程施工中给作业人员带来的潜在危害和存在问题；技术交底应优先采用新的安全技术措施；应将工程概况、施工方法、施工程序、安全技术措施等，向工长、班组长进行详细交底；在技术安全方面定期向由两个以上作业队组成的和多工种进行交叉施工的作业队伍，进行书面交底；保存书面安全技术交底签字记录。

3. 项目经理部技术交底的重点

（1）图纸中各分部分项工程的部位及标高、轴线尺寸、预留洞的位置、预埋件的位置、结构设计意图等有关说明。

（2）施工操作方法，对不同工种要分别交底，施工顺序和工序间的穿插、衔接要详细说明。

（3）新结构、新材料、新工艺的操作工艺。

（4）冬、雨期施工措施及在特殊施工中的操作方法、注意事项、要点等。

（5）对原材料的规格、型号、标准和质量要求。

（6）各种混合材料的配合比添加剂要求详细交底。

（7）各工种、各工序穿插交接时可能发生的技术问题预测。

（8）凡发现未进行技术底的施工者，罚款500~1 000元。

4. 技术交底的方法

技术交底可以采用会议口头形式、文字图表形式，甚至示范操作形式，视工程施工复杂程度和具体交底内容而定。各级技术交底应有文字记录。关键项目、新技术项目应作文字交底。职业健康安全技术交底的主要内容包括以下几项。

（1）该工程项目的施工作业特点和危险点。

（2）针对危险点的具体预防措施。

（3）应注意的安全事项。

（4）相应的安全操作规程和标准。

（5）发生事故后应及时采取的避难和急救措施。

（四）职业健康安全教育培训

认真搞好职业健康安全教育是职业健康安全管理工作的重要环节，是提高全员职业健康安全素质、职业健康安全管理水平和防止事故，从而实现职业健康安全生产的重要手段。应建立三级安全教育制度，并认真执行。

（1）对新进场的工人要进行三级教育，考核后方能上岗，工人工种变换时也应进行安全教育。

（2）在特定情况下要进行安全教育。特定情况包括季节性改变、节假日前后、工作对象改变、工作环境改变、工种变换、采用新技术设备、发现事故隐患等。

（3）安全教育要有相应的教育培训记录。

（4）施工管理人员要按规定进行年度培训考核。

（五）职业健康安全检查

职业健康安全检查是消除隐患、防止事故、改善劳动条件及提高员工安全生产意识的重要手段，是职业健康安全管理措施中的一项重要内容。通过安全检查可以发现工程中的危险因素，以便有计划地采取措施，保证安全生产。施工项目的安全检查应由项目经理组织，定期进行。

1. 职业健康安全检查的分类

职业健康安全检查可分为日常性检查、专业性检查、季节性检查、节假日前后的检查和不定期检查。

2. 职业健康安全检查的主要内容

（1）查思想。

查思想主要检查企业领导和职工对安全生产工作的认识。

（2）查管理。

查管理主要检查工程的安全生产管理是否有效。主要内容包括安全生产责任制、安全技术措施计划、安全组织机构、安全保证措施、安全技术交底、安全教育、持证上岗、安全设施、安全标志、操作规程、违规行为和安全记录等。

（3）查隐患。

查隐患主要检查作业现场是否符合安全生产、文明生产的要求。

（4）查整改。

查整改主要检查过去提出问题的整改情况。

（5）查事故处理。

查事故处理主要检查对安全事故的处理是否达到查明事故原因、明确责任并对责任者做出处理、明确和落实整改措施等要求。同时，还应检查对伤亡事故是否及时报告、认真调查、严肃处理。

3. 职业健康安全检查的方法

随着职业健康安全管理科学化、标准化、规范化的发展，目前职业健康安全检查基本上都采用职业健康安全检查表及其一般方法，进行定性、定量的职业健康安全评价。

（1）职业健康安全检查表是一种初步的定性分析方法，它通过事先拟定的职业健康安全检查明细表或清单,对职业健康安全生产进行初步的诊断和控制。

(2) 职业健康安全检查的一般方法主要是看、量、测、现场操作等。①看:主要查看管理资料、上岗证、现场标志、交接验收资料、"安全三宝"使用情况、"洞口"防护情况、"临边"防护情况、设备防护装置等;②量:主要是用尺实测实量;③测:用仪器、仪表进行实地测量;④现场操作:由司机对各种限位装置进行实际运作,检验其灵敏程度。

(六)班前安全活动

必须建立班前活动制度,班前活动必须要有针对性。各班组在当班前必须检查工作环境、安全条件、机械设备的安全防护装置、个人防护用品等。每个班组都应有各自的活动记录本,记录当天的活动内容。

(七)特种作业上岗

建筑行业特种作业人员包括:电工、架子工、电(气)焊工、爆破工、机械操作工(平刨、圆锯盘、钢筋机械、搅拌机、打桩机等)、起重工、司炉工、塔吊司机及指挥人员、物料提升机(龙门架、井架)、外用电梯(人货两用电梯)司机、信号员、场内车辆驾驶员、砌筑机械拆装作业人员等。从事特种作业的人员必须有安全培训上岗证。特种作业人员应按要求进行考核。

(八)工伤事故

(1) 在施工现场应建立工伤事故登记制度,对工伤事故必须按"四不放过"原则进行处理,即事故原因不清楚"不放过",事故责任者和群众没有受到教育"不放过",有关责任人得不到处理"不放过",没有制定防范措施"不放过"。

(2) 现场无论有无伤亡事故,均需按实填写伤亡事故月报表,在规定时间内上报公司安全部门。

(3) 事故发生后,事故发生单位应严格保护事故现场,采取有效措施抢救人员和财产,防止事故扩大。事故发生后,应该及时上报有关部门,并组织有关人员进行调查分析,写出事故调查分析处理报告,呈报有关部门。

(九)安全标志

(1) 施工现场的安全标志牌不得集中挂在同一位置。

(2) 安全标志牌现场挂置位置应与现场平面图位置一致。

(3) 主要施工部门、作业点和危险区域及主要通道口均应挂设相关的安全标志。悬挂高度以距离地面 2.5~3.5 米为宜。

(4) 施工机械设备应随机挂设安全操作规程。

(5) 各安全标志必须符合国家标准《安全标志及其使用导则》(GB 2894—2008)的规定(禁止标志、警告标志、指令标志、提示标志),制作美观、统一。

(6) 施工现场使用的安全色,必须符合有关规定(安全色有 4 种颜色,即红色——禁止、停止;黄色——警告;蓝色——指令;绿色——指示、安全)。

(7) 施工现场的各种防护栏,在一般情况下是用红白相间的颜色,也可用黑黄相间的颜色,对于同一工地,要统一使用。

（十）安全资料建档

现场安全资料应由安全资料员或安全负责人收集管理，并应做到以下几点要求。

（1）及时认真收集，积累和分类编制。

（2）对资料定期进行整理和签订，确保资料的真实性、完整性和价值性。

（3）要分科目装订成册，进行标志、编目和立卷存档。

（4）切忌编造。

第三节 建筑工程项目现场安全管理

一、建筑工程项目安全生产管理机构及机构人员职责

（一）安全生产管理机构

施工现场应按建筑工程规模设置安全生产管理机构或配专职安全生产管理人员，建筑工程项目应当成立由施工总承包单位项目经理负责的安全生产管理小组，小组成员应包括企业派驻到项目的专职安全生产管理人员，并建立以施工总承包单位项目经理部、各专业承包单位、专业公司和施工作业班组参与的"纵向到底，横向到边"的安全生产管理组织网络。

> **知识拓展**
>
> 按《建设工程安全生产管理条例》的规定，施工单位应设立各级安全生产管理机构，配备专职安全生产管理人员。安全生产管理机构和专职安全生产管理人员是指协助施工单位各级负责人执行安全生产管理方针、政策和法律法规，实现安全管理目标的具体工作部门和人员。施工单位应设立各级安全生产管理机构，配备与其经营规模相适应的、具有相关技术职称的专职安全生产管理人员，在相关部门设兼职安全生产管理人员，在班组设兼职安全员。

（二）安全生产管理机构人员的职责

根据《建设工程项目管理规范》（GB/T 50326—2017）的相关规定，项目经理、安全员、作业队长、班组长、操作工人、分包人等的安全职责如下。

1. 项目经理的安全职责

（1）认真贯彻安全生产方针、政策、法规和各种制度，制定和执行安全生产管理办法，严格执行安全考核指标和安全生产奖惩办法，严格执行安全技术措施审批和安全技术措施交底制度。

（2）定期组织安全生产检查和分析，针对可能产生的安全隐患，制定相应的预防措施。

（3）当施工过程中发生安全事故时，项目经理必须按安全事故处理的有关规定和程序及时上报和处理，并制定防止同类事故再次发生的措施。

2. 建筑工程实行工程总分包时承包人对分包人的安全职责

（1）审查分包人的安全生产许可证、企业资质和安全管理体系，不应将工程分包给不具备安全生产许可证和不具备企业资质的分包人。

（2）在分包合同中应明确分包人的安全生产责任和义务。

（3）对分包人提出安全要求，并认真监督、检查。

（4）对违反安全规定冒险蛮干的分包人，应令其停工整改。

（5）承包人应统计分包人的伤亡事故，按规定上报，并按分包合同的约定协助处理分包人的伤亡事故。

3. 建筑工程实行工程总分包时分包人的安全职责

（1）分包人对施工现场的安全工作负责，认真履行分包合同规定的安全生产责任。

（2）遵守承包人的有关安全生产制度，服从承包人的安全生产管理，及时向承包人报告伤亡事故并参与调查，处理善后事宜。

4. 施工单位项目经理部项目总工程师的安全职责

（1）对建设工程安全生产承担技术责任。

（2）贯彻执行安全生产法律、法规与方针政策，严格执行施工安全技术规程、规范、标准。

（3）结合工程项目的特点，主持工程项目施工安全策划，识别、评价施工现场危险源与环境因素，参加或组织编制安全施工组织设计（专项施工方案）、工程施工安全计划；审查安全技术措施，保证其可行性与针对性，并随时检查、监督、落实及主持工程项目的安全技术交底。

（4）在主持制定技术措施计划和季节性施工方案的同时，制定相应的安全技术措施并监督执行，及时解决执行中出现的问题；工程项目应用新材料、新技术、新工艺时要及时上报，经批准后方可实施；要组织上岗人员的安全技术教育培训，认真执行相应的安全技术措施与安全操作工艺、要求。

（5）主持安全防护设施和设备的验收。若发现安全防护设施和设备出现不正常情况，应及时采取措施，严格控制不符合要求的安全防护措施、设备投入使用。

（6）参加安全检查，对施工中存在的不安全因素，从技术方面提出整改意见和办法予以消除。

（7）参加和配合对因工伤亡、严重安全隐患的调查，从技术角度分析事故的原因，提出防范措施与意见。

5. 安全员的安全职责

（1）进行施工现场安全生产巡视督查，并做好记录。

（2）落实安全设施的设置。

（3）对施工全过程的安全进行监督，纠正违章作业，配合有关部门排除安全隐患，组织安全教育和安全活动，监督劳保用品的质量和正确使用。

6. 作业队长的安全职责

（1）向作业人员进行安全技术交底，组织实施安全技术措施。

（2）对施工现场安全防护装置和设施进行验收。

（3）对作业人员进行安全操作规程培训，提高作业人员的安全意识，避免安全隐患。

（4）当发生重大伤亡事故时，应保护现场，立即上报并参与事故调查处理。

7. 班组长的安全职责

(1) 安排生产施工任务时，向本工种作业人员进行安全技术措施交底。

(2) 严格执行本工种安全操作技术规程，拒绝违章指挥。

(3) 作业前应对本次施工的所有机具、设备、防护用具及作业环境进行安全检查，消除安全隐患；检查安全标牌是否按规定设置，标识方法和内容是否正确完整。

(4) 组织班组开展安全活动，召开上岗前的安全会议。

(5) 每周进行安全讲评。

8. 操作工人的安全职责

(1) 认真学习并严格执行安全技术操作规程，不违规作业。

(2) 自觉遵守安全生产规章制度，执行安全技术交底和有关安全生产的规定。

(3) 服从安全人员的指导，积极参加安全活动。

(4) 爱护安全设施，正确使用防护用具。

(5) 对不安全作业提出建议，拒绝违章指挥。

二、建筑工程项目安全管理基本要求

(1) 施工单位必须取得安全行政主管部门颁发的《安全施工许可证》后才可开工。

(2) 施工总承包单位和每一个分包单位都应持有《施工企业安全资格审查认可证》。

(3) 各类人员必须具备相应的执业资格才能上岗。

(4) 所有新员工必须经过三级安全教育，即进公司、进项目部和进班组的安全教育。

(5) 特殊工种作业人员必须持有特种作业操作证，并严格按规定定期进行复查。

(6) 对查出的安全隐患要做到"五定"，即定整改责任人、定整改措施、定整改完成时间、定整改完成人、定整改验收人。

(7) 必须把好安全生产"六关"，即措施关、交底关、教育关、防护关、检查关、改进关。

(8) 施工现场安全设备齐全，符合现行国家及地方的有关规定。

(9) 施工机械（特别是现场安设的起重设备等）必须经安全检查合格后才能使用。

三、建筑工程项目现场安全计划

(一) 建筑工程项目现场安全计划的概念

建筑工程项目现场安全计划，简称安全计划，是施工项目安全策划结果的一项管理文件。安全计划主要是针对特定的施工项目，为完成预定的安全目标，编制专门的安全措施、资源和活动顺序的文件。

(二) 建筑工程项目现场安全计划的内容

根据建筑工程项目安全管理原理，建筑工程项目安全计划包括编制实现安全目标及安全要求的计划、实施、检查及处理四个环节的相关内容，即 PDCA 循环。一般而言，安全计划的内容包括以下几项。

(1) 项目安全目标。

(2) 实施安全目标所规定的相关部门、岗位的职责和权限。

(3) 危险源与环境因素识别、评价、论证的结果和相应的控制方式。

（4）适用法律、法规、标准规范和其他要求的识别结果。

（5）实施阶段有关各项要求的具体控制程序和方法。

（6）检查、审核和改进活动安排以及相应的运行程序和准则。

（7）实施、控制和改进安全管理体系所需的资源。

（8）安全控制程序、规章制度、施工组织设计、专项施工方案、专项安全技术措施以及安全记录。

（9）为满足安全目标所采取的其他措施。

（三）建筑工程项目现场安全计划的编制步骤

建筑工程项目现场安全计划应由施工现场项目经理主持，负责安全、技术、工艺和采购方面的有关人员参与编制。安全计划的编制过程实际是各项安全管理和安全技术的优化组合和接口的协调过程。编制安全计划的步骤如下。

1. 明确工程概况

明确工程概况包括建设工程组成状况及其建设阶段划分、每个建设阶段的工程项目组成状况、每个工程项目的单项工程组成状况等。

2. 明确安全控制程序

明确安全控制程序包括确定建设工程施工总安全目标、编制安全计划、实施安全计划、验证安全计划、持续改进安全计划和兑现合同承诺。

3. 明确安全控制目标

明确安全控制目标包括建设工程施工总安全目标，每个工程项目安全目标，每个工程项目的单项工程、单位工程和分部分项工程安全目标。

4. 确定安全管理组织结构和职责权限

确定安全管理组织结构和职责权限包括安全管理组织机构形式、层次、职责和权限，安全管理人员，安全管理的规章制度等。

5. 确保安全资源配置

确保安全资源配置包括安全资源名称、规格、数量和使用部位，并将其列入资源总需要量计划。

6. 制定安全技术措施

制定安全技术措施包括防火、防毒、防爆、防洪、防尘、防雷击、防塌陷、防物体打击、防溜车、防机械伤害、防高空坠落和防交通事故，防寒、防暑、防疫和防污染环境等各项措施。

7. 落实安全检查评价和奖励

落实安全检查评价和奖励包括安全检查日期、安全人员组成、安全检查内容、安全检查方法、安全检查记录要求的确定，安全检查结果的评价，安全检查报告的编号，安全施工优胜者的奖励等。

四、建筑工程项目现场安全控制

建筑工程项目现场安全控制的内容就是对施工生产中人的不安全行为、物的不安全状态、作业环境的不安全因素和管理缺陷的控制，以及对施工现场的环境的控制。从建筑工程的形成过程来看，建筑工程项目安全控制包括施工准备阶段的安全控制和施工过程中的安全控制。

（一）建筑工程项目施工准备阶段安全控制的手段

1. 审核技术文件和报告

（1）施工组织设计（专项施工方案）或施工安全计划，是控制工程施工安全的、可靠的技术措施保障。

（2）审核有关应用新技术、新工艺、新材料、新结构等的技术鉴定书，审核其应用申请报告，确保新技术应用的安全。

（3）针对施工工程中需控制的活动，制定或确认必要的施工组织设计、专项施工方案、安全程序、规章制度或作业指导书，并组织落实。

2. 实施工程合约化管理

在不同的承包模式下，制定相互监督的合约化管理，签订安全生产合同和协议书并组织落实。合约化管理是双方严格执行安全生产和劳动保护的法律、法规，包括强化安全生产管理，逐步落实安全生产责任制，依法从严治理施工现场，确保施工人员的安全与健康，促使施工生产的顺利进行。

（二）建筑工程项目施工过程中的安全控制的手段

1. 审核安全技术文件、报告和报表

安全技术文件、报告和报表的审核，是对建筑工程施工安全进行全面控制的重要手段。审核的具体内容包括：有关技术证明文件，专项施工方案的安全技术措施，有关安全物资的检验报告，反映工序控制的图表，有关新工艺、新材料、新技术报告，有关工序检查、验收的资料，有关安全问题的处理报告，现场有关安全技术签证、文件等。

2. 现场安全检查和监督

（1）现场安全检查的内容。

现场安全检查，主要是对工序施工进行跟踪监督、检查与控制。在工序施工过程中，监督并检查机械设备、材料、施工方法和工艺或操作以及施工现场条件等是否处于良好状态，是否符合保证工程施工的要求，若发现有问题应及时纠正和加以控制。对于重要的和对工程施工安全有重大影响的工序、工程部位、活动，还应由专人监控。对安全技术资料进行检查，确保各项安全管理制度的有效落实。

（2）现场安全检查的类型和内容。

安全检查的类型主要包括日常安全检查、定期安全检查、专业性安全检查、季节性及节假日后安全检查等。

根据本工程项目施工生产的特点，法律、法规、标准、规范和企业规章制度的要求以及安全检查的目的，项目经理应确定安全检查的内容，包括安全意识、安全制度、机械设备、安全设施、安全教育培训、操作行为、劳保用品使用、安全事故处理等项目。

> **知识拓展**
>
> 项目经理应根据安全检查的形式和内容，明确检查的牵头和参与部门及专业人员并进行分工；根据安全检查的内容，确定具体的检查项目及标准和评分方法，同时，编制相应的安全检查评分表，按安全检查评分表的规定逐项对照评分，并做好具体的记录。

3. 安全隐患的处理

安全隐患的处理应符合下列规定。

（1）项目经理部应区别"通病""顽症"、首次出现、不可抗拒等类型，修订和完善安全整改措施。

（2）项目经理部应对检查出现的隐患立即发出安全隐患整改通知单，受检查单位应对安全隐患进行分析，制定预防措施，纠正和预防措施应经检查单位负责人批准后实施。

（3）安全生产管理人员应向负责人当场指出检查中发现的违章指挥和违章作业行为，限期纠正。

（4）安全生产管理人员对纠正和预防措施过程和实施效果应进行跟踪检查，保存验证记录。

4. 工地例会和安全专题会议

工地例会是施工过程中参加建设项目各方沟通情况、解决分歧、达成共识、做出决定的主要渠道。通过工地例会，项目负责人检查分析施工过程中的安全状况，指出存在的安全问题，提出整改措施，并做好相应的保证。由于参加例会的人员较多，层次也较高，会上容易就问题的解决达成共识。

针对某些专门安全问题，项目负责人还应组织专题会议，集中解决较重大或普遍存在的问题。

5. 规定安全控制的工作程序

规定必须遵守的安全控制的工作程序，按规定的程序进行工作。

6. 安全生产奖惩制

施工单位应严格执行安全生产责任制中的安全生产奖惩制，确保施工过程中的安全，促使施工生产顺利进行。

第四节　建筑工程项目安全隐患与事故处理

建筑工程项目安全隐患与事故的成因与四类因素有关，即人、物、环境、管理因素。其中，人的不安全行为与人的失误和物的不安全状态，是酿成安全事故的直接原因。

一、人的不安全行为与人的失误

不安全行为是人表现出来的，是与人的心理特征相违背的非正常行为。人在生产活动中，曾引起或可能引起事故的行为，必然是不安全行为。人的自身因素是人的行为外因，是影响人的行为条件。

人的失误是指结果偏离了规定的目标或超出了可接受的界限，并产生不良影响的行为。在生产作业中，人的失误往往是不可避免的。

（一）人的失误具有与人的能力的可比性

工作环境可诱发人的失误。由于人的失误是不可避免的，因此，在生产中凭直觉、靠侥幸是不能长期成功地维持安全生产的。当编制操作程序和操作方法时，侧重地考虑了生产和产品条件，忽视了人的功能和水平，就有促使人发生失误的可能。

（二）人的失误的类型

（1）随机失误是由人的行为、动作和随机性质引起的人的失误。其与人的心理、生理

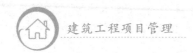

有关。随机失误往往是不可预测的，也不会重复出现。

（2）系统失误是由系统设计不足或人的不正常状态引发的人的失误。系统失误与工作条件有关，类似的条件可能引发失误再出现或重复发生。改善工作条件、加强职业训练可以避免系统失误的发生。

（三）人的失误的表现

人的失误，如遗漏或遗忘现象、把事弄颠倒、没有按要求或规定时间操作、无意识动作、调整错误、进行规定外的动作等，一般很难预测。

（四）信息处理过程中的失误

人的失误现象是人对外界信息刺激反应的失误，与人自身的信息处理过程与质量有关，与人的心理紧张程度有关。人在进行信息处理时，出现失误是客观的倾向。信息处理失误倾向，可能导致人的失误。在对工艺、操作、设备等进行设计时，采取一些预防失误倾向的措施，对克服失误倾向是极为有利的。

（五）心理紧张与人的失误的关联

人的大脑意识水平的降低会直接引起信息处理能力的降低，从而影响人对事物注意力的集中，降低警觉程度。意识水平的降低是发生人的失误的内在原因。经常进行教育、训练，合理安排工作，消除心理紧张因素，控制心理紧张的外部原因，使人保持最优的心理紧张程度，对消除失误现象是十分重要的。

（六）人的失误的致因

造成人的失误的原因是多方面的，有人的自身因素对过负荷的不适应原因，如精神状态不佳、疲劳、疾病时的超负荷操作，以及环境过负荷、心理过负荷等，这些都会使人发生操作失误；也有与外界刺激要求不一致时，出现要求与行为偏差的原因，这种情况下，可能出现信息处理故障和决策错误；还有由于对正确的方法不清楚，有意采取不恰当的行为而出现完全错误的情况。

（七）不安全行为的心理原因

个性心理特征是指个体人经常、稳定表现的能力、性格、气质等心理特点的总和。这是在人的先天条件的基础上，在社会条件和具体实践活动的影响下而逐渐形成和发展起来的。一切人的个性心理特征不会完全相同。人的性格是个性心理的核心，因此，性格能决定人对某种情况的态度和行为。鲁莽、草率、懒惰等性格，往往成为产生不安全行为的心理原因。

二、物的不安全状态和安全技术措施

物是指在生产过程中发挥一定作用的机械、物料、生产对象以及其他生产要素的总和。物具有不同的形式、不同的能量，有时会出现能量意外释放，从而引发事故。

由于物的能量释放而引起事故的状态，称为物的不安全状态，这是从能量与人的伤害间的联系所下的定义。如果从发生事故的角度，也可以把物的不安全状态看作曾引起或可能引起事故的物的状态。

在生产过程中，物的不安全状态极易出现。所有的物的不安全状态，都与人的不安全行为或人的操作、管理失误有关。往往在物的不安全状态背后，隐藏着人的不安全行为或人的失误。物的不安全状态既反映了物的自身特性，又反映了人的素质和人的决策水平。

物的不安全状态的运输轨迹，一旦与人的不安全行为的运动轨迹交叉，就构成了发生事故的时间与空间。所以，物的不安全状态是发生事故的直接原因。因此，正确判断物的具体不安全状态，控制其发展，对预防、消除事故有直接的现实意义。

> **知识拓展**
>
> 　　针对生产中物的不安全状态的形成与发展，在进行施工设计、工艺安排、施工组织与具体操作时，采取有效的安全技术措施，把物的不安全状态消除在生产活动进行之前，是安全管理的重要任务之一。
>
> 　　消除生产活动中物的不安全状态，既是生产活动所必需的，又是落实以预防为主的方针的需要，同时，也体现了生产组织者的素质状态和工作才能。

三、建筑工程项目施工安全隐患的原因及处理程序

（一）建筑工程项目施工安全隐患的原因

建筑工程项目施工安全隐患是指未被事先识别或未采取必要防护措施的，可能导致安全事故的危险源或不利环境因素。安全隐患也指对人身构成潜在的伤害，可造成财产损失或兼具这些内容的起源或情况。安全隐患是在安全检查及数据分析时发现的，应利用"安全隐患通知单"通知负责人制定纠正和预防措施，限期整改，由安全员跟踪验证。

建筑工程项目施工安全隐患如不能及时发现并处理，往往会引起事故。建筑工程项目安全管理的重点之一是加强安全风险分析，并及时制定对策和进行控制，强化对建筑工程项目施工安全隐患事故的预防和处理，从而避免安全事故的发生。

1. 常见原因

建筑工程施工生产具有产品固定、施工周期长、露天作业、体积庞大、施工流动性大、工人整体素质不高、手工作业多、体能消耗大以及产品多样性、工艺多样性、施工场地狭窄等特点，其导致施工安全生产作业环境的局限性、作业条件的恶劣性、作业的高空性、个体劳动保护的艰巨性以及安全管理与技术的保证性等。这些特性决定了施工生产存在诸多不安全因素，容易导致安全事故的发生。安全事故往往是多种原因引起的，尽管每次发生的安全事故的类型不相同，但通过大量的调查，并采用系统工程学的原理和数理统计的分析方法，可以发现安全隐患。安全事故的原因首先是违章，其次是设计、勘察不合理、有缺陷以及其他原因等。产生安全事故的基本原因有以下几个方面。

（1）违章作业、违章指挥和安全管理不到位。

由于没有制定安全技术措施、缺乏安全技术知识、不进行逐级安全技术交底，施工单位会出现不落实安全生产责任制、违章指挥、违章作业、施工安全管理工作不到位等问题，从而导致安全事故的发生。

（2）设计不合理与缺陷。

安全事故大多是由设计原因造成的，设计原因主要包括：不按照法律、法规和工程建设强制性标准进行设计；未考虑施工安全操作和防护的需要，对涉及施工安全的重点部位和环节在设计文件中未注明，未对防范生产安全事故提出指导意见；对采用新结构、新材

料、新工艺的建设工程和具有特殊结构的建设工程,未在设计中提出保障施工作业人员安全和预防生产安全事故的措施、建议等。

（3）勘察文件失真。

勘察单位未认真进行地质勘查,或勘探时钻孔布置等不符合规定要求,勘察文件或报告不详细、不准确、不能真实全面地反映实际的地下情况等,从而导致基础、主体结构的设计错误,引发重大安全事故。

（4）使用不合格的安全防护用具、安全材料、机械设备、施工机械及配件等。

许多建筑工程已发生的安全隐患、安全事故,往往是施工现场使用劣质、不合格的安全防护用具、安全材料、机械设备、施工机械及配件等造成的。因此,为了杜绝和防止不合格的安全物资进入施工现场,施工单位在采购、租赁安全物资时,应查验生产（制造）许可证、产品合格证等。

（5）安全事故的应急措施和制度不健全。

施工单位及施工现场未制定生产安全事故应急救援预案,未落实应急救援人员、设备、器材等,以致发生生产安全事故后相关人员得不到及时救助,事故得不到及时处理。

（6）违法违规行为。

违法违规行为包括无证设计,无证施工,越级施工,边设计、边施工,违法分包、转包,擅自修改设计等,其往往会引发大量的安全事故。

（7）其他因素。

其他因素包括工程自然环境因素,如恶劣气候诱发安全事故;工程管理环境因素,如安全生产监督制度不健全、缺少日常的具体监督管理制度和措施;安全生产责任不够明确等。

2. 建筑工程项目施工安全隐患原因分析方法

由于影响建筑工程项目施工安全隐患的因素众多,一个建筑工程安全隐患的出现,可能是上述原因之一或多种原因所致,要分析确定是哪种原因所引起的,必然要对安全隐患的特征、表现,以及其在施工中所处的实际情况和条件进行具体分析,分析的基本步骤如下。

（1）现场调查研究,观察记录全部现象,必要时需拍照,充分了解与掌握引发安全隐患的现象和特征,以及施工现场的环境和条件等。

（2）在施工过程中,收集、调查与安全隐患有关的全部设计资料、施工资料。

（3）在施工过程中,指出可能产生安全隐患的所有因素。

（4）在施工过程中,分析、比较、剖析,找出最可能造成安全隐患的因素。

（5）在施工过程中,进行必要的计算分析并予以认证、确认。

（6）在施工过程中,必要时可征求设计单位、专家等的意见。

（二）建筑工程项目施工安全隐患的处理程序

（1）当发现施工项目存在安全隐患时,应立即进行整改,施工单位提出整改方案,必要时应经设计单位认可。

（2）当发现严重安全事故隐患时,应暂停施工,并采取安全防护措施与整改方案,报建设单位和监理工程师。整改方案经监理工程师审核后,由施工单位进行整改处理,处理结果应重新进行检查、验收。安全事故隐患整改处理方案包括以下几项内容。

①存在安全事故隐患的部位、性质、现状、发展变化、时间、地点等详细情况。

②现场调查的有关数据和资料。

③安全事故隐患原因的分析与判断。

④安全事故隐患处理的方案。

⑤是否需要采取临时防护措施。

⑥确保安全事故隐患整改责任人、整改完成时间和整改验收人。

⑦该安全事故隐患所涉及的有关人员和责任及预防该安全事故隐患重复出现的措施等。

（3）安全事故隐患整改处理方案获准后，应按既定的整改处理方案实施并进行跟踪检查。

（4）安全事故隐患处理完，施工单位应组织人员检查、验收，自检合格后报监理工程师核验，施工单位写出安全事故隐患处理报告，报监理单位存档。其主要内容包括以下几项。

①基本整改处理过程描述。

②调查和核查情况。

③安全事故隐患原因分析结果。

④处理的依据。

⑤审核认可的安全隐患处理方案。

⑥实施处理中的有关原始数据、验收记录、资料。

⑦对处理结果的检查、验收结论。

⑧事故安全隐患处理结论。

四、建筑工程项目施工安全事故的分析

（一）建筑工程项目施工安全事故的特点

安全事故是指人们在进行有目的的活动的过程中，发生了违背人们意愿的不幸事故，而使其有目的的行为暂时或永久地停止。建筑工程项目施工安全事故是指在建筑施工现场发生的安全事故，其一般会造成人身伤亡或伤害，或造成财产、设备、工艺等的损失。重大安全事故是指在施工过程中由于责任过失造成工程倒塌或废弃，由于机械设备破坏和安全设施失当造成人身伤亡或重大经济损失的事故；特别重大事故，是指造成特别重大人身伤亡或者巨大经济损失以及性质特别严重、产生重大影响的事故，也称为特大事故。建筑工程项目施工安全事故的特点如下。

1. 严重性

施工项目发生安全事故，影响往往较大，会直接导致人员伤亡或财产损失，给人民生命和财产带来严重威胁。近年来，因建筑工程项目施工安全事故死亡的人数和事故数目仅次于交通、矿山安全事故，成为人们关注的热点问题之一。因此，对建筑工程项目施工安全事故隐患决不能掉以轻心，一旦发生安全事故，其造成的损失将无法挽回。

2. 复杂性

施工生产的特点决定了影响建筑工程安全生产的因素很多，造成工程安全事故的原因错综复杂，即使是同一类安全事故，其发生的原因也多种多样。

3. 可变性

许多建筑工程施工中出现的安全事故隐患并不是静止的，而是有可能随着时间而不断

地发展、恶化，若不及时整改和处理，往往可能发展成为严重或重大安全事故。因此，在分析与处理建筑工程项目施工安全事故隐患时，要重视安全事故隐患的可变性，应及时采取有效措施，进行纠正、消除，防止其发展、恶化为安全事故。

4. 多发性

施工项目中的安全事故，往往在建筑工程的某部位（或工序，或作业活动）中频繁发生，如物体打击事故、触电事故、高处坠落事故、坍塌事故、起重机械事故、中毒事故等。因此，对多发性安全事故，应注意吸取教训、总结经验、采用有效预防措施，加强事前预控、事中控制。

（二）建筑工程项目施工安全事故的分类

1. 按人员伤亡或直接经济损失划分

根据《生产安全事故报告和调查处理条例》的规定，按生产安全事故造成的人员伤亡或者直接经济损失，事故一般分为以下等级。

（1）特别重大事故，是指造成 30 人以上死亡，或者 100 人以上重伤（包括急性工业中毒，下同），或者 1 亿元以上直接经济损失的事故。

（2）重大事故，是指造成 10 人以上 30 人以下死亡，或者 50 人以上 100 人以下重伤，或者 5 000 万元以上 1 亿元以下直接经济损失的事故。

（3）较大事故，是指造成 3 人以上 10 人以下死亡，或者 10 人以上 50 人以下重伤，或者 1 000 万元以上 5 000 万元以下直接经济损失的事故。

（4）一般事故，是指造成 3 人以下死亡，或者 10 人以下重伤，或者 1 000 万元以下直接经济损失的事故。

2. 按伤亡事故类别划分

根据《企业职工伤亡事故分类标准》的规定，按直接导致职工受到伤害的原因，即伤害方式，主要事故分类如下。

（1）物体打击，指落物、滚石、锤击、碎裂、崩块、碰伤等伤害，包括因爆炸引起的物体打击。

（2）车辆伤害，包括挤、压、撞、倾覆等。

（3）机械伤害，包括绞、碾、碰、割、截等。

（4）起重伤害，指起重设备所引起的伤害或操作过程中作业人员受到的伤害。

（5）触电，包括雷击伤害。

（6）淹溺。

（7）灼烫。

（8）火灾。

（9）高处坠落，包括从架子、屋顶上坠落以及从平地坠入地坑等。

（10）坍塌，包括建筑物、堆置物、土石方倒塌。

（11）透水。

（12）火药爆炸，指生产、运输、储藏过程中发生的爆炸。

（13）瓦斯爆炸，包括煤尘爆炸。

（14）锅炉爆炸。

（15）容器爆炸。

（16）中毒和窒息，指煤气、油气、沥青、化学、一氧化碳中毒等。

3. 按事故的原因及性质分类

（1）生产事故。

生产事故是指在建筑产品的生产、维修、拆除过程中，操作人员违反操作规程等而直接导致的安全事故。

（2）质量事故。

质量事故是指由于不符合规范标准或施工达不到设计要求导致建筑实体存在瑕疵所引发的安全事故。

（3）技术事故。

技术事故是指由工程技术原因所导致的安全事故。

（4）环境事故。

环境事故是指建筑实体在施工过程或使用过程中，由使用环境或周围环境原因所导致的安全事故。

（三）建筑工程项目施工安全事故的原因及其分析

1. 建筑工程项目施工安全事故的原因

建筑工程项目施工安全事故发生的基本原因主要包括勘察设计失误、施工人员违章作业、施工单位安全管理不到位、安全物资质量不合格、安全生产投入不足等。

对建筑工程项目施工安全事故发生的原因进行分析时，应判断出直接原因、间接原因、主要原因。

（1）直接原因。

根据《企业职工伤亡事故分类标准》的规定，直接导致伤亡事故发生的机械、物资和环境的不安全状态以及人的不安全行为，是事故的直接原因。

（2）间接原因。

教育培训不够、未经培训、缺乏或不懂安全操作知识、劳动组织不合理、没有安全操作规程或安全操作规程不健全、没有事故防护措施或不认真实施事故防护措施、对事故隐患整改不力等原因，是事故的间接原因。

（3）主要原因。

主要原因是指导致事故发生的主要因素。

2. 建筑工程项目施工安全事故原因分析

（1）整理和阅读调查材料，根据《企业职工伤亡事故分类标准》附录的规定，按以下7项内容进行建筑工程项目施工安全事故原因的分析：受伤部位、受伤性质、起因物、致害物、伤害方式、不安全状态、不安全行为。

（2）确定事故的直接原因、间接原因、事故责任者。在分析事故原因时，应根据调查所确认的事实，从直接原因入手，逐步深入到间接原因，从而掌握事故的全部原因。通过对直接原因和间接原因的分析，确定事故中的直接责任者和领导责任者，再根据其在事故发生过程中的作用，确定主要责任者。

（3）制定事故预防措施。根据对事故原因的分析，制定防止类似事故再次发生的预防措施，在防范措施中，应把改善劳动生产条件、作业环境和提高安全技术措施水平放在首位，力求从根本上消除危险因素。

3. 建筑工程项目施工安全事故责任分析

在查清伤亡事故原因后，必须对事故进行责任分析，目的是使事故责任者、单位领导人和广大职工吸取教训、接受教育、进行安全工作。

事故责任分析可以通过事故调查所确定的事实，事故发生的直接原因和间接原因，有关人员的职责、分工及其在具体事故中所起的作用，追究其所应负的责任；按照有关组织人员及生产技术因素，追究最终造成不安全状态的人员的责任；按照有关技术规定的性质、明确程度、技术难度，追究属于明显违反技术规定的人员的责任；对属于未知领域的责任不予追究。

知识拓展

根据对事故应负责任的程度不同，事故责任者可分为直接责任者、主要责任者、重要责任者和领导责任者。对事故责任者的处理，在以教育为主的同时，还必须根据有关规定按情节轻重，分别给予经济处罚、行政处分，直至追究刑事责任。对事故责任者的处理意见形成以后，事故责任企业的有关部门必须尽快办理报批手续。

（四）建筑工程项目施工安全事故处理的依据

进行建筑工程项目安全事故处理的主要依据有 4 个方面，即安全事故的实况材料；具有法律效应的建筑工程合同，包括工程承包合同、设计委托合同、材料设备供应合同、分包合同以及监理合同等；有关的技术文件、档案；相关的建筑工程法律、法规、标准及规范。

（五）安全事故的实况材料

1. 施工单位的安全事故调查报告

安全事故发生后，施工单位有责任就所发生的安全事故进行周密的调查、研究来掌握情况，并在此基础上写出调查报告，提交总监理工程师、建设单位和政府有关部门。在调查报告中首先就与安全事故有关的实际情况作详尽的说明，其内容应包括：安全事故发生的时间、地点，对安全事故状况的描述，安全事故发展变化的情况（其范围是否继续扩大，程度是否已经稳定等），有关安全事故的观测记录，事故现场状态的照片或录像。

2. 监理单位现场调查的资料

监理单位现场调查的资料内容大致与施工单位调查报告中有关内容相似，可用来与施工单位所提供的情况对照、核实。

（六）有关的技术文件和档案

1. 与设计有关的技术文件

施工图纸和技术说明等设计文件是建筑工程施工的重要依据。在处理安全事故中，其作用是：一方面是可以对照设计文件，核查施工安全生产是否完全符合设计的规定和要求；另一方面是可以根据所发生的安全事故情况，核查设计中是否存在问题和缺陷，是否为导致安全事故的一个原因。

2. 与施工有关的技术文件和资料档案

各类技术资料对于分析安全事故原因、判断其发展变化趋势、推断事故影响及严重程度、考虑处理措施等都是不可缺少的，起着重要的作用。

（七）有关合同及合同文件

安全事故所涉及的合同文件可以是工程承包合同，设计委托合同，设备、器材、材料供应合同，设备租赁合同，分包合同，监理合同等。

有关合同及合同文件在处理安全事故中的作用：确定在施工过程中有关各方面是否按照合同有关条款实施其活动，借以探寻产生事故的可能原因。

（八）相关的建筑工程法律、法规、标准及规范

1. 建筑市场管理方面

依据《建筑法》《安全生产法》《建设工程安全生产管理条例》《安全生产许可证条例》《建筑施工企业安全生产许可证管理规定》等法律、法规及规章，维护建筑市场的正常秩序和良好环境，应充分发挥竞争机制，保证建筑工程的安全和质量。

2. 施工现场管理方面

2003 年 11 月，国务院颁布的《建设工程安全生产管理条例》，以《建筑法》和《安全生产法》为基础，全面系统地对建设工程有关的安全责任和管理问题作了明确的规定，可操作性强。它不但对建设工程安全生产管理具有指导作用，而且是全面保证工程施工安全和处理工程施工安全事故的重要依据。

3. 建筑业资质、安全生产许可证和从业人员资格管理

原建设部在 2007 年发布了《建设工程勘察设计企业资质管理规定》和《工程监理企业资质管理规定》。住房和城乡建设部在 2015 年发布了《建筑业企业资质管理规定》等。这类部门规章设计的主要内容是勘察、设计、施工、监理等单位的等级划分；明确各级企业具备的条件，确定各级企业所能承担的任务范围；其等级评定的申请、审查、批准、升降管理等。

4. 标准和规范

2000 年，原建设部发布了《工程建设标准强制性条文》和《实施工程建设强制性标准监督规定》，这是参与建设活动各方执行工程建设强制性标准和政府实施监督的依据，同时，也是保证建设工程施工安全的必要条件，是分析处理工程安全事故，判定责任方的重要依据。

（九）建筑工程项目施工安全事故的处理程序

安全管理人员应熟悉各级政府建设行政主管部门处理建筑工程安全事故的基本程序，特别是应把握在建筑工程安全事故处理过程中，如何履行自己的职责。

国家建设行政主管部门归口管理全国工程建设重大事故，省、市、自治区、直辖市建设行政主管部门归口管理本行政辖区内的建设工程重大安全事故，市、县级建设行政主管部门归口管理一般建设工程安全事故。

建设工程安全事故调查组由事故发生地的市、县级以上建设行政主管部门或国务院有关主管部门等组织成立。特别重大安全事故调查组的组成由国务院批准；一、二级重大事故由省、市、自治区、直辖市建设行政主管部门提出调查组组成意见，报请人民政府批准；三、四级重大安全事故由市、县级建设行政主管部门提出调查组组成意见，报请相应级别的人民政府批准。事故发生单位属国务院部委的，由国务院有关主管部门或其授权部门会同当地建设行政主管部门提出调查组组成意见。

重大安全事故，调查组由省、市、自治区、直辖市建设行政主管部门组织；一般安全事故，调查组由市、县级建设行政主管部门组织。

　　（1）施工安全事故（人身伤亡、重大机械事故或火灾、火险等）发生后，施工单位必须立即停止施工，基层施工人员要保持冷静，并立即抢救人员，排除险情，采取必要的措施防止事故扩大，并做好标志，保护好现场。同时，要求发生安全事故的施工总承包单位迅速按安全事故类别和等级向相应的政府主管部门上报，并于24小时内写出书面报告。

　　现场发生火灾时，要立即组织职工进行抢救，并立即向消防部门报告，提供火情和电器、易燃易爆物的情况及位置。

　　施工安全事故报告应包括以下主要内容。

　　①事故发生的时间、详细地点、工程项目名称及所属企业名称。

　　②事故的类别、事故严重程度。

　　③事故的简要经过、伤亡人数和直接经济损失的初步估计。

　　④事故发生原因的初步判断。

　　⑤抢救措施及事故控制情况。

　　⑥报告人的情况和联系电话。

　　（2）施工单位在事故调查组展开工作后，应积极协助，客观地提供相应证据，并对安全事故原因进行分析。通过全面的调查来查明事故经过，弄清楚造成事故的原因，包括人、物、生产管理和技术管理等方面的问题，经过认真、客观、全面、细致、准确的分析，确定事故的性质，以及事故中的直接责任者和领导责任者，再根据其在事故发生过程中的作用确定主要责任者。

　　（3）制定事故预防措施。根据对事故原因的分析，制定防止类似事故再次发生的预防措施。同时，根据事故后果和事故责任者应负的责任提出处理意见。对于重大未遂事故不可掉以轻心，也应严肃认真按上述要求查找原因，分清楚责任，严肃处理。

　　（4）写出调查报告。调查组应着重把事故发生的经过、原因，责任分析，处理意见以及本次事故的教训和改进工作的建议等写成报告，经调查组全体人员签字后报批。如调查组内部意见有分歧，应在弄清楚事实的基础上，对照法律、法规进行研究，统一认识。个别同志仍持有不同意见的允许保留，并在签字时写明自己的意见。

　　（5）事故的审理和结案。

　　①事故调查处理结论应经有关机关审批后方可结案。伤亡事故处理工作应当在90日内结案，特殊情况不得超过180日。

　　②事故案件的审批权限同企业的隶属关系及人事管理权限应一致。

　　③对事故责任者的处理应根据其情节轻重和损失大小来判断。对主要责任、次要责任、重要责任、一般责任还是领导责任等按规定给予处分。

　　④要把事故调查处理的文件、图纸、照片、资料等记录长期完整地保存起来。

　　（6）员工伤亡事故登记记录。记录内容包括员工重伤、死亡事故调查报告书，现场勘察资料（记录、图纸、照片）；技术鉴定和试验资料；物证、人证调查材料；医疗部门对伤亡者的诊断结论及影印件；事故调查组人员的姓名、职务并应逐个签字；企业或其主管部门对该事故所做的结案报告；受处理人员的检查材料；有关部门对事故的结案批复等。

第五节　建筑工程项目环境管理

建筑工程项目环境管理是指按照法律、法规、各级主管部门和企业环境方针的要求，控制作业现场可能产生污染的各项活动，保护生态环境、节约能源、避免资源浪费，进而为社会经济发展与人类的生存环境的相互协调做出贡献。

知识拓展

建筑工程项目环境管理主要体现在项目设计方案和施工过程的控制上。项目设计方案在施工工艺的选择方面对环境的间接影响明显，施工过程则是直接影响工程建设项目环境的主要因素。保护和改善项目建设环境是保证人们身体健康、提升社会文明水平、改善施工现场环境和保证施工顺利进行的需要。文明施工和环境保护是环境管理的重要组成部分。

一、文明施工及其意义

文明施工是指保持施工现场良好的作业环境、卫生环境和工作秩序。文明施工适应现代化施工的客观要求，能促进企业综合管理水平的提高，代表企业形象，并有利于员工的身心健康，培养和提高施工队伍的总体素质，促进企业精神文明建设。文明施工主要包括以下几个方面的工作。

（1）规范施工现场的场容，保持作业环境的整洁、卫生。

（2）科学组织施工，使生产有序进行。

（3）减少施工对周围居民和环境的影响。

（4）保证职工的安全和身体健康。

二、施工现场文明施工的基本要求

（一）现场围墙

（1）现场围墙必须由项目技术负责人设计详细施工图及编写设计说明，经项目经理审核，报公司批准后方可施工。围墙做法在满足各企业要求的同时，必须满足各地地方政府的要求，围墙要做到美观、大方、节约。

（2）施工现场围墙必须连续设置，做到全封闭施工。一般路段的围挡高度不得低于1.8米，市区主要路段的围挡高度不得低于2.5米。

（二）封闭管理

（1）施工现场要设置大门，位置要适宜人员和车辆进入。

（2）紧靠大门内侧设置治安室。室外悬挂治安保卫制度、负责人及治安保卫电话，并配备专职保安人员。门口应有来访人员登记本及值班人员交接班记录。

（3）进入施工现场的人员必须佩戴工作卡，项目经理、技术负责人为红色，管理人员为绿色，工人为白色。

（4）大门上应设立企业标志，门梁高度应大于4米。

（三）施工现场

（1）施工现场地面应做硬化处理。对于 1 000 万元以上的工程，道路必须采用混凝土硬化；而对于小型工程，现场道路应采用 3∶7 灰土，砂石路面硬化，但搅拌机场地、物料提升机场地、砂石堆放场地及其他原材料堆放场地等易积水场地，必须用混凝土硬化。其他场地可采用砖铺地或砂石硬化。

（2）道路必须畅通。施工现场道路应在施工总平面图上标示清楚，道路上不得堆放设备或建筑材料。

（3）施工现场场地应有排水坡度、排水管、排水沟等排水设施，做到排水畅通、无堵塞、无积水。

（4）施工现场应设污水沉淀池，防止污水、泥浆不经处理直接外排，造成下水道堵塞，污染环境。

（5）在施工现场不准随意吸烟，应设专用吸烟室，既要方便作业人员吸烟，又要防止火灾发生。

（6）现场绿化。在温暖季节，施工现场必须有适当绿化，如盆景、图画，并尽量与城市绿化协调。

（四）材料堆放

（1）施工现场办公室应挂总平面布置图，现场材料堆放应与总平面图标示位置一致，不得随意堆放。

（2）堆放材料应有标示牌，其内容为名称、规格型号、批量、产地、质量等。

（3）材料堆放应整齐，并符合下列规定：钢筋堆放垫高 30 厘米，一头对齐，并按不同型号分开放置；钢模板堆放垫高 20～30 厘米，一竖一丁，成方扣放，不得仰放；钢管堆放垫高 20～30 厘米，一头对齐，并按不同型号分开堆放；机砖堆放应成丁成排，堆放高度不得超过 10 层；砂、石堆放在砌高 60～80 厘米的池子内，池内外壁抹水泥砂浆；袋装水泥堆放时，水泥库要有门、有锁、有防潮措施，堆放高度小于 10 层，远离墙壁 10～20 厘米，并应挂设品名标牌；建筑废旧材料应集中堆放于废旧材料堆放场，堆放场地封闭挂牌。

（4）施工现场应建立清扫制度，落实到人，做到活完场清，不用的机械设施、机具及时出场。

（5）建筑垃圾应及时存放于建筑垃圾堆放池，池内外壁抹水泥砂浆并定时清运，严禁随意堆放，垃圾堆放处应挂设标牌，显示名称及品种。

（6）易燃物品应分类堆放，易爆物品应有专门仓库存放，存放点附近不得有火源，并有禁火标志及责任人标志。

（五）现场临建设施

（1）在建工程不得兼作住宿及办公用地，施工楼层严禁住人。

（2）施工现场的生产区与生活办公区原则上应相互分离，并有隔离带。对于施工现场特别狭窄难以分开的，必须做好安全防护工作。生产区进口应设整容镜。生产区进口处应有值班人员，不戴安全帽、穿拖鞋等违规人员及小孩禁止入内。生活区应设茶水处，并有责任人和形象标示，茶水桶应上锁。

（3）现场临建设施檐高应大于 3 米，临建设施除钢筋棚、木工棚、厂棚外，都应有吊顶、纱门和纱窗，窗口面积应大于 1.5 米×1.8 米，应在搭建前由项目技术人员负责设计施工图，并经项目技术负责人及项目经理审核，报公司总工程师批准后方可搭建。

（4）宿舍应确保主体结构安全、设施完好，禁止用油毡、竹板等易燃材料搭设简易工棚作宿舍，宿舍内应有通风、透光、保暖、消防、防暑、防虫毒、防蚊虫叮咬等措施。6 人以上宿舍的门应向外开，室内电线排线整齐，统一使用钢管床的，床与床之间应留有 1～1.5 米的活动空间；宿舍要配备职工储物柜、碗柜和学习用具等，并在墙上悬挂卫生管理制度、宿舍人员名单、责任人及值日表和其他有关标语；宿舍内每个职工应该配置有关学习材料；宿舍内严禁堆放施工用具等杂物，生活用品摆放整齐；床头应设床头卡，内容显示姓名、性别、年龄、工种、籍贯、身份证号等；夏季宿舍必须安装电扇。

（5）宿舍周围应清洁、卫生，有排水明沟且不积水，宿舍有防盗措施，保安人员要经常巡逻检查。

（6）施工现场适当位置设安全生产教育台，两侧可写对联"安全第一，预防为主"，横批写"安全生产教育台"。

（六）现场防火

（1）建立消防制度，配备灭火器材并有消防措施。

（2）消防器材的配备。灭火器一般每处不少于 3 个，并保证满足消防要求。

（3）制定防火审批手续和实行防火监护制度。

（4）下列工程应设临时消防给水：高度超过 24 米的工程、层数超过 10 层的工程、施工面积较大的工程。工程消防给水可以与施工用水合用。

（5）工程消防给水网。对于工程临时消火栓，竖管不应少于两条，宜呈环状布置，每根竖管的直径应根据要求的水柱股数，按最上层消火栓出水量计算，但应不小于 100 毫米。高度小于 50 米，且每层面积不超过 500 平方米的塔式住宅及公共建筑可设一条临时竖管。

（6）工程临时消火栓及其布置。工程临时消火栓应设于各层明显且便于使用的地点，并保证消火栓的充实水柱能达到工程内任何部位，栓口出水方向宜与墙壁成 90°角，离地面 1.2 米高。消火栓口直径为 65 毫米，配备水带，每节长度不宜超过 20 米，水枪喷嘴口径应不小于 19 毫米，每个消火栓处宜设启动消防水泵按钮。

（7）施工现场灭火器的配备。一般临时设施区，每 100 平方米配备 10 升灭火器一只。

（七）治安综合管理

（1）生活区内应设供职工学习和娱乐的场所。

（2）建立治安保卫制度，防范措施得力，责任分解到人，并应与当地派出所签订社会治安综合治理责任书。

（八）施工标牌

（1）设立读报栏、宣传栏、黑板报等。

（2）大门口处应悬挂"五牌一图"，即工程概况牌、管理人员名单及监督电话牌、消防保卫牌、安全生产牌、文明施工牌及施工现场总平面图。但现在施工现场仅悬挂"五牌一图"已经略显不足，因此，建议悬挂"八牌两图"，即施工单位名称牌、工程概况牌、门卫制度牌、工地名称牌、安全生产六大纪律宣传标语牌、安全无重大事故计数牌、工地主要管理人员名单牌、立功竞赛榜的宣传牌及施工现场总平面图、卫生责任包干图。

（3）标牌挂设应做到规格统一、字迹端正、线条清晰、表示明确、摆放位置合理。

（4）施工现场应合理悬挂安全警示牌，标牌悬挂牢固、可靠，特别是主要施工部位、作业点和危险区及主要通道口都必须有针对性地悬挂安全警示牌。

（5）现场大门外还应该有企业的工程简介和企业的有关荣誉奖牌彩印件，以提高施工企业在社会上的形象。

（6）现场防护棚、安全通道的顶部防护层以下所有钢管防护栏杆均要刷红白相间的安全色，以提高现场文明施工气氛，防护棚及安全通道要设上下两层竹笆，间隔为 70 厘米。

（九）生活设施

（1）厕所墙壁贴白色瓷砖，高度不得小于 1.8 米，有条件的设置水冲式厕所，否则便槽必须加盖密封。厕所地面必须硬化，做到专人负责，及时清理，要有防蚊蝇滋生措施。

（2）职工食堂应有良好的通风和洁卫措施，保持卫生整洁，防蝇防鼠，炉堂门应设在室外，灶台上必须加设大型换气扇；凡是有空洞的地方均要用纱网防护，食堂门底要加设20 厘米高薄钢板，地面硬化，内墙面贴不小于 1.8 米高的白瓷砖，案板台也应全部贴瓷砖。

> 💡 **知识拓展**
>
> 食堂内要达到有关食品卫生的法律、法规规定的标准，并办理卫生许可证，炊事员要穿戴白色工作服、帽，持健康证上岗，闲杂人员禁止入内。同时，食堂内应按功能分隔，如灶前、灶后、储藏间等，特别是生熟食必须分开并有纱网、纱罩。食堂内要有灭鼠器具，食堂物品不准随意摆放。
>
> 食堂餐厅要干净、卫生，要配备茶水桶、碗柜、吃饭桌椅、灭蝇灯、洗碗池、泔水桶、生活垃圾箱，并要有负责人和管理制度，泔水桶和生活垃圾要加盖密封并定时清理。

（3）施工现场应设固定的男、女淋浴室，墙壁刷白，并贴 2 米高的瓷砖墙壁，门口要喷涂形象标示，挂纱门，顶部出气孔要用纱网封闭。室内应配更衣室、更衣椅、防水灯等设施。

（4）施工现场应设茶水供应设施，茶水桶要落锁，由专人管理。

（5）现场仓库严禁住人、做饭，各种物品应堆放整齐，建立材料收发管理制度及登记卡。

（6）现场卫生要定人分区分片管理，并建立相应的卫生责任制。

（十）保健急救

（1）对于较大的工地，应设医务室，由专职医生值班，而对无条件设医务室的一般工地，应配备经过培训合格的急救人员，该人员应能掌握常用的"人工呼吸""固定绑扎""止血"等急救措施，并会使用简单的急救药材。同时，配备就近医院的医生及巡回医疗的联系电话。

（2）一般工地应配备医药保健箱及急救药品，以便在意外情况发生时，能够及时抢救，不扩大险情。

（3）为了保障职工的身体健康，应在流行病高发季节定期开展卫生病宣传教育，在适当位置张贴卫生知识宣传图。

（十一）社区服务

（1）施工现场应制定防粉尘、防噪声措施，并在工程开工前15天内向工程所在地人民政府环境保护主管部门申报。

（2）对夜间施工产生噪声的工序，以及因生产工艺等特殊情况必须在夜间连续施工的工程项目，应经当地政府环境保护行政部门批准，办理夜间施工许可证后方可夜间施工。

（3）施工现场除设有符合规定的装置外，不得在施工现场熔融沥青或焚烧油毡、油漆以及其他会产生有毒、有害烟尘和恶臭气体的物质。

（4）施工现场应针对夜间施工的机械噪声、运料车影响周围道路交通，施工时砖块和其他物品从高处坠落损坏附近居民房屋及烟尘污染周围环境等情况制定不扰民措施。

（十二）文明施工检查

（1）场容场貌与工地环境卫生检查应每周进行一次。

（2）防火安全检查记录，按要求每周一次，在特殊情况下可适当增加检查次数。

（十三）防汛、防台风

（1）各施工现场必须建立防台风、防汛机构。

（2）在防台风、防汛期中，必须落实值班检查人员，并有交接班记录。

（3）各公司各项目应建立防汛制度及防汛值班人员名单，并应及时上报。

（4）若遇暴雨及特大台风时，应及时进行检查，有险情立即上报，不得隐瞒。

三、施工现场环境保护及其意义

施工现场环境保护是按照法律、法规、各级主管部门和企业的要求，保护和改善作业现场的环境，控制现场的各种粉尘、废水、废气、固体废弃物、噪声、振动等对环境的污染和危害。

施工现场环境保护是现代化大生产的客观要求，能保证施工的顺利进行，保证人民身体健康和社会文明，节约能源，保护人类生存环境，保证社会和企业可持续发展，是一项利国利民的重要工作。

四、施工现场环境保护措施

（一）实行环保目标责任制

实行环保目标责任制，把环保指标以责任书的形式层层分解到有关单位和个人，列入承包合同和岗位责任制，建立一个懂行善管的环保监控体系。项目经理是环保工作的第一责任人，是施工现场环境保护自我监控体系的领导者和责任者，要把环保政绩作为考核项目经理的一项重要内容。

（二）加强检查和监控工作

要加强对施工现场粉尘、噪声、废气的检查、监测和控制工作。要与文明施工现场管理一起检查、考核、奖罚。及时采取措施消除粉尘、废气和污水的污染。

（三）保护和改善施工现场的环境

一方面，施工单位要采取有效措施控制人为噪声、粉尘的污染和采取措施控制烟尘、污水、噪声污染；另一方面，建设单位应该负责协调外部关系，同当地居委会、村委会、办事处、派出所、居民、施工单位、环保部门加强联系。要做好宣传教育工作，认真对待来信来访，凡能解决的问题立即解决，一时不能解决的扰民问题，也要说明具体情况，求得谅解并限期解决。

（四）严格执行国家法律、法规

要有技术措施，严格执行国家法律、法规。在编制施工组织设计时，必须有环境保护的技术措施。在施工现场平面布置和组织、施工过程中都要执行国家、地区、行业和企业有关防治空气污染、水源污染、噪声污染等有关环境保护的法律、法规和规章制度。

（五）防止水、气、声、渣等的污染

环境保护的重点是防止水、气、声、渣的污染，但还应结合现场情况，注意其他污染，如光污染、恶臭污染等。

1. 防止大气污染

大气污染物包括气体状态污染物，如二氧化硫、氮氧化物、一氧化碳、苯、苯酚、汽油等。粒子状态污染物包括降尘和飘尘。飘尘又称为可吸入颗粒物，易随呼吸进入人体肺部，危害人体健康。工程施工工地对大气产生的主要污染物有锅炉、熔化炉、厨房烧煤产生的烟尘，建材破碎、筛分、碾磨、加料过程，装卸运输过程产生的粉尘，施工动力机械排放的尾气等。施工现场空气污染的防治措施如下。

（1）严格控制施工现场和施工运输过程中的降尘和飘尘对周围大气的污染，可采用清扫、洒水、遮盖、密封等措施降低污染。

（2）严格控制有毒有害气体的产生和排放，如禁止随意焚烧油毡、橡胶、塑料、皮革、树叶、枯草、各种包装物等废弃物品，尽量不使用有毒有害的涂料等化学物质。

（3）所有机动车的尾气排放应符合现行国家标准。

2. 防止水源污染

水体的主要污染源和污染物包括以下几项。

（1）水体污染源。水体污染源包括工业污染源、生活污染源、农业污染源等。

（2）水体的主要污染物。水体的主要污染物包括各种有机和无机的有毒物质以及热温等。有机有毒物质包括挥发酚、有机氯农药、多氯联苯等；无机有毒物质包括汞、镉、铬、铅等重金属以及氰化物等。

（3）施工现场废水和固体废弃物随水流流入水体的部分，包括泥浆、水泥、油漆、各种油类、混凝土添加剂、有机溶剂、重金属、酸碱盐等。

防止水体污染的措施为：控制污水的排放，改革施工工艺，减少污水的产生，综合利用废水。

3. 防止噪声污染

噪声按照振动性质，可分为气体动力噪声、机械噪声、电磁性噪声。噪声按来源，可分为交通噪声（汽车、火车等）、工业噪声（鼓风机、汽轮机等）、建筑施工的噪声（打桩机、混凝土搅拌机等）、社会生活噪声（高音喇叭、收音机等）。

噪声控制可从声源、传播途径、接收者防护等方面来考虑。从声源上降低噪声是防止噪声污染的最根本的措施。其具体做法是：尽量采用低噪声设备和工艺代替高噪声设备与工艺，如采用低噪声振捣器、风机、电动空压机、电锯等；在声源处安装消声器消声，即在通风机、鼓风机、压缩机、燃气机、内燃机及各类排气放空装置等进出风管的适当位置设置消声器；严格控制人为噪声。从传播途径上控制噪声的方法主要有吸声、隔声、消声、减振降噪。

4. 建筑工程施工现场固体废弃物的处理

固体废弃物是生产、建设、日常生活和其他活动中产生的固态、半固态废弃物质。固体废弃物是一个极其复杂的废物体系，按照其化学组成，可分为有机废物和无机废物；按照其对环境和人类健康的危害程度，可以分为一般废物和危险废物。

施工工地上常见的固体废弃物包括：建筑渣土，废弃的散装建筑材料，生活垃圾，设备、材料等的包装材料，粪便。

固体废弃物的主要处理和处置方法有：物理处理，包括压实浓缩、破碎、分选、脱水干燥等；化学处理，包括氧化还原、中和、化学浸出等；生物处理，包括好氧处理、厌氧处理等；热处理，包括焚烧、热解、焙烧、烧结等；固化处理，包括水泥固化法和沥青固化法等；回收利用，包括回收利用和集中处理等资源化、减量化的方法；处置，包括土地填埋、焚烧、储留池储存等。

（六）施工扬尘控制措施

1. 拆迁引起的扬尘的控制

（1）土方施工产生的扬尘的控制。对于土方施工产生的扬尘主要是采取淋水降尘的措施，即在土方铲、运、卸等环节布置专人，视现场具体情况进行淋水降尘，保证满足相应要求。

（2）为避免运土车发生遗撒，需在现场搭设拍土架，指定专人负责将运土车上的土拍实，盖上苫布，并在出口处铺垫地毯、地垫等，防止泥土被带出。现场条件允许时，在出口设冲洗池和沉淀池，每辆车出去前，进行清洗。如果受场地限制，无法设冲洗池和沉淀池，应指定专人负责清扫车轮等污染部位。

（3）原则上讲，施工现场不存放土方，土方回填作业时安排外运土方进场。如果施工现场具备土方临时堆放场地，而且从成本节约考虑进行现场堆放，可采取植草、覆盖、表面临时固化或定期淋水等措施控制扬尘。

2. 现场搅拌站产生的扬尘的控制

（1）为防止地面起尘，搅拌站区域内的路面应进行硬化处理。

（2）搅拌机具需设置在封闭房间内，搅拌机设喷淋设施（密闭自动上料系统可不设置喷淋设施）。

（3）散装水泥应在密闭的水泥罐中储存。在散装水泥注入水泥罐的过程中，应有防尘措施。

（4）现场使用袋装水泥时，应设置封闭的水泥仓库。

（5）砂、石料堆放场地应设围挡。

3. 裸露场地产生的扬尘的控制

（1）项目应对施工临时道路进行硬化处理，并视具体情况尽可能增大施工现场的硬化面积。

（2）对于裸露场地可进行临时绿化或视具体情况进行淋水降尘处理。

4. 易散落、易飞扬的细颗粒散体材料存放、运输引起的扬尘的控制

（1）易散落、易飞扬的细颗粒散体材料应在密闭的库房储存。

（2）在运输易散落、易飞扬的细颗粒散体材料前，应向运输人员提出扬尘控制要求，要求他们对运输车辆进行检查，杜绝车辆原因引起的遗撒。

（3）严禁超载运输，对车厢进行蒙盖。对于意外原因所产生的遗撒，应及时进行处理。

5. 建筑垃圾的存放、运输产生的扬尘的控制

（1）对于多层及高层建筑，应采取周边封闭措施，坚持工完场清，及时将施工中产生的废弃物清理至垃圾堆放场，包括定期清理外脚手架上的建筑垃圾。

（2）在施工现场设垃圾堆放处，周边应封闭良好。现场垃圾清运设专人负责管理，制订现场垃圾清运计划，严格按照计划进行现场垃圾的及时清运。

（七）施工机械的管理

1. 管理措施

（1）国家明令淘汰的能耗高、技术含量低、对环境污染大的施工机械禁止进入现场。

（2）分包商的大型施工机械进入现场前，必须向项目提供该施工机械的性能参数及环境污染物的排放值，超过国家及地方规定排放标准的机械，不允许进入现场。

（3）应对自有施工机械进行定期检查、维护、保养，以保证施工机械始终处于良好运行的状态。

（4）应督促设备租赁单位，对其施工机械进行定期检查、维护、保养，以保证施工机械始终处于良好运行的状态。

（5）对分包商提供的设备，应督促各分包商进行全面的检查和维护、保养。

（6）在维修、保养过程中产生的废油、废弃物由维修人员及时回收，禁止倒在地上，以免对土壤产生污染。

（7）对现场使用的施工机械应进行定期（每月）检查，如发现问题，应及时下发限期整改通知书；存在重大安全隐患、较大环境污染等问题的施工机械必须停止使用，整改完毕后方可投入使用。

2. 对现场运行的施工机械的要求

（1）固定连接紧固，无松动、松旷现象。

（2）机械运转平稳，无异响和振动。

（3）各运转机构有良好的密封性，不能有漏油、漏气、漏水现象。

（八）易燃易爆品、油品、化学品的管理

1. 运输管理

（1）易燃易爆品、油品及化学品的运输、押运及卸货应由有经验的单位或人员进行。如属危险品，则必须由有资格的专业运输单位负责运输、押运及卸货。

（2）运输、装卸易燃易爆品、油品及化学品时，应轻拿轻放，防止撞击和倾倒。

（3）碰撞、互相接触容易引起燃烧、爆炸或造成其他危害的物品，以及化学性质或防护、灭火方法互相抵触的物品，不得违反配装限制和混合装运。

（4）遇热、遇潮容易引起燃烧、爆炸或产生有毒气体的物品，在装运时应当采取隔热、防潮措施。

2. 储存管理

（1）易燃易爆品、油品及化学品的储存应建立台账，对物品的名称、数量及入库日期

进行登记，并定期清点。应控制易燃易爆品、油品及化学品的库存量。

（2）易燃易爆品、油品及化学品应储存在专用仓库、专用场地或专用储存库（柜）内，并设专人管理。易燃易爆品、油品及化学品库房管理人员应对库房定期检查。

（3）易燃易爆品、油品及化学品的专用仓库，应根据物品的种类、性质，设置相应的通风、防爆、泄压、防火防雷、报警、灭火、防晒、调温、消除静电、防护围堤等安全措施。

（4）易燃易爆品、油品及化学品应分类分项存放，堆垛之间的主要通道应有安全距离，不得超量储存。化学性质或防护、灭火方法相互抵触的化学危险物品，不得在同一仓库或同一储存室内存放。

（5）易燃易爆品、油品及化学品应防止泄漏。

（6）遇火、遇潮容易燃烧、爆炸或产生有毒气体的物品，不得在露天、潮湿、漏雨和低洼容易积水的地点存放。

（7）受阳光照射容易燃烧、爆炸或产生有毒气体的物品和桶装、灌装等易燃液体、气体应在阴凉地点存放。

（8）各种气瓶的存放，要距离明火 10 米以上，搬动时不能碰撞。氧气瓶不能和可燃气瓶同放于一处，其间距应在 5 米以上。

3. 发放管理

（1）易燃易爆品、油品及化学品的发放应由专人负责，建立台账，对领用物品、数量、领用人及领用日期进行登记。

（2）应根据工程进度和工作的实际需要控制易燃易爆品、油品及化学品的领用数量。

4. 使用管理

（1）严格用火管理制度。

（2）易燃易爆品、油品及化学品的使用，应按照有关操作规程或产品使用说明严格执行。

（3）使用易燃易爆品、油品及化学品时，应有必要的安全防护措施和用具。

（4）使用易燃易爆品、油品及化学品时，应防止泄漏。

（5）各种气瓶在使用时，要距离明火 10 米以上，搬动时不能碰撞。氧气瓶要有瓶盖，氧气瓶的减压器上应有安全阀，严防沾染油脂，不得暴晒、倒置，与乙炔瓶的工作间距不小于 5 米。

（6）各种易燃易爆品、油品及化学品的废弃物，应在现场规定位置存放，定期对其回收或处理。

5. 紧急情况的准备及处置

（1）根据易燃易爆品、油品及化学品的种类与数量，配备相应种类和数量的防护、救助工具。

（2）易燃易爆品、油品及化学品的运输、储存与使用应设专人进行监控，若发现事故隐患要及时处理。

（3）在易燃易爆品、油品及化学品的运输、储存与使用过程中发生意外情况或事故时，应及时处理和上报。

第九章 施工项目资源管理

第一节 施工人员管理

一、施工人员管理概述

施工现场生产的 3 个基本要素是劳动者、施工机具和工程对象。其中劳动者是主体，决定着其他要素的性质；施工机具的发明、创造、使用、改进，促进工程项目任务的完成，这一切都要通过施工人员的劳动来实现。因此，现场管理首先应考虑劳动力的组织、安排、使用与协调。只有合理安排、使用劳动力才能充分发挥现场各种资源的作用。

施工现场劳动力管理是现场有关劳动力和劳动活动的计划与决策、组织与指挥、控制与协调、教育与激励等项工作的总和。

建筑企业根据建筑工程项目施工现场的客观规律要求，合理有序配备和使用劳动力，并按工程进度的需要不断调整劳动量、劳动力组织及劳动协作关系，在确保现场生产计划顺利完成的前提下，提高劳动生产率，以最小的劳动消耗取得最大的社会效益和经济效益。

> **知识拓展**
>
> 劳动力管理水平标志着现场管理水平。现场管理水平的高低不能通过施工机具、材料等劳动条件来反映，而是通过建筑产品的工期、质量及施工企业的经济效益来反映。这些因素都取决于劳动者的工作状况、素质的高低，劳动力组织的合理性，也就是通过劳动力管理的水平来体现。

（一）施工现场劳动力管理的内容、任务和特点

1. 劳动力管理的内容

从现场劳动力管理的过程和因素来看，现场劳动力管理的内容主要有以下几个方面。

（1）劳动力的招收、培训、录用和调配；劳务单位和专业单位的选择和招标。

（2）科学合理地组织劳动力，节约使用劳动力。

（3）制定、实施、完善、稳定劳动定额和定员。

（4）改善劳动条件，保证职工在生产中的安全与健康。

（5）加强劳动纪律，开展劳动竞赛。

（6）劳动者的考核、晋升和奖罚。

2. 劳动力管理的任务

（1）加强劳动力管理，降低劳动消耗，提高劳动生产率，促进生产的发展，为国家增加积累，为国民经济发展创造物质生产条件。

（2）全面贯彻国家有关劳动工资方面的方针政策和法令，坚持按劳分配，正确处理国家、企业和职工个人之间的利益关系，认真搞好工资福利和劳动保护工作，使职工的物质文化生活和劳动条件在生产发展的基础上不断得到改善，充分调动劳动者的积极性。

（3）不断提高职工的技术和业务水平，提高企业素质，最有效、最合理地组织劳动力和劳动活动。

3. 劳动力管理的特点

（1）劳动力管理的具体性。

施工现场根据劳动力计划完成各项劳动经济技术指标以及一切与劳动力管理有关的问题都是实实在在的具体问题。

（2）劳动力管理的细致性。

现场的每一项工作、每一个具体问题都要通过劳动者的劳动来完成，必须认真、仔细、周密、妥善地考虑，稍有马虎就会带来损失和困难。因此现场的劳动力管理要严把每一道关。

（3）劳动力管理的全面性。

现场劳动力管理的内容相当广泛，涉及劳动者的方方面面，不仅要考虑其工作状况，还要考虑其学习、生活和文化娱乐状况；不仅要考虑现场劳动者，还要考虑对离退休职工的关心照顾。

（二）施工现场劳动力管理的影响因素

1. 计划的科学性

确定现场施工人员数量，应根据建筑业和工程项目自身的客观规律，按企业的施工定额，有计划地安排和组织，要求达到数量适宜、结构合理、素质匹配。

2. 组织的严密性

确定现场各组织（单位），首先要目标机构简洁，各部门任务饱满，职权、职责分工明确；职工与管理人员相互合作，按制度办事，使施工顺利进行；全体职工都明确自己的工作内容，方法和程序，并能奋发进取，努力完成。各组织的领导要精明干练，能制订良好的工作计划，有能力执行。

3. 劳动者培训的计划性、针对性

现场劳动力水平的高低，不论是管理人员还是施工人员，归根到底取决于人的素质高低。而提高人的素质最有效的途径是进行培训。我国施工人员教育水平比较落后，要想尽快提高施工水平，必须在保证施工正常进行的前提下，根据现场实际需要，对劳动者进行有目的、有计划的培训，做到需要什么学什么，避免重复培训、交叉培训、所学非所用。

使现有劳动力具有一定的文化水平和技术熟练程度的唯一途径是采取有效措施全面开展职工培训，通过培训达到预定的目标和水平，并经过一定考核取得相应的技术熟练程度和文化水平的合格证，才能上岗。

培训内容上要考虑以下几方面的问题：现代现场管理理论的培训；文化知识的培训；操作技术的培训。做好考核发证工作。

凡是上岗人员都要统一考核，获得相应的岗位证书。对一次培训不能合格的人员不能发证上岗，要么离岗，要么继续进行培训，直到取得合格的岗位证书。

培训方法根据各企业自身的不同特点和现场实际情况，以及不同工种、不同业务的工作需要，采取以下多种形式：按办学方式分企业自办、几个单位联合办或委托培训；按脱产程度不同分业余的、半脱产或全脱产，采取岗位练兵师带徒的形式；按培训时间分长期培训和短期培训。

4. 指挥与控制的有效性

现场劳动力的总体构成就如同一个乐队：有的唱主角，有的唱配角；有的先出场，有的后出场。这些都要统一进行调度与指挥，并及时控制，保证整个现场协调一致，顺利地完成施工任务。

5. 劳动者需要的满足程度

劳动者在付出劳动的同时也强调自身需要的满足，包括物质的需要和精神的需要。这对调动积极性具有重要意义。现场劳动力管理只有认真考虑劳动者的需要，并尽量加以满足，才能使劳动者始终保持良好工作状态。

二、项目经理部的劳动组织

劳动力资源（人力资源）一般是指能够从事生产活动的体力和脑力劳动者。人力资源是一种特殊的资源，是活性资源，与物质资源相比，是有创造性的，充分使用，能激发其潜力。它具有增值性和可开发性，是企业利润的源泉，是一种战略性的资源。企业的高速持续发展必须依靠大批优秀人才的支持。施工项目中的人力资源的使用，关键在明确责任制，以调动其积极性，发挥其潜能，提高劳动效率。

从广义上讲，人力资源是指在一定社会范围或领域内人口总体所具有的劳动能力（包括体力劳动和脑力劳动）的总和。

从狭义上讲，如果是一个人本身，则人力资源是指该人可用于生产产品或提供各种服务的能力、技能和知识；如果是一个企业组织，则人力资源是指企业组织的全部成员所能够提供的服务与有利于企业经营活动的能力的总和。

从项目经理部对施工项目实施过程管理的角度来讲，人力资源是指一个施工项目的实施过程中，需要投入人的劳动的总和，其量的多少、是否高效，反映项目经理部项目管理的整体水平和效果。

现代项目管理把人力资源看作企业生存与发展的一种重要战略资源，而不再将企业员工仅仅作为简单的劳动力对待。

（一）劳动力的来源

建筑业企业的资质分为总承包、专业承包和劳务承包3个序列，从劳动力的来源上主要分为自有（聘用）职工和劳务分包（或劳务合作单位）两种形式。

在我国，随着企业的两层分离，施工企业除保留一些与本企业专业密切相关的高级技术工种工人以外，所有的劳动力都来自社会劳动力市场，由企业从劳务市场中招募，劳务分包企业承包劳动作业任务，然后按计划供应给项目经理部。

项目经理部应根据施工进度计划和作业特点优化配置人力资源，制订劳动力需求计划，报企业劳动管理部门批准，企业劳动管理部门与劳务分包公司签订劳务分包合同。远离企业本部的项目经理部，可在企业法定代表人授权下与劳务分包公司签订劳务分包合同。

劳务分包合同的内容应包括：作业任务、应提供的劳动力人数；进度要求及进场、退场时间双方的管理责任；劳务费计取及结算方式；奖励与处罚条款。

同时，企业进行两层分离，组建了内部生产要素市场，施工项目的劳动力来源主要体现在以下两方面。

1. 自有（聘用）职工

从企业总体发展规划出发，企业根据需求招收、培训、录用或聘用的职工，一般与企业签订定期合同，有的甚至是长期合同；一般总承包企业对自身职工的要求较高，自有（聘用）的职工一般为管理人员或技术工人。

2. 劳务分包（或劳务合作单位）

随着建筑技术和管理技术的发展，专业分工更加细化，社会协作更加普遍，企业也不可能在建筑所有领域里保有优势，因此不可避免地将采取劳务分包（或劳务合作单位）进行劳动力的补充。

目前，建筑施工企业主要的劳动力来源是建筑劳务基地。实行"定点定向，双向选择，专业配套，长期合作"，形成"两点一线"（两点，即劳务输出方与输入方；一线，即建筑市场）。

知识拓展

就施工项目来讲，作业工人统一由企业内部劳务市场按项目经理部的劳动力计划提供。内部劳务市场提供的劳动力，大部分来自建筑劳务基地。特殊的劳动力，经企业劳务部门授权，由项目经理部自行招募。企业内部劳务市场，由企业劳务部门统一管理。项目经理部不设固定的劳务队伍。当任务需要时，与内部劳务市场管理部门签订合同，任务完成后，解除合同，劳动力退归劳务市场。项目经理享有和行使劳动用工自主权，自主决定用工的时间、条件、方式和数量，自主决定用工形式，并自主决定解除劳动合同、辞退劳务人员等。

（二）劳动力组织管理

建筑项目经理部劳动力组织管理是按照施工生产的需要，科学地组织劳动分工与协作，使各劳动力组合及它们之间成为协调的整体。

1. 劳动力组织的任务

劳动力组织的任务是根据科学分工协作的原则，正确配备劳动力，确立合理的组织机构，使人尽其才、物尽其用、时尽其效。并通过现场劳动的运行，不断改进和完善劳动力组织，使劳动者与劳动力组织的物质技术条件之间的关系协调一致，促进现场劳动生产率的提高。

2. 劳动力管理的方法

为保证工程项目的工期、质量、安全，必须对劳动力的管理方法进行分析和研究，从劳动力计划的编制和管理、对劳动力的要求和培训、过程管理、动态管理和劳动力资源的优化等方面进行研究，达到人尽其才、物尽其用的目的。

（1）劳动力的计划管理。

施工现场劳动力计划管理就是为完成生产任务，履行施工合同，按有关定额指标，根据工程项目的数量、质量、工期的需要，合理安排劳动力的数量和质量，做到科学合理而不盲目。

（2）劳动力的过程管理。

施工现场的劳动过程就是建筑产品的生产过程，工程的质量、进度、效益取决于现场过程管理水平、劳动力组织的协作能力及劳动者施工质量、效率。所以必须按建筑施工过程的自身规律，建立劳动力过程管理的科学体系。主要体现在以下几方面。

①加强劳动纪律，建立各项规章制度。施工生产在集体协作下进行，一方面各工种联合施工，在时间上具有继起性，在空间上为立体交叉，需要统一的意志和行动来保证；另一方面每一工种有特定的操作规程和质量标准，要求每一作业人员的操作必须规范化、程序化。因此，没有一定的劳动纪律和规章制度，施工是无法进行的，同时还要建立考勤及工作质量完成情况的奖罚制度。

②制定并考核施工任务单。施工任务单是现场向施工班组或工人下达的劳动量消耗任务书，是现场劳动力管理的重要依据，是贯彻按劳分配、调动职工劳动积极性的重要手段。

③开展劳动竞赛。劳动竞赛是激励作业人员提前完成或超额完成施工任务的有效措施，在现场施工中必须认真组织实施。

④做好劳动保护和安全卫生工作。由于建筑工程自身的特点，施工现场劳动保护及卫生工作较其他行业复杂。不安全、不卫生的因素较多，为此应做：建立劳动保护和安全卫生责任制，使劳动保护和安全卫生有人抓、有人管、有责任、有奖罚；对进入现场的人员进行教育，宣传劳动保护及安全卫生工作的重要性，增强职工自我防范意识；落实劳动保护及安全卫生的具体措施及专项奖金；定期进行全面的专项检查，并认真总结和交流。

3. 劳动力资源的落实

现场劳动力的需要计划编制完成后，就要与企业现有可供调配的劳动力加以比较，从数量、工期、技术水平等方面进行综合平衡，并按计划落实应进入现场的人员，为此在解决劳动力资源的落实问题时要考虑以下 3 个原则。

（1）全局性原则。

把施工现场作为一个系统，从整体功能出发，考察人员结构，不单纯安排某一工种或某一工人的具体工作，而是从整个现场的需要出发做到不单纯用人、不用多余的人，遵循全面性原则。

（2）互补性原则。

对企业来说，人员结构从素质上看可以分为好、中、差，在确定现场人员时，要遵循互补性原则，按照每个人的不同优势与劣势、长处与短处，合理搭配，使其取长补短，达到充分发挥整体效能的目的。

（3）动态性原则。

根据现场施工进展情况和需要的变化而随时进行人员结构、数量的调整，不断达到新的优化，遵循动态性原则。当需要时立即组织人员进场，当出现多余人员时将其转向其他现场或对其进行定向培训，使每个岗位负荷饱满。

（三）劳动力组织的形式

项目施工中的劳动力组织是指劳务市场向施工项目供应劳动力的组织方式及施工班组中工人的结合方式。施工项目的劳动力组织形式有以下几种。

（1）企业劳务部门所管理的劳动力，应组织成作业队（或称劳务承包队），可以成建制地或部分地承包项目经理部所辖的一部分或全部工程的劳务作业。一般而言，劳务公司根据自身劳务供应能力承包劳务工程，其职责是进行内部核算、职工培训、思想工作、生活服务、支付工人劳动报酬。

（2）项目经理部根据计划与劳务合同，接收作业队派遣的作业人员后，应根据工程的需要，或保持原建制不变，或重新进行组合。组合的形式有 3 种。

①专业施工队。按施工工艺，由同一专业工种的职工组成的作业队，并根据需要配备一定数量的辅助工。专业施工队作为专业班组只完成其专业范围内的施工过程。其优点是生产任务专一，有利于提高专业施工水平、熟练程度和劳动效率，有利于工人提高技术水平、积累生产经验；缺点是分工过细，工种间搭接配合差，给协作配合增加了难度，适应范围小。适用于专业技术要求较高或专业工程量较集中的工程项目。

②混合施工队。混合施工队由相互联系的多工种工人组成，可以在一个集体中进行混合作业。工作中，按劳动对象所需的相互联系的工种工人组织在一起形成的施工队，打破每个工人的工种界限。其优点是便于统一指挥，协调生产和工种间的搭接配合，有利于提高工程质量，有利于培养一专多能的多面手；其难度是组织工作要求严密，管理要得力，否则产生干扰和窝工现象。

③大包队。实际上是扩大的专业施工队或混合施工队，适用于一个单位工程或分部工程的作业承包，大包队还可以划分专业班组。其优点是可以进行综合承包，独立施工能力强，有利于协作配合，简化了管理工作。

知识拓展

施工队的规模一般应依工程任务大小而定，采取哪种形式，则应在有利于节约劳动力、提高劳动生产率的前提下，按照实际情况而定。

（四）劳动力组织的调整与稳定

劳动力组织要服从施工生产的需要，在保持一定稳定性的情况下，要随现场施工的情况而不断调整。劳动力组织的调整必须遵循以下原则。

（1）根据施工对象的特点（结构、技术复杂程度、工程量大小等特点）分别采取不同的劳动力组织形式。

（2）按照施工组织设计的要求，有利于工种间和工序间的协作配合，有利于充分发挥工人在生产中的主动性、创造性。

（3）现场工人要相对稳定，并使骨干力量和一般力量、技术工人和普通工人密切配合，以保证工程质量。

现场劳动力组织的相对稳定对保证现场的均衡施工，防止施工过程脱节具有重要作用。劳动力组织经过调整，新的组织要具有很强的凝聚力，这样才能有利于劳动任务的完成和劳动技术的提高。

（五）劳动力的优化配置与动态管理

1. 劳动力的优化配置

施工现场劳动力组织优化，就是在考虑相关因素变化的基础上，合理配置劳动力资源，使劳动者之间、劳动者与生产资料和生产环境之间，达到最佳的组合，使人尽其才、物尽其用、时尽其效，不断地提高劳动生产率。

劳动力配置的依据：①就企业来讲，劳动力配置的依据是劳动力需要量计划。企业的劳动力需要量计划是根据企业的生产任务与劳动生产率水平计算的。②就施工项目而言，劳动力的配置依据是施工进度计划。

知识拓展

> 劳动力配置的方法应根据承包到的施工项目，按其施工进度计划和工种需要数量进行配置。每个施工项目劳动力分配的总量，应按企业的建筑安装工人劳动生产率进行控制。

2. 劳动力的动态管理

项目经理部应对劳动力进行动态管理，如表9-1所示。劳动力的动态管理应包括下列内容。

（1）项目经理部应对进场的劳务队伍进行入场教育、过程管理、经济结算、队伍评价。

（2）凡进场劳务人员都应参加入场教育，相关人员为其讲解工程施工要求，对其进行技术交底，组织其参加安全考试。

（3）对施工现场的劳动力进行跟踪平衡、进行劳动力补充与减员，向企业劳动管理部门提出申请计划。

（4）向进入施工现场的作业班组下达施工任务书，进行考核并兑现费用支付和奖惩。

（5）在施工过程中，项目经理部的管理人员应加强对劳务分包队伍的管理，按照企业有关规定进行施工，严格执行合同条款，不符合质量标准和技术规范操作要求的应及时纠正，对严重违约的按合同规定处理。

（6）工程结束后，由项目经理部对分包劳务队伍进行评价，并将评价结果报企业有关管理部门。

表 9-1 劳动力的动态管理

序号	项目	内容
1	企业劳动管理部门对劳动力的动态管理起主导作用	由于企业劳动管理部门对劳动力进行集中管理，故它在动态管理中起着主导作用。它应做好以下几方面的工作：(1) 根据施工任务的需要和变化，从社会劳务市场中按合同招募和遣返（辞退）劳动力；(2) 根据项目经理部所提出的劳动力需要量计划与《项目管理目标责任书》向招募的劳务人员下达任务，派遣队伍；(3) 对劳动力进行企业范围内的平衡、调度和统一管理，施工项目中的任务完成后收回作业人员，重新进行平衡、派遣
2	项目经理部是项目施工范围内劳动力动态管理的直接责任者	项目经理部劳动力动态管理的责任是：(1) 按计划要求向企业劳务管理部门申请派遣劳务人员；(2) 按计划在项目中分配劳务人员，并下达施工任务书；(3) 在施工中不断进行劳动力平衡、调整，解决施工要求与劳动力数量、工种、技术能力、相互配合中存在的矛盾，在此过程中与企业劳务部门保持信息沟通，促进人员使用和管理的协调；(4) 按合同支付劳务报酬，任务完成后，劳务人员遣归企业
3	劳动力动态管理的原则	(1) 动态管理以进度计划与劳务合同为依据；(2) 动态管理应始终以劳动力市场为依托，允许劳动力在市场内充分合理地流动；(3) 动态管理应以动态平衡和日常调度为手段；(4) 动态管理应以达到劳动力优化组合和作业人员的积极性充分调动为目的

(六) 施工经济承包责任制与激励机制

项目经理部应加强对人力资源的教育培训和思想管理，加强对劳务人员作业质量和效率的检查。

1. 施工经济承包责任制

施工经济承包责任制是在社会主义制度下，以提高经济效益为目标，把经济责任、经济权力与经济利益结合起来，建立能充分调动施工现场劳动者积极性的经营管理制度。达到国家、集体和个人互惠互利的目的。

建立施工经济承包责任制是施工现场劳动力管理的一项基础工作。责任制的形式，按其承包者来分主要有职工个人的经济责任制和单位集体经济责任制两种。施工经济承包责任制主要有如下实施内容及方法。

(1) 按职工个人建立经济承包责任制。根据每一职工工作的多少、难易确定岗位责任制，建立责、权、利对应关系；签订人员上岗合同，落实到人，使工期、质量、效益同个人收入挂钩。

(2) 按分项工程建立工序施工队或作业班组经济责任制。根据分项工程的内容和工程预算、合同规定经济责任、合同的工期要求、质量标准及安全文明现场的达标要求及材料消耗量。

(3) 按整个单位工程来建立经济承包责任制。

2. 激励机制

激励就是通过认真科学地分析现场职工的合理需要，并进行优化管理，然后采取措施尽量加以满足，从而不断激发职工的内在潜力和能力，充分发挥职工的积极性和创造性，使每一职工才有所用、力有所长、劳有所得、功有所补。

现代项目人力资源管理中运用员工激励措施是做好项目管理的必要手段，管理者必须深入了解项目员工个体或群体的各种需求，正确选择激励手段，制定合理的奖惩制度并适时地采取相应的奖惩和激励措施。激励可以提高项目员工的工作效率，有助于项目整体目标的实现，有助于提高项目员工的素质。

（1）项目员工的激励必须坚持如下原则。

①为实现项目目标而努力的目标原则。

②项目员工的报酬与贡献和他们之间比较待遇是否公平的原则。

③是否满足项目员工个体或群体需求的按需激励原则等。

（2）激励机制的方式与方法。

激励机制的方式是多样性的，如物质激励与荣誉激励、参与激励与制度激励、目标激励与环境激励、榜样激励与情感激励等。

激励机制的方法主要有以下几种。

①劳动者需要的内容。根据马斯洛的需要层次论，人的需要分为生理需要、安全需要、社交需要、尊重需要和自我实现的需要5个层次。可以通过满足不同层次的需要来刺激职工的积极性。

②物质激励。物质激励包括：工资激励，工资作为职工及家庭生活的重要物资基础条件，根据按劳分配的原则，必须满足职工及家属的基本生存需要；奖金激励，奖金作为超额劳动的报酬，具有灵活性和针对性，运用得好能起到比工资更有效的激发职工工作热情的作用；福利、培训、工作条件和环境激励，一般是指通过对整个企业或项目部全体施工人员的工作条件的改善进行的激励，能培养职工现场施工的凝聚力和向心力。

③精神激励。用精神激励手段来实现对企业职工积极性和创造性的激发。主要包括：思想政治工作，树立职工的主人翁意识，增强职工的自信心、荣誉感等。其作用表现在：一是强化作用，使受表彰行为得到巩固，使不良行为受到抑制；二是引导作用，通过表彰、思想教育等方式来激发职工的动机以引导其行为，使外界教育转化为内在需要的动力；三是激发作用，通过树立典型来促进后进，带动中间。

（3）实施方法。

①深入了解职工工作动机、性格特点和心理需要。

②组织目标设置与满足职工需要要尽量一致，使职工明确奋斗意义。

③企业管理方式和行为多实行参与制、民主管理，避免滥用职权，现场管理制度要有利于发挥职工的主观能动性，避免成为遏制力量。

④从现场职工需要的满足和职工自我期望、目标两方面进行激励。

⑤采取不同的职工在选择激励方法时要因人而异及物质与精神相结合的激励方法。

⑥激励要掌握好时间和力度。

⑦建立良好的人际关系。领导与群众、上级与下级互相信任、互相尊重、互相关心。

⑧创造良好的施工环境，保障职工身心健康。

三、施工人员劳动纪律

施工现场的劳动过程就是建筑产品的生产过程，工程的质量、进度、效益取决于现场劳动过程的管理水平，劳动组织的协作能力及劳动者施工质量、效率。所以必须要按建筑施工过程的自身规律，建立劳动过程的科学体系。

劳动纪律是优化劳动力组织的纪律保证，没有严格的劳动纪律，就不可能有高水平的现场管理。劳动纪律包括以下内容。

（1）组织纪律，指现场人员必须服从工作分配、调动和指挥，下级服从上级、班组服从施工队（或项目经理部），遵守岗位责任制。

（2）时间纪律，指遵守考勤制度，不迟到、不早退、不旷工；工作时间内不做与生产无关的事，不串岗、不溜号、不干私活、不妨碍他人工作。

（3）生产纪律，指要认真贯彻执行生产中的各项规章制度和生产作业计划，保质、保量、按期完成生产任务。

（4）技术纪律，指要严格执行工艺规程和安全操作规程；所有施工图纸、技术标准，不经有关部门同意，任何人不能擅自修改。

四、施工人员的培训

高素质的员工队伍是企业与其竞争对手竞争的主要法宝。提高员工素质的主要途径就是对其进行培训，并持之以恒地随实践的发展而发展，这样企业才能在激烈的竞争中立于不败之地。劳动者的素质和劳动技能不同，其在现场施工中所起的作用和获得的劳动成果也不相同。目前施工现场缺少的不是劳动力，而是缺少有知识、有技能、适应现代建筑业发展要求的新型劳动者和经营管理者。而使现有劳动力具有这样的文化水平和技术熟练程度的唯一途径是采取有效措施全面开展培训，通过培训达到预定的目标和水平，劳动者经过一定考核达到相应的技术熟练程度，取得文化水平的合格证，才能上岗。

为使培训具有计划性和针对性，在培训内容、形式和方法上要考虑以下几方面的问题。

（一）培训内容

1. 现代现场管理理论的培训

任何实践活动都离不开理论的指导，现场施工也是这样，如果管理者与被管理者不掌握现场管理理论，就无法做到协调高效，而是造成窝工浪费，同时管理不能跟上，现场施工水平就要落后，不能参与市场竞争，企业就要被淘汰。所以，要加强现场管理理论培训。

2. 文化知识的培训

文化知识是进行业务学习、提高操作水平的基础，要掌握、运用一定的施工技术，必须有相应的文化知识作为保证。文化知识就是工具，进行岗位培训必须使职工掌握这个工具。

知识拓展

通过文化知识方面的培训，应使员工掌握完成本职工作必需的基本知识。为适应发展，还应逐步提高员工掌握科学知识的层次，扩大其知识面，提高其智力。

3. 操作技术的培训

职工进行培训的目的是为了能上岗胜任工作，所以一切培训内容都要围绕这一点进行。对不同岗位的员工，通过技能方面的培训，使其掌握完成本职工作所必需的技能，强化其动手能力和实践运用能力。同时结合现场技能、技术及协作的要求，围绕施工工艺进行培训，做到有的放矢、学以致用，使职工的技术水平达到岗位或工人工资级别相应的水平。

4. 态度方面的培训

员工的态度对企业的绩效影响甚大。企业的绩效是由员工的行为、动机所引起的，而员工的动机取决于知识、能力和态度，其中，态度影响动机的作用特别强烈，其作用关系如图 9-1 所示。因此，企业应加强态度方面的培训。

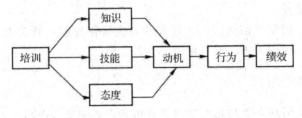

图 9-1　态度方面的培训作用关系图

（二）培训计划和管理

培训工作要有计划、有步骤地进行，做到与需求同步，避免造成影响正常工作或培训滞后，因此需要进行培训计划的编制。根据工程的需要进行培训计划安排，同时与企业的各项培训相结合，做到结合实际，兼顾长远。

同时还应对培训工作进行有效的档案管理，以利于专业知识和技能的提高和普及，也有利于优化劳动力组合，达到形成专长劳动资源的目的。

（三）培训形式和方法

1. 培训的形式

培训应因地、因人制宜，广开学路，不拘形式，讲求实效，根据各企业自身的不同特点和现场实际情况，以及不同工种不同业务的工作需要，采取多种形式。主要有以下几种形式。

（1）按办学方式分为企业自办、几个单位联合办或委托培训等形式。

（2）按脱产程度不同分为业余培训、半脱产培训和全脱产培训，还可采取岗位练兵、师带徒等形式。

（3）按培训时间分为长期培训和短期培训。

2. 培训的方法

开展培训的方法有多种，应根据不同的对象，采用不同的方法才能取得较好的效果。常用的培训方法主要包括以下几种。

（1）案例研究。

案例研究是一种培训员工分析问题和解决问题能力的有效方法。让受训者依据大量的真实背景材料，如针对项目管理实施中的经营问题或组织问题进行分析、判断，从而提出解决问题的方法。通过案例分析，使受训者学会分析问题的方法和评价方案的方法，并学习如何将管理的理论运用到现实的问题中去。

（2）角色扮演。

角色扮演这种方法是让受训者身处一种模拟的日常工作情景中，扮演与其实际工作类似的角色，处理工作事务，与不同的人打交道，如上司、下属、客户等。通过这种培训，能使受训者较快熟悉自己的工作环境，了解业务概况，掌握必要的工作技能。但培训费用较高。

（3）影视法。

影视法是运用预先制作好的视觉教材，如电影、电视、投影等，使受训者通过观摩进行培训。这种方法具有直观性和趣味性等特点。

（4）研讨会。

运用会议的形式，研讨受训者感兴趣的题材，由组织分发部分材料，主持者进行一些演讲，引导受训者进行讨论，使受训者在讨论中得到收获。

（5）事物处理训练。

事物处理训练是训练员工快速有效地处理工程项目管理中的事务的方法。给受训者每人一堆相同的待处理项目管理事务的相关内容，要求受训者对其分析后，进行处理，最后将各人的结果进行比较和评价，归纳总结，达到提高能力的目的。

此外，授课、参观访问、工作轮换、读书等，也是常采用的方法。

第二节　施工材料管理

一、施工材料管理的意义及任务

（一）施工材料管理的意义

施工材料管理在施工项目管理中占有十分重要的地位，其重要意义表现在以下几个方面。

1. 搞好施工材料管理是保证施工生产正常进行的先决条件

由于建筑工程的单件性和体型庞大，消耗的材料不仅数量多，而且品种杂。据统计，一般建筑工程常用的建筑材料即有 23 个大类，1 856 个品种，25 445 个规格。在一些工业和高级公共建筑中，需要的材料数量、品种、规格则更多。施工材料供应不及时或时断时续，施工过程就会中断或停顿。要想顺利施工，必须先做好施工材料供应的组织管理工作。

2. 搞好施工材料管理是搞好工程质量的重要保障

建筑安装工程的质量如何，在很大程度上取决于材料的质量。若施工使用的材料不符合质量要求，势必会降低工程质量。如使用受潮的水泥，则构件的强度一定会降低，而保证水泥不受潮，正是施工材料管理工作的具体内容之一。

3. 搞好施工材料管理可以保证施工工程按期或提前竣工

在施工中，施工材料要源源不断地供应上来，才能保证生产过程的连续性，施工材料管理通过控制材料供应使工程满足施工进度和工期要求，按期竣工。

4. 搞好施工材料管理可以降低工程成本，提高经济效益

施工材料在工程成本中所占的比例很大，一般可达 60%～70%，所以施工材料费降低是降低成本的关键。施工材料占用流动资金的数额较大，而加强施工材料管理，可以加速这部分资金的周转，减少资金占用，少付利息。此外加强现场施工材料管理，不仅可以减少和避免二次搬运，还有助于提高劳动生产率。

（二）施工材料管理的任务

施工材料管理的任务就是要保证适时、适地、按质、按量、成套齐备地供应，并在保证供应的同时，节省材料采购和保管费用，减少施工材料损耗，合理使用材料，以降低施工材料成本支出。

（1）所谓适时供应，是指按规定的时间供应材料。供应时间过早，需要仓库储存或占用施工现场，增加仓库费用或影响现场施工；供应时间过晚，则造成停工待料。

（2）所谓适地供应，是指按规定的地点供应材料。材料卸货的地点不当，有可能造成二次搬运，增加费用。

（3）所谓按质供应，是指按规定的质量标准供应材料。低于所要求的质量标准，会造成工程质量下降；高于所要求的质量标准，则材料成本增加。

（4）所谓按量供应，是指按规定的数量供应材料。多了造成超储积压，占用流动资金；少了则停工待料，影响进度，延误工期。

（5）所谓成套齐备地供应，是指供应的材料，品种、规格要齐全配套，符合工程需要。

在保证施工材料供应的同时，要努力节约材料费用。通过施工材料采购、保管和使用的管理，建立健全材料的采购和运输制度，现场和仓库的保管制度，材料的验收、领发及回收制度等，尽量节省费用，减少损耗，提高材料的使用效率。

知识拓展

施工材料是施工项目最重要的生产要素之一，且材料费用占工程成本较多，因此，加强材料管理是节约施工项目成本和企业盈利的潜力所在。而施工材料的管理又是以材料计划为基础的。因此，施工项目应在开工之前编制详尽的用料计划，按计划进料，使材料不积压，减少退料。

1. 施工材料使用计划的编制

施工材料使用计划是根据施工项目组织设计编制的，反映完成施工项目所需的各种材料的品种、规格、数量和时间要求，还反映施工项目材料消耗水平和节约量，是控制供应、指导消耗和考核的依据。

正确确定材料需用量是施工材料使用计划的关键。确定材料需用量有以下几种方法。

（1）定额计算法。

此种方法计算的材料需用量比较准确，适用于规定有消耗定额的各种材料。首先计算施工项目各分部、分项的工程量并套取相应的材料消耗定额，求得各分部、分项工程的材料需用量，最后汇总各分部、分项工程的材料需用量，求得整个施工项目各种材料的总需用量。

（2）比例计算法。

此法多用来确定无消耗定额，但有历史消耗数据的情况，以有关比例关系为基础来确定材料需用量。

（3）类比计算法。

此法多用于计算新产品对某些材料的需用量，是以参考类似产品的材料消耗定额，来确定产品或该工艺的材料需用量的一种方法。

2. 施工材料使用计划的实施

编制施工材料使用计划仅仅是计划工作的开始，而更重要的、更大量的工作是组织计划的实施，即执行计划。材料部门为了组织用料计划的实施，要做好以下几项工作。

（1）层层做好落实工作。编制好施工材料使用计划后，要逐级交代任务，明确各自的责任目标，制定实施措施，使材料使用计划的实施成为各级材料管理人员的自觉行动。

（2）建立健全岗位责任制。把材料使用计划分解落实到有关岗位和人员，并建立相应的责任制使各级、各类岗位的人员都能明确自己的责任和任务，并将其与经济利益挂钩，把责、权、利紧密结合起来。

（3）积极做好材料使用计划执行的有关具体组织工作。计划执行的有关具体组织工作包括材料供应、服务、材料节约和使用监督、材料核销等工作。

（4）协调材料使用计划执行中出现的问题。材料使用计划在实施中常会受到内部或外部的各种因素干扰，影响材料计划的实现。如施工任务的改变，在计划实施中施工任务临时增加或减少；在工程筹措阶段或施工过程中遇到设计变更；到货合同和生产厂的生产情况发生变化，不能按时供应；施工进度计划提前或推迟等。上述这些情况都会影响材料使用计划的执行，因此必须加强材料使用计划执行过程中的协调工作。

（5）建立材料使用计划的检查制度，包括现场检查制度、定期检查制度、统计检查制度。

二、工程材料的分类

工程项目使用的材料数量大、品种多，对工程成本和质量的影响各不相同。企业将所需材料进行分类管理，不仅能发挥各级材料管理人员的作用，也能尽量减少中间环节。目前，大部分企业在对物资进行分类管理中，运用了"ABC 法"的原理，即关键的少数，次要的多数，根据物资对本企业质量和成本的影响程度和物资管理体制将物资分成了 A、B、C 三类进行管理。

（一）工程材料分类的依据

（1）根据材料对工程质量和成本的影响程度分类。对工程质量有直接影响的，关系用户使用生命和效果的，占工程成本较大的材料一般为 A 类；对工程质量有间接影响，为工程实体消耗的可分为 B 类；辅助材料中占工程成本较小的为 C 类。

（2）根据企业管理制度和物资管理体制分类。由总部主管部门负责采购供应的为 A 类，其余可为 B 类、C 类。

（二）工程材料分类的内容

工程材料分类的内容如表 9-2 所示。

表 9-2　工程材料分类

类别	序号	材料名称	具体种类
A类	1	钢材	各类钢筋，各类型钢
	2	水泥	各等级袋装水泥、散装水泥，装饰工程用水泥，特种水泥
	3	木材	各类板、方材，木、竹制模板，装饰、装修工程用各类木制品
	4	装饰材料	精装修所用各类材料，各类门窗及配件，高级五金
	5	机电材料	工程用电线、电缆，各类电气控制设备、安装设备等所有机电产品
	6	工程机械设备	公司自购各类加工设备，租赁用自升式塔吊，外用电梯
B类	1	防水材料	室内外各类防水材料
	2	保温材料	内外墙保温材料，施工过程中的混凝土保温材料，工程中管道保温材料
	3	地方材料	砂石，各类砌筑材料
	4	安全防护用具	安全网，安全帽，安全带
	5	租赁设备	①中小型设备：钢筋加工设备，木材加工设备，电动工具；②钢模板；③架料，U型托，井字架
	6	建材	各类建筑胶，PVC管，各类泥子
	7	五金	火烧丝，电焊条，圆钉，钢丝，钢丝绳
	8	工具	单价400元以上的手用工具
C类	1	油漆	临建用调和漆，机具维修用材料
	2	小五金	临建用五金
	3	杂品	—
	4	工具	单价400元以下手用工具
	5	劳保用品	按公司行政人事部有关规定执行

此外，施工项目所需的材料数量大、品种多、供应范围广。由于原有的分类标准和目的的不同或者分类的习惯和方法的不同，材料还可以有不同的分类。

（1）按材料在生产中的作用分类。

①主要材料，指构成工程实体的各种材料。如钢材、水泥、木材、砖瓦、石灰、砂石、油漆、五金、水管、电线、暖气片等。

②结构件，包括金属、木材、钢筋混凝土等预制的结构物和构件。如屋架、门窗、木门、钢筋混凝土墙体、立柱等。

③周转材料，指具有工具性的脚手架、模板。它不按工具管理，而按周转使用材料管理。机具配件，包括机具设备备用的零配件，如曲轴、活塞、轴承等。

④其他材料，包括不构成工程实体，但工程施工必需的材料。如燃料、油料、氧气、砂纸、棉纱头等。

这种划分可便于制定材料消耗定额，进行成本控制。

（2）按材料的自然属性分类。

①金属材料，包括钢筋、型钢等各种钢材，金属脚手架，铁丝，铸铁管等。

②非金属材料，包括木材、橡胶、塑料和陶瓷制品等。

这种分类可便于根据材料的物理、化学性能分别储存保管。

三、工程材料的采购和管理

（一）施工项目工程材料的采购

（1）项目经理部所需主要材料、大宗材料应编制材料需用计划，由企业物资部门订货或从市场中采购。工程材料需用计划一般包括以下内容。

①单位工程材料需用计划：根据施工组织设计和施工图预算，于开工前提出，作为备料依据。

②工程材料需用计划：根据施工预算、生产进度及现场条件，按工程计划期提出，作为备料依据。

③材料计划表应包括：使用单位、品名、规格、数量、交货地点、材料的技术标准等。另外，必要时应提供图纸和实样。

（2）材料采购，必须按照企业质量管理体系和环境管理体系的要求，依据项目经理部提出的材料计划进行采购。

①首先选择企业发布的合格分供方的厂家。

②对于企业合格分供方名册以外的厂家，在必须采购其厂家产品时，要严格按照"合格分供方选择与评定工作程序"执行，即按企业规定经过对分供方审批合格后，方可签订采购合同，进行采购。

③对于不需要进行合格分供方审批的一般材料，采购金额在 5 万元以上的（含 5 万元），必须签订订货合同。

（二）项目经理部施工材料的管理

1. 施工材料进场验收、复试和存放

（1）施工材料进场验收、复试。

所有进场材料都要进行验收，验收其品种、规格、质量、数量与工程要求是否符合，对不符合技术要求的，要拒收退货。如因供应的材料不符合施工用料要求，因设计变更改变用料规格，以及建设单位来料不符合施工用料要求而发生材料代用，应先办理经济签证手续，明确经济责任后再验收。如在收料后发生设计变更而代用者，则以技术核定单作为依据。进场材料的验收程序如图 9-2 所示。

进场的主体结构材料，必须有质量合格证明，无质量合格证明者不能验收；有的材料（如水泥、电焊条等）虽有合格证明，但已超过保管期限，或外观异常，按规定需复试的，由项目物质部、机电部、技术部根据分工进行取样复试。

下面介绍施工中常用的几类进场材料的验收和复试。

①水泥。进场水泥必须有出厂质量证明文件。有下列情况之一者：用于承重结构的水泥，使用部位有强度等级要求的水泥，水泥出厂日期超出 3 个月（快硬性水泥超出 1 个月），使用进口水泥者或对水泥质量产生怀疑时，应进行复试，复试应由法定检测单位进行并提出试验报告。混凝土和砌筑砂浆使用的水泥还应进行见证取样送检。水泥复试项目有抗压、抗折强度，安定性，凝结时间。

②钢筋（钢材）。进场钢筋必须有出厂质量证明文件，还应按规范的规定取样进行力学性能复试。有抗震要求的框架结构，其纵向受力钢筋的进场复试应有强屈比和屈标比计

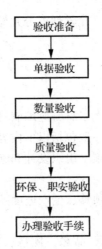

图 9-2 进场材料的验收程序

算值。当发现钢筋脆断、焊接性能不良或力学性能显著不正常时，应进行化学成分检验或其他专项检验，有相应的检验报告。承重结构使用的钢筋及重要钢材，还应实行见证取样送检。

③砖与砌块。进场的砖与砌块必须有出厂质量证明文件，还应进行外观、尺寸检查验收。用于承重结构或出厂试验项目不齐全的砖与砌块应做抗压强度项目的复试。承重墙使用的砖与砌块应实行见证取样送检。

④砂与碎（卵）石。砂、碎（卵）石在使用前应按规定取样复试，复试的项目有筛分析、含泥量、泥块含量等。

⑤外加剂。进场的外加剂必须有出厂质量证明书或合格证、产品性能和使用说明书等。外加剂进场后应按《混凝土外加剂应用技术规范》的规定取样复试，有复试报告。承重结构混凝土使用的外加剂应实行见证取样送检。钢筋混凝土结构所使用的外加剂，应有有害物含量检测报告。

⑥掺合料。进场的掺合料应有出厂质量证明文件。用于结构工程的掺合料应按规定取样复试，复试的项目有细度、需水量比等。

⑦防水材料。进场的防水材料必须有出厂质量合格证，应进行外观检查，合格后按规定取样复试，并实行见证取样送检。

⑧装饰装修材料。进场的装饰装修主要材料应有出厂质量证明文件，包括出厂合格证、检测报告、质量保证书等。应复试的材料如建筑外窗、人造木板、室内花岗石、外墙面、安全玻璃等，须按照相关规范规定进行复试。

（2）施工材料的存放。

现场施工材料大多露天存放，其保管方法与库房保管方法不尽相同，但都应做到安全、完整、整齐，加强账、卡、物管理。按照材料性能不同，采取不同的存放方法，减少损耗，防止浪费，方便收发，有利施工。

①钢材的存放。钢材应按不同钢号、炉号、品种规格、长度及不同技术指标分别堆放，退回可用的余料也应分材质堆放，以利于使用。所有钢材均应防潮、防酸碱锈蚀。锈蚀的钢材应分开堆放，并及时除锈，尽早投入使用。

②水泥的存放。水泥应按不同生产厂、不同品种、不同强度等级、不同出厂日期分别堆放，在现场存放期内，一定要注意防水、防潮。坚持先进先用的原则；散装水泥应用罐

式密封仓库进行保管，严禁不同品种、强度等级混装。

③木材的存放。木材应按树种、材种、规格、等级、长短、新旧分别堆码，场内要清洁，除去杂草及一切杂物，并设 40 厘米以上的垛基。堆码时应留有空隙，以便通风；注意防火、防潮、防腐、防蛀，避免曝晒而开裂翘曲。

④砂石的存放。砂石应按施工总平面图在工程使用地点或搅拌站附近堆放保管，按堆挂牌标明规格、数量。地面要平整坚实，砂石料应堆成方形平顶，以利于检尺量方；防止污水和液体树脂浸入砂石堆中；彩色石子或白石子等一般用编织袋装运，如用散装，应冲洗后使用。

⑤石油沥青的存放。石油沥青应按品种、强度等级分别堆放。石油沥青是易燃品，易老化变质，应防止风吹、日晒、雨淋。

⑥钢筋混凝土构件的存放。钢筋混凝土构件应按分阶段平面布置图中规定的位置堆放，场地要平整夯实，尽可能置于塔吊回转半径范围内。堆放时，要弄清主筋分布情况，不能放反。堆码不宜过高，上下垫木位置要垂直同位。按规格、型号、结合施工顺序与进度分层分段，把先用的堆在上面，以便按顺序进行吊装。要防止倒塌、断裂，避免二次搬运。

⑦钢、木构件的存放。钢、木构件应分品种、规格、型号堆放，要上盖下垫、挂牌标明、防止错领错发；存放时间较长的钢、木构件要放入棚库内，防止日晒雨淋、变形或锈蚀。

⑧装饰材料的存放。装饰材料价格较高，易损、易坏、易丢，应放入库内由专人保管，以防损坏、丢失。

2. 施工材料的使用管理

（1）材料领发。

凡有定额的工程用料，都应凭限额领料单限额领料；施工设施用料也实行定额发料制度，以设施用料计划进行总控制；超限额的用料，用料前应办理手续，填写限额限料单，注明超耗原因，经签发批准后实施；建立领发料台账，记录领发状况和节超状况。

（2）材料使用监督。

现场材料管理责任者应对现场材料的使用进行分工监督。监督的内容包括：是否按材料计划合理用料，是否严格执行配合比，是否认真执行领发料手续，是否做到谁用谁清、随清随用、工完料退、场退地清，是否按规定进行用料交底和工序交接，是否做到按平面图堆料，是否按要求保护材料等。

（3）限额领料。

限额领料有如下程序。

①签发领料单。材料定额员根据生产计划部门编制的施工任务书领料与发料，班组领料人员凭限额领料单领料，做好分次领用记录。发料员在限额领料单规定的限额内发料。

②领料。在领发过程中，双方办理领发料（出库）手续，填写领料单，注明用料的单位工程和班组，材料的名称、规格、数量及领用的日期，双方需签字认证。

③使用监督。材料领出后，班组负责保管和使用，材料管理员必须按保管和使用要求对班组进行监督。

④退料。班组任务完成后，由工长组织有关部门对工程量、工程质量及用料情况进行验收，并签署检查意见，验收合格后，班组办理退料手续（或假退料），并在限额领料单

中登记扣除。

⑤结算。材料管理员根据验收合格的任务书和结清领料手续的限额领料单,按照实际完成量计算实际应用材料量,与班组实际耗用量对比,计算节、超数量,并对结果进行限额领料单的结算,当月完成的,完一项结一项;跨月完成的,按分月完成量进行预结,全部完成后总结算。

(4) 耗料的控制与核算。

耗料的控制与核算应采取限额领料和定额考核两种方式。具体方法是:建立单位工程供应台账、消耗台账、班组耗料台账、构配件(成品、半成品)考核台账;按施工任务书编制、下达限额领料单;定额员检查材料使用消耗情况,并做好记录;按月编制并上报主要材料消耗报表等。

①填写计划供应数量。根据施工预算材料分析(用料计划)和加工订货计划,建立单位工程主要材料供应台账和成品、半成品考核台账;将其计划供应的各品种数量填写在计划或预算数量栏内。

②结算统计限额领料单。每个月底将执行结算后的限额领料单,分类(水泥、机砖、油毡、沥青及建筑五金等)、分班组列入班组耗料台账。

③核算定额考核的材料。按当月完成的实物工程量、钢筋加工配料单、混凝土及砂浆配合比通知单及实施情况,计算定额考核的材料(结构钢筋、砂、石、白灰及其他骨料)数量,并分类、按分部分项工程列入班组耗料台账(同时办理发料手续)。如发现混凝土和砂浆配合比通知单的配比与定额不相符时,应做好记录,并计算出材料消耗的差量。

④编制消耗报告。按月份将班组消耗台账分类统计,汇总主要材料消耗情况,编制单位工程月份主要材料消耗报表一式三份:一份自存,并将其消耗数量列入单位工程消耗台账;两份上报上级材料管理部门,并分别登记各自的消耗台账。

⑤考核成品、半成品。

成品、半成品按部位(或分层)统计使用安装的数量,按月统计进场存放数量及安装存放损坏或丢失的数量(补充追加的数量),及时登入成品、半成品考核台账,竣工后按栋号统计核算。

⑥核算摊销周转料具。钢木模板,支撑用料,按工程部位分季度核算摊销(可按月份统计倒用次数),竣工后按栋号结算。

⑦检查材料的存放使用。材料定额员应经常检查在建工程材料的使用消耗情况和存放保管情况,并做好记录和签证手续,以备分析节超原因。

⑧统计整理变更与洽商。做好施工过程中的设计变更和工程技术洽商记录的统计整理工作,并相应地调整计划(或预算)数量。

⑨竣工结算。施工单位应在竣工后验收前,及时收集、整理、汇总各方面的资料;分类分项统计核算材料耗用的实际数量,编制竣工结算表,并与用料计划(施工预算材料分析)对比节超,分析原因,并写出报告。

(5) 料具清退及转场。

①根据工程主要部位(结构、装修)进度情况,组织好料具的清退与转场。一般在结构或装修施工阶段接近80%左右时,要检查现场存料,估计未完工程用料量,调整原用料计划,消减多余,补充不足,以防止剩料过多,为完工清场创造条件。

②临时设施及暂设工具用料的处理。对于不再使用的临时设施应考虑提前拆除,并充

分利用这部分材料，直接转场到新的工地，以避免二次搬运；对于周转料具要及时整修，随时转移到新的施工点或清退入库（租赁站）。

③施工垃圾及包装容器的处理。对于现场的施工垃圾设立分拣站，回收、利用及清运做到及时集中分拣，包装容器应及时回收组织清退。

3. 施工材料的管理

（1）周转材料的管理。

周转材料是指在施工中可多次周转使用，但不构成产品实体的所必须使用的料具。如支撑体系、模板体系、安全防护等。由于它占用数量大、投资多、周转时间长，是建筑施工不能缺少的工具。因此切实加强周转材料管理与核算，延长使用时间，降低损耗，对保证完成施工任务，取得良好经济效果起到积极作用。

①使用。在使用过程中严格按照施工组织设计和分项工程的技术方案，合理配套地组织进场，未经有关部门和人员批准，不得擅自改变原使用功能和价值。同时，经常深入施工现场进行检查，及时回收散落料具。

②维修保养。经常对周转材料进行维护、保养、上油，损坏的及时修理。

③改制利用。根据施工情况，在保证工程质量的前提下，对损坏不能修复的周转材料尽量改制利用。

④核算。经常定期对周转材料的使用进行分析、核算。

（2）模板的管理。

①集中配料法。企业集中设立模板配料场，负责所属工地模板的统一管理、统一配料、统一回收。工地使用的模板向配料场提出申请料单，由配料场根据库存模板的新旧，长短搭配，发给工地使用，工地使用后，配料场应根据施工进度情况统一回收、整理，提出工地实耗情况。

②专业队法。专业队法是在集中配料法基础上的扩大和发展，即在配料场配备施工力量，其负责工地混凝土工程模板的制作、安装和拆除，是工地的二包单位，单独核算。

③租赁法。企业设专门机构管理组合钢模板，向项目部租赁，根据周转天数和周转一次的摊销费用，确定每平方米的日租赁费。

④模板的"四包"制。班组对所需的模板实行包作、包装、包拆除、包回收整理。实行"四包"，可以统一考虑模板施工中的制作、安装、拆除、回收，有利于加强管理，降低损耗。

（3）脚手架的管理。

①租赁法。在企业内部，脚手架出租单位与施工使用单位之间实行租赁制，按日计租金，损失赔偿，促进加速周转，爱护使用；在施工使用单位内与架工班组之间实行脚手架费用包干制；由施工使用单位的施工队负责工期，力争缩短；由架工班负责脚手架搭设拆除、保养管理，争取少占用，不丢失、损坏，降低损耗。

②费用承包。实行脚手架费用包干制的内容：一是架工班对脚手架工程包搭设、包拆除、包维修保养、包管理，还负责代表施工队向出租单位办理租入脚手架验收和用毕点交等具体手续。二是包脚手架的定额损耗，包括钢管、扣件及跳板的定额损耗。

4. 施工材料管理的主要制度

（1）建立岗位责任制。

总公司及各分公司、厂、库的材料物资部门都要建立和完善岗位责任制，要根据本单位担负的任务，从服务、管理、经营诸方面，订立和完善切实可行的责任制；各级材料工作人员根据分工设岗的情况，按照标准化工作要求，制定各类材料人员的基本职责，以利于工作质量的考评。

（2）建立成本核算制。

依据施工图预算编制的制造成本进行材料的总量控制，开展限额领料；建立材料消耗台账，定期分析工程耗料情况；对进场物质做到日清月结。

（3）开展业务工作考核与评比制。

材料系统工作要建立工作质量保证体系，积极开展全面质量管理活动，对业务工作的全过程进行 PDCA 循环，特别要注重实施阶段的监督、检查、指导与帮助；对现场、定额、仓库、内业管理、统计等方面进行定期或不定期的检查考核以及半年、年度分项及综合评价，组织经验交流及表彰。

（4）材料管理的纪律与政策。

严格遵守材料管理工作的纪律和政策，强化专业工作人员的廉政与勤政建设，配合党政工团等部门抓好精神文明建设，以培养德才兼备的材料物资专业队伍。

（5）检查监督与处罚。

材料管理要加强监控职能，制定处罚条例，奖惩严明。各基层施工单位和施工现场要设置材料专（兼）职监督员，隶属总公司、各分公司物管部门；实施处罚条例，以促进施工现场管理水平的提高。

5. 节约材料的主要措施

为提高材料管理水平，降低材料成本和节约材料，应采取以下措施。

（1）采取技术措施，节约材料。

①在水泥使用方面。为了达到节约水泥的目的，可以采用以下方法：优化混凝土配合比；合理选用水泥强度等级；充分利用水泥活性及富余系数；选用良好的骨料颗粒级配；严格控制水灰比；合理掺用外加剂；掺加适量的混合材料，如粉煤灰等。

②在木材使用方面。为达到节约木材的目的，可以以钢代木；改进支模办法，采用无底模、砖胎模、活络模等支模办法；尽量做到优材不劣用，长料不短用；以旧代新，综合利用。

③在钢材使用方面。为达到节约钢材的目的，可采用以下方法：集中断料，合理套裁，充分利用冷拉；注意在焊接和绑扎时采用合理的绑扎长度；充分利用旧料、短料和边角余料；尽可能做到优材不劣用、大材不小用。

④统一企业内部的模板体系。企业内部应采用同一标准的模板，增加周转次数，不同质量标准采用不同质量的模板。

（2）加强材料管理，降低材料消耗。

①坚持"两算对比"，做到先算后干，控制材料消耗。

②合理供料，一次就位，减少二次搬运和堆码损失。

③做好文明施工，对散落的砂浆、混凝土、断砖等，坚持随做、随用、随清。

④制定合理的回收利用制度，开展修旧利废工作。

⑤实行材料节约奖励制度，提高节约材料的积极性。

（3）实行现场材料承包责任制，提高经济效益。

现场材料承包责任制是材料消耗过程中的材料承包责任制。它是责、权、利紧密结合，以提高经济效益、降低单位工程材料成本为目的的一种经济管理手段。实行材料承包制必须具备以下条件：施工预算可靠；材料预算单价或综合单价合理；领料制度完善，手续健全；执行材料承包的单位工程，质量达到优良。

（4）学习研究理论，探索节约材料的新途径。

①ABC分类法。ABC分类法是用数理统计的方法，对事物进行分类排队，以抓住事物的主要矛盾的一种定量的科学管理方法。材料管理上运用ABC分类法就是运用了ABC分类法将材料分类分级管理，达到事半功倍的目的。

②学习存储理论，节约库存费用。项目施工使用的材料受自然条件和建材生产企业的生产能力等制约，企业为了保证施工的连续性就必须对常用的材料进行储备，所储备的物资形成了企业的库存。库存管理的任务就是用最低的费用在适宜的时间和地点获取适当数量的原材料。许多企业在采购过程中运用的"经济批量法"，其目的就是使得采购的费用和保管费用最低。

③重视价值分析理论在材料管理中的应用。价值工程是以功能分析、功能评价为手段，以最低总成本可靠地实现产品（劳务）的必要功能为目的，进行有组织的一种综合活动。这种技术的分析方法，即称为价值工程。如果在材料管理中广泛运用价值工程，可以为企业创造较好的经济效益。

（5）现场材料验收。

现场材料验收包括：验收准备、质量验收和数量验收。

①验收准备。

a. 在材料进场前，根据施工总平面图进行存料场地及设施的准备，应平整、夯实场地，并按需要建棚、建库。对进场露天存放的材料，需苫垫、围挡的，应准备好充足的苫垫、围挡物品。

b. 办理验收材料前，应认真核对进料凭证，经核对确认是应收的料具后，方能办理质量验收和数量验收。

②质量验收。

a. 一般材料外观检验，主要检验料具的规格、型号、尺寸、色彩、方正及完整。

b. 专用、特殊加工制品外观检验，应依据加工合同、图纸及翻样资料，由合同技术部门进行质量验收。

c. 内在质量验收，由专业技术人员负责，按规定比例抽样后，送专业检验部门检测力学性能、工艺性能、化学成分等技术指标。

以上各种形式的检验，均应做好进场材料质量验收记录。

③数量验收。

a. 大堆材料，实行砖落地点定；砂石按计量换算验收，抽查率不得低于10%。

b. 水泥。袋装水泥按袋点数，袋重抽查率不得低于10%；散装的除采取措施卸净外，还要进行抽查。

c. 三大构件实行点件、点数和验尺的验收方法。

d. 对有包装的材料，除按包装件数实行全数验收外，属于重要的、专用的、易燃易爆的、有毒的物品应逐项逐件点数、验尺和过磅。属于一般通用的，可进行抽查，抽查率不得低于10%。经核对质量凭证，数量检查无误后，及时办理验收手续、凭证记账和转账。

（6）材料保管与保养。

材料保管与保养应选择存放场所，合理码放，维护材料使用价值，确保储存安全。

①大型构件和大模板存放场地应夯实、平整，有排水措施，并标识。

②水泥应按规格，每 10 袋码放整齐，并按品种、名称、规格、厂家等实验状态标识清楚。做好防雨、防潮工作，实行先进先出，库内保持整洁。

③钢材露天存放，应选择地势高、平坦之处，垛底应垫高 10～30 米，分规格码放整齐，做到一头齐、一条线，并按实验状态标识清楚。

④砖成行码放，不得超过 1.5 米，砌块码放高度不得超过 1.8 米。砂石成堆，不混不串，并按实验状态标识清楚。

⑤粉状材料设棚，围挡严密，垛底高度 15～30 厘米，防止扬尘，做好环境保护工作，并标识清楚。

（7）材料保管需注意的问题。

①对于怕日晒雨淋、温湿度要求高的材料必须入库存放。

②对于可以露天保存的材料，应按其材料性能上苫下垫，围挡好。建筑物内一般不存放材料，确需存放时，必须经消防部门批准，并设置防护措施后方可存放，并标识清楚。

③材料保管、保养过程中，应定期对材料数量、质量、有效期限进行盘查核对，对盘查中出现的问题，应有原因分析、处理意见及处理结果反馈。

④施工现场易燃易爆、有毒有害物品和建筑垃圾必须符合环保要求。

a. 使用易燃易爆、有毒有害物品，必须进行技术交底，注明使用部位，注意事项和安全操作说明，设置符合消防要求的环保型灭火器。

b. 施工现场必须设置水、电表，并使用节能水龙头，杜绝长流水、长明灯。

c. 施工现场垃圾必须设垃圾站或垃圾箱，并封闭严密，且标识可回收物和不可回收物。

d. 施工现场运输必须与运输单位签订运输环保协议书，运送垃圾必须有环卫局的协议，有垃圾消纳许可证，有垃圾清运厂的经济合同。清运垃圾车辆必须苫盖，不能有扬尘和遗洒现象。

e. 施工现场清运有毒有害废弃物，必须到工业固体废弃物管理中心消纳，并签署经济合同和环保协议，或由厂家负责回收，并与厂家签订废弃物回收协议。

（8）材料发放及领用。

材料发放及领用是现场材料管理的中心环节，标志着料具从生产储备转向生产消耗。必须严格执行领发手续，明确领发责任，采取不同的领发形式。凡有定额的工程用料，都应实行限额领料。

①限额领料是指生产班组在完成施工生产任务中，所使用的材料品种、数量应与其所承担的生产任务相符合。它包括限额领料单的签发、下达、领料与发料、检查验收与结算、考核与奖罚等环节。

②实行限额领料有以下依据。

a. 地方和企业制定的施工材料定额。

b. 企业预算部门提供的预算（材料大分析）和变更预算。

c. 生产计划部门提供的分部位的施工计划和实际工程量。

d. 技术部门提供的砂浆配合比、技术节约措施和各种材料的技术资料。

e. 质量部门提供的班组在工程中造成的质量偏差和多用料的签署意见。

③实行限额领料的品种。可根据本企业的管理水平来定领料的品种，一般基础、结构部位为水泥、砌块等，装修部位为水泥、瓷砖、大理石等。不能执行限额领料的材料，应由项目部主管材料负责人审批后，由材料员发放。

④限额领料的管理。

a. 施工用料前由材料定额员根据生产计划及时签发和下达限额领料单。

b. 施工生产班组持领料单到仓库领取限定的品种、规格、数量，双方办理出料手续并签字，发料员做好记录。

c. 材料领出后，由班组负责保管并合理使用，材料员按保管要求对施工班组进行监督，负责月末库存盘点和退料手续。

d. 如出现超耗，施工班组需填写限额领料单，附超耗原因，经项目部材料主管审批后领料。

e. 材料定额员根据验收和工程量计算班组实际应用量和实际耗用量，并对结算结果进行节超分析。当月完成的，完一项结一项；跨月完成的，完多少预结多少，全部完成后进行总结算。

（三）项目经理部周转材料的管理

（1）周转材料管理的范围。

①模板：大模板、滑模板、组合钢模板、异型模板、竹模板等。

②脚手架：钢架管、碗扣、钢支柱、吊篮、竹塑板等。

③其他周转材料：卡具、附件等。

（2）周转材料的加工、购置和租赁。

项目经理部应根据工程特点编制工程周转材料的使用计划，提交企业相关部门或租赁单位，由企业相关部门或租赁单位进行加工、购置，并及时提供租赁，与项目部签订租赁合同。

（3）周转材料的进场保管与使用。

①各项目经理部周转材料进场后，应按规格、品种、数量登记入账。周转材料的码放应注意以下几点。

a. 大模板应集中码放，做好防倾斜等安全措施，设置区域围护并标识。

b. 组合钢模板、竹模板应分规格码放，便于清点和发放，一般码十字交叉垛，高度应控制在1.8米以下，并做好标识。

c. 钢脚手架管、钢支柱等，应分规格顺向码放，四周用围栏固定，减少滚动，便于管理，并做好标识。

d. 周转材料零配件应集中存放、装箱、装袋，做好保护，减少散失，并做好标识。

②周转材料如连续使用的，每次使用完都应及时清理、除污后，涂刷保护剂，分类码放，以备再用。如不再使用的，应及时回收、整理和退场，并签订退租手续。

（四）材料的现场管理

（1）根据施工总平面图的规划，认真做好材料的堆放和工地临时仓库的建造，要求做到方便施工、避免和减少场内二次运输。

（2）按材料计划分期分批组织材料进货。要求严格实行"四验"制度，即验品种、验规格、验质量、验数量。

（3）组织材料集中预加工，扩大成品供应。要求尽可能将水泥、石灰、木材、钢筋以及砂石等不同程度地集中加工处理。这样可以提高出材率和机具化加工水平，节约现场临时设施和施工用地，且有利于改变施工现场面貌、实行文明施工。

（4）坚持按限额领（发、送）料。要求工地对班组、工序实行严格的领（发、送）料制度，并实行节约预扣、余料退库，以解决工地范围内在用料上"吃大锅饭"问题。

（5）回收和利用废旧物资，合理采用代用品。实行交旧（废）领新制、包装回收奖励制。

（6）加强材料消耗考核，避免竣工算总账、超耗无法挽回。要采取各种措施降低材料消耗和采购价格、保管费用，建立健全材料台账、表、卡、单等原始记录，加强材料成本核算。

（7）清理现场，回收整理余料，做到工完场清。要求谁做谁清，工完场洁。

第三节　施工机具管理

一、施工机具管理概述

（一）机具设备管理的意义

按照机具设备运转的客观规律，通过对施工所需要的机具设备进行合理配置，优化组合，严密地组织管理，使得操作人员科学地应用装备，从而达到用少量的机具去完成尽可能多的施工任务，大大节约资源，提高企业经济效益的目的。

机具设备是生产的手段，随着建筑业机具化程度的提高，机具施工将逐步代替繁重的体力劳动，机具设备的数量、种类、型号必将逐渐增多，在施工中的作用也会愈来愈大。因此，加强施工项目的机具设备管理，不断提高机具设备的完好率、利用率和使用效率，为保证施工项目实现优质、高速、低耗、安全和文明施工具有重大意义。

（二）机具设备管理的任务

机具设备管理的任务是贯彻执行国家有关技术经济政策，通过有效的技术、经济和组织措施，对机具设备进行综合管理，科学地选好、管好、养好、修好机具设备，在设备使用寿命期内，做到全面规划、合理配置、择优选购、正确使用、精心维护、安全运行，改善和提高项目的技术装备素质，充分发挥机具设备的效能，取得良好的投资效益。

（三）机具设备管理的特点

机具设备管理要紧紧围绕企业经营生产中心，建立健全企业机具设备现代化管理体制，运用科学的技术管理手段，走企业重点设备专业化配置与一般设备社会化租赁相结合的设备配置使用思路。实行以集中管理为主、集中管理与分散管理相结合的办法，大力发展机具设备社会专业化大协作，充分发挥机具设备使用效率，使设备得到充分利用，提高企业施工机具化施工水平，方便施工，使企业在竞争的建筑市场中赢得更大的经济份额。

（四）机具设备管理的内容

机具设备管理的具体内容包括：建立健全机具设备管理组织机构体系和建立健全机具设备管理制度建设。

1. 建立健全机具设备管理组织机构体系

施工企业及设备资产产权单位，应根据企业组织机构、人员配置和机具设备资产的购置、使用、保养、修理、租赁及设备消耗成本核算的实际情况，建立健全企业的设备管理机构，配备相应的专业技术管理人员，建立从企业后方机关到施工现场第一线的机构人员管理网络。

2. 建立健全机具设备管理制度

施工企业及设备资产产权单位，要建立健全企业的设备管理制度，以此来约束在设备管理方面的个人行为，要用严格的管理制度和责任制将设备管理目标落实到企业的每一个部门和全体员工的岗位上。一般企业应建立健全以下设备管理制度。

（1）企业有关设备管理的岗位责任制制度。

（2）设备配置计划管理制度。

（3）设备购置招标管理制度。

（4）设备资产管理制度。

（5）使用前检查验收制度。

（6）设备使用保养与维护制度。

（7）多班作业交叉接班制度。

（8）设备安全管理制度。

（9）设备使用检查制度。

（10）设备修理制度。

（11）设备资产报废制度。

（12）设备租赁管理制度。

（13）操作人员培训教育持证上岗制度。

（14）奖励和惩罚制度等。

（五）机具设备管理中的职责

1. 企业集团在机具设备管理工作中的职责

（1）贯彻落实国家、当地政府和企业集团有关施工企业机具设备管理的方针、政策和法规、条例、规定，制定适应公司的管理制度和规定。

（2）制定公司设备管理工作的年度方针目标和主要工作计划，并组织专业设备租赁公司和工程项目具体实施。

（3）建立健全公司机具设备管理的各项原始记录，做好统计、分析工作。

（4）认真搞好施工现场设备管理和安全使用管理，组织、参与对大型起重设备和成套设备的验收工作，配合好施工生产，确保使用的设备完好、有效，保护好生产能力。

（5）协助工程项目搞好设备的使用协调工作，组织好专业机具设备租赁公司和工程项目机务工作人员的技术业务培训，提高管理水平。

2. 施工项目在机具设备管理工作中的职责

（1）贯彻落实国家、当地政府、企业集团和公司有关施工企业机具设备管理的方针、政策和法规、条例、规定，制定适应本工程项目的设备管理制度。

（2）按照施工组织设计积极寻求具有相应设备租赁资质、起重设备安拆资质、设备性能良好、服务优良、价格合理的设备租赁公司，承租相适应的机具设备。

（3）签订合理的租赁合同，并组织实施，按合同要求设备租赁公司组织设备进场与退场。

（4）对进入施工现场的机具设备认真做好组织验收工作，做好验收记录，建立现场设备台账，杜绝带有安全隐患的设备进入施工现场。

（5）坚持对施工现场所使用的机具设备日巡查、周检查、月专业大检查制度，及时组织对设备的维修保养，杜绝设备"带病"运转。

（6）做好设备使用安全技术交底，监督操作者按设备操作规程操作；设备操作者必须经过相应的技术培训，考试合格，取得相应设备操作证方可上岗操作。

（7）积极参与国家、当地政府、企业集团和公司组织的机务工作人员的技术业务培训，提高设备管理水平，杜绝各种机具设备事故发生。

3. 专业机具设备租赁公司在设备管理工作中的职责

（1）贯彻落实国家、当地政府、企业集团和公司有关施工企业机具设备管理的方针、政策和法规、条例、规定，制定适应本公司的管理制度、规定和实施细则。

（2）制定机具设备租赁公司设备管理工作的年度方针政策目标、工作计划、经济指标、安全管理工作指标，并组织实施。

（3）建立健全机具设备租赁公司机具设备管理的各项原始记录、设备台账，做好统计、分析工作。

（4）制定、落实机具设备租赁公司设备的各项设备管理规程、目标、管理制度和各种设备台班定额，充分发挥设备资产效益，确保设备资产的保值与增值。

（5）认真搞好施工现场设备管理、服务和安全使用管理工作，认真做好对大型起重设备和成套设备以及中小型设备的自查、自验和专项检查工作，配合好工程项目文明安全施工生产，确保使用的设备完好、有效，杜绝各种机具设备事故发生。

（6）积极参与国家、当地政府、企业集团和公司组织的机务工作人员的技术业务培训，提高设备管理水平，树立企业品牌。

二、施工机具的使用、保养与维修

（一）施工项目机具的来源

1. 施工项目机具的供应方式

施工项目机具设备的供应有 4 种渠道。

（1）企业自有机具设备。

（2）从市场上租赁设备。

（3）企业为施工项目专购机具设备。

（4）分包机具施工任务。

施工项目机具设备无论以哪种方式提供，都必须符合相关要求。

其中：从本企业专业机具租赁公司租用的施工机具设备和从社会上建筑机具租赁市场租用的施工机具设备除应满足上述自有施工机具设备的几点要求，还必须符合资质要求（特别是大型起重设备和特种设备），如出租设备企业的营业执照、租赁资质、机具设备安装资质、安全使用许可证、设备安全技术定期检定证明、机型机种在本地区注册备案资料、机具操作人员作业证及地区注册资料等。对资料齐全、质量可靠的施工机具设备，租用双方应签订租赁协议或合同，明确双方对施工机具设备的管理责任和义务后，方可组织施工机具设备进场。

对于工程分包施工队伍自带设备进入施工现场的，中小型施工机具设备一般视同本企业自有设备管理要求管理。大型起重设备、特种设备一般按外租机具设备管理办法做好机务管理工作。

💡 **知识拓展**

对根据施工需要新购买的施工机具设备，大型起重设备及特殊设备应在调研的基础上，写出经济技术可行性分析报告，经有关领导和专业管理部门审批后，方可购买。中小型机具应在调研基础上，选择性能和价格比较好的设备。

2. 施工项目机具的选择原则

施工项目机具设备的选择原则有两条。

（1）适用性原则。

适用性原则即选择施工工程所适用的机型。

（2）择优性原则。

择优性原则即在相同性能的设备中，选择本地区认可的质优价廉的产品（即考虑设备性能价格比、产品质量、售后服务等多方面因素，从优选取）。

（二）施工项目机具的使用

1. 机具设备的正确选择

选择机具设备应遵循切合需要、实际可能、经济合理的原则。

（1）切合需要是指选用的机具设备的技术性能要与工程的特点、施工条件、施工方法和工期要求相适应。否则，不是施工受影响，就是机具效率不能得到充分发挥。

（2）实际可能是指选择机具设备必须从实际出发，施工机具应该是已有的或在一定时间内有条件取得的。否则，即使选择的机具非常理想，但在要求的时间内不可能获得，也不过是纸上谈兵。

（3）经济合理是要求选择的机具设备能以较少的投入，获得最大的产出。为此，在选择机具时应在满足技术要求的基础上提出多种可行方案，然后进行经济比较，从中选出最优方案以供采用。

2. 机具设备的合理使用

（1）人机固定，实行机具设备使用、保养责任制。

凡施工中使用的机具设备，应定机定人，交给一定机组或个人，使之对机具设备的使用和保养负责。一个人使用的由个人负责，多人或多班使用的要由机（组）长负责。在降低使用消耗、提高产出效率上确定合理的考核指标，把机具设备的使用效益和个人经济利益联系起来。

（2）实行操作证制度。

专机的专门操作人员，必须经过培训和统一考试，确认合格，发给操作（驾驶）证。无证人员不得上岗作业，否则作为严重违章事故处理。这是保证机具设备得到合理使用的必要条件。

（3）操作人员必须坚持搞好机具设备的例行保养。

操作人员在开机前、使用中和停机后，必须按规定的项目和要求对机具设备进行检查和例行保养。做好清洁、润滑、调整、紧固和防腐工作。经常保持机具设备的良好状态。

（4）遵守走合期使用规定。

机具设备在新出厂或大修后的使用初期，对操作提出了一些特殊的规定和要求。这些规定和要求称为"走合期使用规定"。这样，可以防止机件早期磨损，延长机具使用寿命和修理周期。

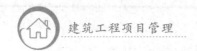

（5）实行单机或机组核算制度。

实行单机或机组核算制度即对机具设备具有使用权的机组或个人，要以定额为基础，确定单机或机组生产率、消耗费用，并按标准进行考核，根据考核结果进行奖惩。这也是提高机械设备管理水平的重要措施。

（6）建立机具设备档案制度。

为了便于使用与维修，建立机具设备档案十分必要。档案应包括原始技术文件、交接登记、运转记录、维修记录、事故分析和技术改造资料等。有了档案就能了解机具设备的情况，摸清它的"脾气"和"性格"，这样就能了解机具设备，便于使用与维修。

（7）合理组织机具设备施工。

必须加强维修管理，提高机具设备的完好率和单机效率，并合理地组织机具设备的调配，搞好施工的计划工作。在安排施工计划时，必须充分考虑机具设备的维修时间，在使用与维修发生矛盾时，应坚持"先维修、后使用"的原则。严禁机具设备"带病"运转和拼机具设备等短期行为的发生。

（8）培养机务队伍。

应采取举办培训班、岗位练兵等多种形式，有计划、有步骤地培养一批精通机械技术和管理业务，熟悉操作、维修、保养技能的机务管理干部和操作、保修的技术工人，这是提高机具设备管理水平的根本措施。

（9）搞好机具设备的综合利用。

机具设备的综合利用是指现场安装的施工机具设备尽量做到一机多用。尤其是垂直运输机具设备，必须综合利用，使其效率充分发挥。它负责垂直运输各种构件材料，同时做回转范围内的水平运输、装卸车等。因此要按小时安排好机具设备的工作，充分利用时间，大力提高其利用率。

（10）要努力组织好机具设备的流水施工。

当施工的推进主要靠机具设备而不是人力时，划分施工段的大小必须考虑机具设备的服务能力，把机具设备作为分段的决定因素。要使机具设备连续作业、不停歇，必要时"歇人不歇马"，使机具设备三班作业。一个施工项目有多个单位工程时，应使机具设备在单位工程之间流水，减少进出场时间和装卸费用。

（11）机具设备安全作业。

项目经理部在机具设备作业前应向操作人员进行安全操作交底，使操作人员对施工要求、场地环境、气候等安全生产要素有清楚的了解。项目经理部按机具设备的安全操作要求安排工作和进行指挥，不得要求操作人员违章作业，也不得强令机具设备"带病"操作，更不得指挥和允许操作人员"野蛮"施工。

（12）为机具设备的施工创造良好条件。

现场环境、施工总平面图布置应适合机具设备作业要求，交通道路畅通无障碍，夜间施工安排好照明，协助机具设备部门落实现场机具标准化。

3. 机具设备的使用计划

项目经理部应根据工程需要编制施工机具设备使用计划，报企业有关部门或领导审批，其编制依据是工程施工组织设计。施工组织设计包括工程的施工方案、方法、技术安全措施等。同样的工程采取不同的施工方法、生产工艺及技术安全措施，选配的施工机具设备也不同。因此编制施工组织设计，应在考虑合理的施工方法、工艺、技术安全措施时，同时考虑用什么机具设备去组织生产才能最合理、最有效地保证工期和工程质量，降低生产成本。如混凝土工程施工，一般考虑混凝土现场制配成本较低，就需配有混凝土配料机、混凝土搅拌机，冬季还需配有热水、砂的电热水箱、锅炉等设备。垂直及水平运输，可配有翻斗车、塔式起重机等设备。采用混凝土输送泵来运送混凝土，则应配有混凝土输送泵、内爬自升式混凝土布料机或移动式混凝土布料杆（机）等设备。对环保要求严格、工地现场较窄的一般多采用商品混凝土供应做法，混凝土运送多采用混凝土拖式泵、内爬自升式混凝土布料机或移动式混凝土布料杆（机）的组合配置形式。根据不同的工程特点及要求，所采取的施工方法是不一样的，所配机具设备也应有所不同。从效率和成本角度看，选择搅拌机、配料机、混凝土输送泵、布料机、塔式起重机的规格形式、型号也应有所不同。

机具设备使用计划一般由项目经理部机具管理员或施工准备员负责编制。中小型机具设备使用一般由项目经理部主管项目经理审批。大型机具设备经主管项目经理审批后，还需报企业有关部门审批，方可实施运作。租赁大型起重机具设备，主要考虑机具设备配置的合理性（即是否符合使用要求、安全要求等）及是否符合资质要求（其中包括租赁企业、安装设备企业的资质要求，设备本身在本地区的注册情况及年检情况，操作设备的人员的资格情况等）。

　　施工机具设备进场后，应进行必要的调试与保养。在正式投入使用前，项目经理部机具管理员或施工准备员应会同机具设备主管企业的机务、安全人员及机组人员一起对机具设备进行认真的检查验收，并做好检查验收记录。验收合格后方可正式投入使用。投入使用的机具设备必须做到在使用过程中全程管理受控。因为验收合格的施工机具设备在使用过程中，其安全保护装置、机具质量、可靠性都有可能发生质的变化，对使用过程的检查与故障排除是确保其安全、正常使用必不可少的手段。因此，使用单位及设备管理企业都必须对施工机具设备进行必要的受控管理。

4. 机具设备的使用管理

项目经理部在选择施工机具时应考虑经济效益水平。首先应根据施工要求选择设备性能适宜的施工机具。如塔式起重机，如果工作幅度 50 米、臂端起重量 2.3 吨能满足施工需要，就不要选用更大型号的塔式起重机。同样性能的机具设备，应优先租用性能价格比较好的机具设备，并在使用中采取合理的施工技术、组织措施，以发挥出机具设备最大的作业效率。

5. 机具设备操作人员的管理

机具设备操作人员必须持证上岗，即通过专业培训考核合格后，经有关部门注册，操作证年审合格，在有效期范围内，且所操作的机种与所持证上允许操作机种相吻合。此外，还必须明确机组人员责任制，并建立考核制度，奖优罚劣，使机组人员严格按规范作业，并在本岗位上发挥出最优的工作业绩。责任制应对机长、机员分别制定责任内容，对机组人员应做到责、权、利三者相结合，定期考核，奖罚明确且到位，以激励机组人员努力做好本职工作，使其操作的机具设备在一定条件下发挥出最大效能。

6. 机具设备安全管理

（1）应建立健全机具设备安全使用岗位责任制，从选型、购置、租赁、安装、调试、验收到使用、操作、检查、维护保养和修理直至拆除退场等各个环节，都要严格管理，并且有操作性能的岗位责任制。

（2）要建立健全设备安全检查、监督制度，定期和不定期地进行机其设备安全检查，及时消除隐患，确保机具设备和人身安全。

（3）机具设备操作和维护人员，要严格遵守《建筑机械使用安全技术规程》，对于违章指挥，机具设备操作者有权拒绝执行；对于违章操作，现场施工管理人员和机具设备管理人员应坚决制止。

（4）对于起重设备的安全管理，要认真执行当地政府的有关规定。要由经过培训考核、具有相应资质的专业施工单位承担设备的拆装、施工现场移位、顶升、锚固、基础处理、轨道铺设、移场运输等工作任务。

（5）各种机具设备必须按照国家标准安装安全保险装置。转移施工现场，重新安装机具设备后必须对机具设备的安全保险装置重新调试，并经试运转，以确认各种安全保险装置符合标准要求，方可交付使用。任何单位和个人都不得私自拆除机具设备出厂时所配置的安全保险装置而操作机具设备。

（三）施工项目机具设备的保养与维修

1. 机具设备的磨损

机具设备的磨损可分为3个阶段。

（1）第一阶段，磨合磨损。

磨合磨损是初期磨损，包括制造或大修理中的磨合磨损和使用初的走合磨损，这段时间较短。此时，只要执行适当的走合期使用规定就可降低初期磨损，延长机具设备的使用寿命。

（2）第二阶段，正常工作磨损。

这一阶段零件经过走合磨损，光洁度提高了，磨损较少，在较长时间内基本处于稳定的均匀磨损状态。这个阶段后期，条件逐渐变坏，磨损就逐渐加快，进入第三阶段。

（3）第三阶段，事故性磨损。

此时，由于零件配合的间隙扩展而负荷加大，磨损激增，因此可能加快磨损。如果磨损程度超过了极限而不及时修理，就会引起事故性损坏，造成修理困难和经济损失。

2. 机具设备的保养

机具设备保养的目的是为了保持机具设备的良好技术状态，提高机具设备运转的可靠性和安全性，减少零件的磨损，延长机具设备的使用寿命，降低消耗，提高施工的经济效益。保养分为例行保养和强制保养。

知识拓展

保养级别由低到高。如起重机、挖土机等大型设备要进行一到四级保养。汽车、空压机等进行一到三级保养，其他一般机具设备只进行一、二级保养。从保养内容看，一级保养和中小型机械的二级保养一般可由机长带领本机操作人员在现场进行，必要时可派机修人员参加。三、四级保养，则应由专业机修工进行，但操作工也须参加，要对磨损的零件进行更换或修复。

（1）例行保养属于正常使用管理工作，不占用机具设备的运转时间，由操作人员在机具设备运转前、后和中间进行。例行保养的主要内容是：保持机具设备的清洁，检查运转情况，防止机具设备腐蚀，按技术要求润滑、紧固易于松脱的螺栓，调整机具设备部位不正常的行程和间隙。

（2）强制保养是隔一定周期（需要占用机具设备的运转时间）而停工进行的保养。强制保养按一定的周期和内容分级进行，保养周期根据各类机具设备的磨损规律、作业条件、操作维修水平以及经济性 4 个主要因素确定。

3. 机具设备的修理

机具设备的修理是对机具设备的自然损耗进行修复，排除机具设备运行的故障，对损坏的零部件进行更换、修复。对机具设备的预检和修理，可以保证机具设备的使用效率，延长其使用寿命。机具设备的修理可分为零星小修、中修和大修。

（1）零星小修是临时安排的修理，其目的是消除操作人员无力排除的突然故障、个别零件的损坏，或一般事故性损坏等问题。一般都是和保养结合进行，不列入修理计划之中。

（2）中修是大修间隔期对少数总成进行大修的一次平衡性修理，对其他不进行大修的总成只是执行检查保养。中修的目的是对不能继续使用的部分总成进行大修，使整机状况达到平衡，以延长机具设备的大修间隔期。

（3）大修是对机具设备进行全面的解体检查修理，保证各零件质量和配合要求，使其达到良好的技术状态，恢复可靠性和精度等工作性能，以延长机具设备的使用寿命。

一般而言，零星小修或一般事故性损坏等问题，都是和保养相结合，不列入修理计划之中。只有大修、中修需要列入修理计划，并按计划预检修制度执行。大修和中修由企业进行管理，零星小修与保养由项目经理部负责管理。

机具设备到达大修间隔期后，在送修前一个月，应进行修前技术鉴定。符合大修标志时，方可送修。未达到大修标志的应延长使用。机具设备未达到大修间隔期但技术状况严重恶化，亦应进行技术鉴定，确定是否送修。机具设备及主要部位大修理标志见表 9-3。

表 9-3　机具设备及主要部位大修理标志

大修项目	部位	大修理标志
整机	以电动机为直接动力	主要总成件半数以上需进行大修
	其他动力源	发动机、液压马达和三个以上总成件需大修
机械动力机构部分	内燃机	（1）发动机动力性能降低，经调整仍需降低运行者；（2）机油消耗量超过定额 100％ 以上者；（3）热机测定，各缸压力达不到规定压力标准的 60％ 者；（4）运转敲击声和异响严重，并接近修程间隔者
	电动机	（1）在额定负荷、电压和周波下运行，最高温升超过规定者；（2）线圈损坏、开路、短路、分接头烧蚀，脱焊无补救措施者；（3）线圈绝缘电阻值无法达到规定标准者；（4）转子轴弯曲、松动、裂纹、轴头磨损超限者；（5）整流子磨损、烧蚀超限，碳刷架破损变形需彻底整修者
机械工作机构部分	传动机构、转向机构、行走机构、变速机构、整体机架工作装置	（1）主要机件磨损超限，运转中偏摆、异响、撞击发抖；（2）磨损超限，操作失灵；（3）严重磨损，无法正常行走；（4）齿轮及轴承磨损松旷，换挡困难或跳挡；（5）严重变形或开裂；（6）严重损坏，操作失灵，无法正常工作
总成部件	磨损、腐蚀、变形	损坏基础零件、部分关键零件，较多非易损零件需更换时

参考文献

[1] 高云. 建筑工程项目招标与合同管理 [M]. 石家庄：河北科学技术出版社，2021.

[2] 万连建. 建筑工程项目管理 [M]. 天津：天津科学技术出版社，2013.

[3] 关秀霞，高影. 建筑工程项目管理 [M]. 2版. 北京：清华大学出版社，2020.

[4] 李双营. 建筑工程项目管理 [M]. 沈阳：东北大学出版社，2020.

[5] 李红立. 建筑工程项目成本控制与管理 [M]. 天津：天津科学技术出版社，2020.

[6] 袁志广，袁国清，罗水源. 建筑工程项目管理 [M]. 成都：电子科学技术大学出版社，2020.

[7] 冀彩云，郭庆阳，宋岩丽. 建筑工程项目管理 [M]. 北京：高等教育出版社，2014.

[8] 杨霖华，吕依然. 建筑工程项目管理 [M]. 2版. 北京：清华大学出版社，2019.

[9] 肖凯成，郭晓东，杨波. 建筑工程项目管理 [M]. 2版. 北京：北京理工大学出版社，2019.